国家自然科学基金项目（40901291）

上海市教育委员科研创新项目（13YZ053）　联合资助

上海对外经贸大学学术专著出版

城市内河生态修复的意愿价值评估法实证研究

张翼飞　著

U0351046

科学出版社

北　京

内 容 简 介

　　本书系统梳理了意愿价值评估法的经济学理论和应用技术，在历时 6 年 10 余次问卷调查基础上，深入研究了长三角地区 4 个重点城市河流生态恢复的居民支付意愿及总价值，重点从支付意愿的中国特殊影响因素、问卷内容依赖性、区域间效益转移、时间稳定性、诱导技术差异和测度指标差异等进行了意愿价值评估法的有效性及可靠性研究。

　　本书可作为生态经济学、环境科学、经济学等领域研究人员和学生的参考用书。

图书在版编目（CIP）数据

城市内河生态修复的意愿价值评估法实证研究／张翼飞著 . —北京：科学出版社，2014.1

　ISBN 978-7-03-038165-1

Ⅰ. 长…　Ⅱ. 张…　Ⅲ. 城市–内河–生态修复–评估方法　Ⅳ. X171. 4

中国版本图书馆 CIP 数据核字（2013）第 162768 号

责任编辑：王　倩／责任校对：钟　洋
责任印制：徐晓晨／封面设计：铭轩堂设计公司

科 学 出 版 社 出版
北京东黄城根北街 16 号
邮政编码：100717
http://www.sciencep.com

北京科印技术咨询服务公司 印刷
科学出版社发行　各地新华书店经销

*

2014 年 1 月第 一 版　　　开本：B5（720×1000）
2017 年 2 月第二次印刷　　印张：18
字数：360 000

定价：**180. 00 元**
（如有印装质量问题，我社负责调换）

序

在充分竞争的市场中，买卖双方讨价还价，最终达成交易时的价格双方都会觉得"值"。买方愿意为此支付，卖方愿意接受，这样的平衡点在市场中普遍发生。当然，在信息不对称或竞争不充分的情况下，交易的平衡点也就是价格会发生扭曲。但无论如何，价格是可观察的。可以通过交易实现权益转移的物品，我们称之为"市场物品"。

但是，有许多东西是不存在市场的，我们称之为"非市场物品"。"幸福"就是典型的非市场物品，任何人不可能通过交易将另外一个人的幸福转化为自己所有。更为普遍的非市场物品存在于环境领域。我们并没有选择雾霾天，也没有为朗朗晴空支付货币。家门口的小河变黑了，这并非我们的意愿，两岸的居民也没有因此获得任何利益。因此，我们心目中的环境就体现出双重价值特性。其一，它是无价值的，没有谁为之讨价还价，并达成交易价格。其二，它是有价值的，任何环境损害，都会使附近的居民感受到损失。这种损失可能是心理上的，也可能确实使其财富产生实质性下降。后者的典型案例就是河流严重污染后两岸不动产价值遭受的损害。

也就是说，尽管环境是非市场物品，但其价值依然是客观存在。于是，学术界就试图发展某些方法，以衡量这种不能通过交易显示的价值。相关的方法很多，其中本书的研究对象意愿价值评估法（CVM）是其中很重要的一种。

方法很多不是一种好现象，因为这恰恰说明了评价的难度。没有一种方法可以适用于所有场合，即便是同一种方法，如 CVM，因国情不同、环境问题不同、研究的人群不同，结果也会出现重大差别。所以，CVM 不是可以简单搬用的工具，而是需要以研究引导应用，在应用中不断研究，使该方法在应用上更为适应当地实际，更为可靠，也更具有可比性。

本书就是这样一种"以研究引导应用，在应用中不断研究"的产物。窃以为，其中相关数据、结果和结论固然有很好的参考价值，但更值得关注的是作者的研究思路及其对一个学术难题持之以恒的追逐。环境价值的评估是一个世界性的难题，期望更多的研究者能够如本书作者这样咬定青山。

戴星翼

2013 年 8 月

前　　言

　　生态资产的经济价值评估是生态环境经济学研究的前沿领域。意愿价值评估法（CVM）作为该领域迄今唯一能获知与环境物品有关的全部使用价值和非使用价值的方法，在西方已有 40 余年的研究历史，并获得了广泛的成功应用。CVM 研究成果在环境公共政策和治理决策的制定过程中发挥着巨大的作用，其独特的假想市场方法受到研究者和政策制定者的青睐，同时也成为该方法有效性和可靠性广受争议的根源。

　　我国正处于经济转型的特殊发展阶段，生态（环境）与经济发展的矛盾日益凸显。生态环境政策和相关治理决策的科学制定，离不开生态（环境）物品的价值评估。CVM 是重要的评估技术之一，对其在我国应用的理论和实证研究，是增进以此为基础的环境公共政策和治理决策有效性与科学性，促进我国建设资源节约型、生态友好型社会的重要科学问题。

　　受经济发展水平和市场成熟度等条件所限，CVM 在我国的研究明显滞后。与国际上对其有效性的争议相一致，CVM 在我国应用的可行性、结果的有效性和可靠性一直是我国生态经济学领域争议的焦点。我国与发达国家在社会结构、制度安排、经济水平等方面的差异又增加了其应用的特殊性。那么 CVM 在我国是否能揭示出人们对生态（环境）物品的偏好？被调查者的真实偏好与 CVM 模拟的支付意愿之间的差异分布如何？如何有效应用从而减少这种差异？

　　对上述问题的思考形成了持续 6 年的研究动机，笔者在借鉴国际、国内相关研究成果基础上，以长三角城市河流为研究对象，构建该河流生态恢复的假想市场，应用 CVM 进行生态恢复的价值评估，以此为基础进行 CVM 应用的有效性和可靠性研究。从 2006 年 3 月到 2012 年 10 月，笔者共在 4 个城市进行了 16 次CVM 调查，共发放了约 8000 份调查问卷，以此为基础，采用理论分析、问卷调查与计量分析相结合的方法，探讨 CVM 在河流评估中的应用和该方法的有效性、可靠性。

　　本书立足实例研究，系统分析 CVM 在我国长三角内河恢复生态价值评估中应用的有效性和可靠性问题，以推动 CVM 在我国生态资产评估和相关公共政策中的应用。全书共 11 章。第 1 章导论，开篇介绍研究的动机和背景，阐明研究的目标、内容与方案，介绍了 16 次调研的基本信息，同时对长三角几个城市的河流环境及其所处区域社会经济状况做了说明。第2章通过文献综述系统回顾了生态服务价值评估的理论、方法与实践，对 CVM 的应用与发展做了系统梳理，揭示该方法在有效性和可靠性方面的理论与实证争议，并指出国内现有研究的不足。第3章应用 CVM 评估上海市内河生态修复的居民支付意愿与总价值。第4～10章分别介绍了支付意愿的特殊影响因素、零支付的原因及影响因素、CVM 研究成果的"问卷内容依赖性"、CVM 时间稳定性、支付意愿与受偿意愿测度指标的差异、诱导技术差异和区域间效益转移等研究专题。第11章对研究做了归纳和总结，并提出 CVM 在我国的应用原则与建议，对进一步的研究进行了思考和阐述。

本项历时7年的研究，是在国家自然科学基金项目（40901291）、上海市教育委员会科研创新项目（13YZ053）、上海哲学社会科学规划课题（2007 EZH0002）的资助下完成的。本书的出版感谢国家自然科学基金和上海对外经贸大学学术专著出版经费的资助。课题的研究成果和本书的出版是在中美9个高校师生的共同努力下完成的，包括美国奥本大学森林与野生动物学院、奥本大学农业经济系、复旦大学环境科学与工程系、上海师范大学环境工程系和地理系、东南大学经济管理学院、南京信息工程大学遥感学院、苏州科技学院环境系、宁波大学建筑工程与环境学院、浙江大学城市学院、浙江理工大学经济与管理学院的200余名师生。

感谢中国科学院寒区旱区环境与工程研究所、山东大学经济研究院、复旦大学、华东师范大学、美国佛蒙特大学 GUND 生态经济研究所、美国加州大学圣地亚哥分校、马里兰大学农业与自然资源经济系及美国奥本大学农业经济学森林与野生动物学院的专家学者为本研究的开展提供了宝贵意见和相关资料。

感谢2006年地理学年会，给予了我科研的启蒙；感谢加州大学伯克利分校的图书馆和那栖身的青年旅馆，让我触摸到科研的脉搏；感谢那一年东海之滨的青年经济学者论坛，让我坚定了科研的信念；感谢四川大学、中国环境科学研究院、复旦大学、美国奥本大学、上海市松江发展和改革委员会的导师们，让我理解了什么是科学。

感谢生态系统。

作者
2013 年 8 月

目　　录

第 1 章 导　　论

1.1　研究背景与意义

生态系统服务由于具有巨大的外部性，通常不具备完备的市场评价体系。对生态系统服务的价值，尤其是难以以市场评价的非使用价值（no-use value）的忽视，造成其长期的无价或低价，导致对环境资源的掠夺性开发与利用，甚至是对生态系统的不可逆转的破坏。随着社会的发展与人类的进步，人类利用资源与环境的方式也从简单的索取发展到探求环境与社会的可持续发展之路。对生态服务的认识也从长期的无价和低价，发展到探讨能合理反映其稀缺性的市场价值。意愿价值评估法（contingent valuation method，CVM）（Mitchell and Carson，1989）构造假想市场，通过调查人们对生态环境物品的质量变化的支付意愿（willingness to pay，WTP）和受偿意愿（willingness to accept，WTA）（Freeman，1993），对人们非市场物品的偏好进行货币估值，是迄今唯一能够获知与环境物品有关的全部使用价值，尤其是非使用价值的方法（Loomis，1990）。四十余年以来，CVM 在国际上尤其是发达国家受到广泛应用，其研究成果直接贡献于环境项目的成本收益分析和损害评估，在环境公共政策和治理决策的制定过程中发挥着巨大的作用。CVM 方法的理论和实证研究目前在国际上也仍然是生态学、经济学、社会学的研究热点之一，尤其是近些年对此的理论与实验研究案例更是呈迅速递增趋势。

同时，由于其假想市场的特性，CVM 评估生态服务价值的经验研究结果显示出一些"经济异常现象"（Veisten，2007），即调查者对同一种物品的支付意愿并不唯一，而是取决于调查方案、问卷内容、问题顺序等因素，称为支付意愿的"问卷内容依赖性"（Smith，1993；Veisten，2007），具体表现为有"顺序效应"、"范围效应"、"嵌入效应"、"部分-整体效应"等。此外，一些经验研究还显示，在其他条件相同的情况下，较短时间间隔的两次调查中支付意愿显示出差异性，违背了"时间稳定性"（Venkatachalam，2004），上述现象反映了 CVM 获得的支付意愿不能揭示被访问者对环境物品的稳定偏好，违背了 CVM 的理论基础——新古典经济理论的核心假设，即理性消费者的偏好是完美和稳定的。那么，支付意愿的正确估值究竟是多少？这给支付意愿的实际应用带来困难，同时给人为操纵提供了空间。

CVM 由 Davis 于 1963 年提出并首次应用。据 Carson 等（2005）统计，世界上 100 多个国家应用 CVM 的案例已经超过了 6000 例。1993 年以后 CVM 研究结果的有效性、可靠性成为国际研究热点。对支付意愿"问卷内容依赖性"和"时间稳定性"的经验研究主要来自美国等一些发达国家，近年来印度（Venkatachalam，2004）等发展中国家的案例也逐渐增加。经验研究结果显示，随问卷内容不同，支付意愿显示出一定差异性，而如果时间间隔较小，支付意愿显示一定稳定性。对上述问题的进一步研究仍在进行中。

我国正处于经济转型的特殊发展阶段，生态（环境）与经济发展的矛盾日益凸显。生态环境政策和相关治理决策的科学制定，离不开生态（环境）物品的价值评估。CVM 是重要的评估技术之一，开展其在我国应用的理论和实证研究，是增进以此为基础的环境公共政策和治理决策有效性与科学性，促进我国建设资源节约型、环境友好型社会的重要科学问题。

受经济发展水平和市场成熟度等条件所限，CVM 在我国的研究相对滞后。20 世纪 90 年代末我国才首次应用 CVM 开展研究（薛达元等，1999）。与国际上对其有效性可靠性的争议相一致，CVM 在我国应用的可行性、结果的有效性和可靠性也一直是我国生态经济学领域争议的焦点，而我国与发达国家在社会结构、制度安排、经济水平等方面的差异又增加了其应用的特殊性。那么：

（1）同一物品的支付意愿是否因问卷内容和调研时间的不同呈现显著差异？

国外文献报道的支付意愿"问卷内容依赖性"和"时间稳定性"在我国是否存在？即对同一研究对象采用不同问卷形式在不同时间尺度进行多重 CVM 调查研究，支付意愿是保持相对稳定，还是呈现显著的差异，亦即 CVM 应用中的支付意愿在我国是否能表示被调查者对环境物品相对稳定的偏好信息？

（2）我国的支付意愿特殊影响因素是什么？

假想市场上生态服务的支付意愿是所调查地理区间的社会构成方式、政治体制、经济水平、分配状况、环境意识、环境管理模式、公共物品的供给模式等多种因素的产物。那么，影响我国居民生态服务支付意愿的因素是什么？我国经济转型期的社会、经济、制度因素是否造成 CVM 研究中被调查者陈述的支付意愿偏离了居民对于生态（环境）物品的真实偏好？其影响因素是什么？

（3）支付意愿在区域间效益转移是否可行？相似区域间存在哪些异同之处？

高昂的研究成本使得对 CVM 效益转移的研究成为该方法广泛应用的关键研

究点，即单地 CVM 研究结果是否可以应用于相似地区。

对上述问题的思考形成了作者的研究动机，由于社会经济制度等因素的差异，要照抄照搬国外的 CVM 应用方法和成功经验等研究成果必定不可行，故而必须立足我国经济转型阶段的制度、经济、文化等特征，在大量应用案例积累的基础上开展 CVM 应用中支付意愿的特性研究。

近年来，尽管国内学者从 CVM 有效性和可靠性的研究角度对支付意愿的特性进行了一些积极的探索（徐中民等，2003；张茵，2004；赵军等，2005；张翼飞，2008），但有限的经验研究未能得出系统的结论。

关于支付意愿"问卷内容依赖"的研究国内尤其缺乏。阮氏春香等（2013）对"范围效应"进行了探讨。张翼飞（2012）对因问卷中问题的顺序、评估对象的范围差异等出现的"范围效应"、"嵌入效应"、"顺序效应"等支付意愿"问卷内容依赖"的主要问题进行了研究。

在可靠性验证中，主要采取试验—复试的方式。国外对此的研究较早，多数研究结果显示支付意愿呈现时间稳定性。近年来，国际研究者开始进行长时段的稳定性研究，采用的比较技术与手段也日趋先进。由于 CVM 方法调查的人力、时间和经济成本高昂，重复试验国内鲜有报道。张翼飞（2007a）、许丽忠等（2007）、董雪旺等（2011）分别进行了有益的探讨。概括而言，国内采用的技术较为简单，并且由于选取时间尺度不一、技术上的不足以及研究时间尺度较短等原因，其研究结果有待进一步验证，对不同时间间隔导致的稳定性研究还未见报道。

检验结果有效性的常用方法是将支付意愿值对社会经济变量进行回归。国外学者在该领域已经进行过大量的经验研究，研究结果显示支付意愿的影响因素既有一般因素影响，同时又呈现案例各自的特殊因素影响。国内学者对这一问题进行了有益的探索（薛达元，2000；徐中民等，2003；赵军，2005；张翼飞，2008b），研究结果表明：收入、教育一般与支付意愿呈正相关，年龄、家庭人口数、性别等其他影响不确定。张翼飞（2007a）在该领域的研究中对变量创新作了探索，分析了收入差距、居住时间等变量对支付意愿的影响。但是对户籍制度、计划生育国策等我国的特殊政策及房屋产权属性等反映我国特殊社会结构和区域突出特征的因素的影响还有待进一步揭示。

通过不同区域间的平行试验以探讨"效益转移"的研究国内较为缺乏。赵敏华等（2006a，b；2009）、曾贤刚等（2010，2011）、张翼飞等（2012b）开展了初步研究。少数的案例研究未能揭示区域间 CVM 应用的稳定性和差异。

因此，从有限案例研究中发现，目前国内该领域的研究呈现如下特征：

1）CVM 利用调查问卷获取信息，问卷的设计和假想市场的描绘使得一些主观因素可能造成对研究结果的影响。国际上对问卷中评估数量的改变、提问顺序的改变等问卷内容的调整对支付意愿的影响进行了大量的试验研究，即对于"顺序效应"、"嵌入效应"等积累了大量的经验数据，而我国该领域的研究还亟待开展。

2）试验—重试方法是对支付意愿时间稳定性检验的主要方法之一，国内对此的报道甚少。对案例的研究缺乏跨时段的持续性研究，这也是影响 CVM 结果公众接受度的主要原因。

3）已有研究仅限于对一个地区进行 CVM 研究，由于生态系统服务的自然复杂性和人们支付意愿的主观不确定性，研究结果向其他区域推广缺乏可信度。

4）关于影响支付意愿因素的分析，选取变量泛化，缺乏反映我国特殊社会构成、制度安排和所研究区域特征的变量。

5）缺乏对 CVM 不同诱导技术及不同测度指标造成评估结果差异开展的系统性研究。

鉴于此，为了探讨 CVM 应用中支付意愿的特性，急需解决以下问题：

1）增加应用案例研究。由于真实市场不存在，真实的支付意愿不可能加以绝对检验。CVM 作为依靠调查获知数据的评估方法，其研究结果的有效性、可靠性和在政策中的实际应用必须建立在大量经验数据的积累及其相互检验上。

2）开展不同区域的 CVM 平行研究。考虑到不同地区在 CVM 应用中支付意愿的一般性和特殊性，在不同地区间平行进行 CVM 研究是增进研究结果普适性的必要手段。

3）进行支付意愿"问卷内容依赖性"和"时间稳定性"研究。结合具体案例，对各种偏差效应进行多重问卷设计和平行调查，检验各种外在条件的改变是否产生不稳定的支付意愿，并且探讨其影响因素、影响程度和变化趋势；进行跨时的多重检验，确定支付意愿是否能在一定时间尺度保持稳定。

4）开展支付意愿中国特殊影响因素研究。在大量实证数据的基础上，立足我国经济转型阶段的社会经济特征、制度安排和调查区域特定的自然社会特征，分析影响居民在假想市场中表述的支付意愿的影响因素，构建参数模型，并进一步探讨何种因素导致了模拟的支付意愿与真实偏好的分离。

5）通过不同诱导技术的应用差异比较和不同测度指标造成差异的系统性研究，提出应用原则。

因此，本书以长三角地区 4 个城市（南京市、苏州市、杭州市、上海市）内河水环境生态修复为 CVM 的应用载体，借助理论分析、实地探勘、问卷调研、模型计算等方法进行 CVM "河流生态恢复支付意愿及总价值评估"、"支付意愿特殊影响因素"、"问卷内容依赖性"、"时间稳定性"、"诱导技术差异"、"测度指标差异"和"区域间效益转移"的研究，分析支付意愿随调查方案和时间尺度不同是否呈现稳定性，探讨造成支付意愿与真实偏好扭曲在我国的特殊因素及如何减少扭曲的措施。

CVM 的应用对象和应用地域非常广泛，本书选取长三角 4 个典型城市——南京市、苏州市、杭州市和上海市的城市区域地表水环境为 CVM 的应用载体，主要是基于以下几方面的考虑：

1）近 30 年的经济快速发展带来了私人产品及服务的高速增长，城市河流生态服务等公共物品却呈现严重匮乏。高强度的城市化建设导致大量城市河流消失、水面率锐减、景观退化严重。而同时随着经济发展、居民收入提高、产业结构和消费结构的升级，居民对水体生态服务的主观需求却在迅速增长。这一需求和供给矛盾在经济水平相对发达的地区尤为突出。而由于水体生态（环境）服务具备公共物品性质，地表水体生态恢复的价值难以以市场定价，势必阻碍有效率的相关环境经济政策和环境治理决策的制定与实施，影响资源在生态恢复（环境治理）活动中的优化配置，难以实现地表水体生态服务的有效供给。因此，以 CVM或其他非市场评估方法进行价值估算是解决这一问题的必要技术方法。

2）CVM 的应用与研究首先在西方发达国家开始，假想市场的有效性是建立在西方市场经济的相对成熟运行基础之上的。由于与西方国家在市场条件、经济水平等方面存在差异，我国 CVM 应用中调查人员与被调查者对"生态服务的虚拟市场"认识相对不足，因此本书选择在市场化水平较高的长三角地区 4 个经济水平、教育水平居于前列的大城市开展研究，可以在一定程度上削弱这方面的不足。同时从 4 个城市内河水环境状况看，普遍不能达到相应标准，迫切需要进行生态恢复整治。而且，与内涵资产评估法等其他评估技术相比，CVM 因其具备评估生态系统的非直接使用价值和存在价值等非使用价值的能力，从而与南京等4 个大城市的城市内河的生态服务功能相匹配。

3）以案例为基础的经验研究是 CVM 的主要研究方法，需要一定的时间跨度和空间尺度，科研投入较大。根据申请者的长期文献检索，国内案例研究中徐中民等（2002a，b；2003a，b，c）及赵军、杨凯（2005）等研究者对水体的 CVM研究中对研究结果的有效性、可靠性开展了实例研究，这些文献为本书研究项目的开展提供了宝贵的研究经验。并且由于 CVM 的假想特征导致检验标准的缺失，其他案例的研究成果可以提供相对的检验标准，尤其是赵军（2005）等对上海市浦东区河流的研究，因自然区域相近、人文环境类似使得研究成果的比较具备较好的可信度。

综上所述，以应用实例为基础，探讨 CVM 在中国应用的有效性和可靠性，确定其应用领域和应用原则，是增进以此为定量或定性基础的环境公共政策和治理决策的有效性和科学性，建设资源节约型、环境友好型社会的科学问题。

1.2 研究目标、内容和方案

1.2.1 研究目标

CVM 构建假想市场，通过调查的方式获得消费者对于生态（环境）物品的偏好信息，特殊的方法学特征使其具备灵活性和强大的数据提供能力。同时"假想"特性决定其研究成果受到许多不可测量或难以测量因素的影响，国际实证文献报道也显示了 CVM 结果出现违背经济理论预期的"经济异常现象"（Bateman et al.，2001）。因此其有效性与可靠性的研究成为国际近 20 年的研究热点。

本书的研究目标是：①检验国际文献报道的"经济异常现象"在中国是否存在，即对同一研究对象采用不同问卷形式、不同测度指标、不同诱导方式在不同时间尺度进行多重 CVM 调查研究，检验 CVM 研究成果是保持相对稳定，还是呈现显著的差异，亦即 CVM 在我国是否能揭示出被调查者对环境物品相对稳定的偏好信息。②立足我国经济转型阶段的制度、经济、文化特征实情，检验在我国开展的 CVM 研究中被调查者陈述的支付意愿是否能反映居民对于生态（环境）物品的真实偏好，影响居民真实偏好与模拟的支付意愿的差异的中国特殊因素是什么。③研究结果在区域间是否可以进行"效益转移"，以揭示区域间的差异和相同点。

基于上述三方面的实证研究成果，探讨 CVM 是否可以在我国生态服务价值评估或相关领域中应用以及如何科学地应用于公共政策的制定中。研究成果将为 CVM 在我国的应用与推广提供实证依据，并将增进以 CVM 研究结果为定量基础的相关政策和决策的有效性和科学性，促进我国社会与环境的和谐可持续发展。

1.2.2 研究内容及方案

在对长三角 4 个城市内河生态环境状况和水体生态功能与服务进行调查与分析，确定其主要的生态服务类型和居民对生态服务的认定基础上，设计 CVM 调查问卷，采取面访形式应用 CVM 调查居民对水环境生态恢复的支付意愿。以此为基础，主要进行以下方面的研究，总体研究方案见图 1-1。

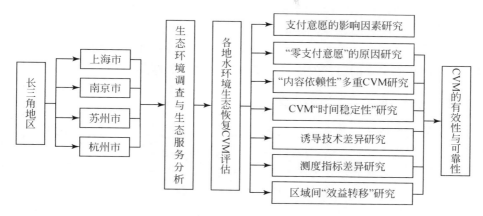

图 1-1　总体研究方案

（1） CVM 应用研究——上海市漕河泾生态恢复的价值评估

借鉴国际与国内 CVM 研究的经验，以城市内河环境恢复构造假想市场，在对研究对象自然生态监测和社会状况的调查的基础上，设计开放式、支付卡式和二分法等调查问卷，经过预调查对问卷和调查方案进行修正后，实施正式调查。估计支付意愿，并扩展到整个评估区域，计算总价值。

（2） 支付意愿中国特殊影响因素的实证研究

CVM 研究中被访者的支付意愿是否能反映评估物品生态属性、被访问者的社会经济属性、调查区域的社会制度特殊因素以及其他伦理、心理等因素，是检验 CVM 有效性的主要准则之一。CVM 在西方国家的有效检验并不能说明在我国的应用有效。因此本书从研究对象的自然属性、公共物品的特性和所处区域的社会经济特征分析入手，借鉴国内外研究成果，进行河流生态服务支付意愿影响因素的理论和实证研究。其包括两部分内容：①一般影响因素的研究；②户籍制度、家庭结构对支付意愿的影响专题研究。

这部分的关键问题是选取反映我国特殊因素和地区特征的变量。选取依据为：①在对我国社会和区域状况的综合分析基础上社会经济理论的推理。②生态（物品）的自然属性和社会消费特征。③调查面访中的居民回馈信息。具体分析的影响因素有三类：①生态物品的自然属性和需求的特殊性，如地理位置的固定性、教育所带来的环境意识的增强等。②与私人物品需求类似的影响因素，如收入。③我国特有的社会结构和制度安排，如大都市的集聚效应使得非户籍人口比重增加，户籍变量在都市代表的不仅是地理区域，而且附着了政治经济社会权利的不平等；计划生育政策导致的家庭人口结构的变化，"4-2-1"家庭对河流生态恢复支付意愿的特征。④地区或发展阶段的突出问题，如长三角地区房产价值在过去十年的高涨带来的财富效应对环境物品支付意愿的影响。

（3）支付意愿为零的原因及支付为正的影响因素

与成熟市场化国家相比，CVM在我国的应用中往往出现较大比例的零支付意愿，那么究竟是收入约束还是其他制度性因素造成不支付，对支付意愿的估值将造成显著影响。本书结合不同时间的调查探讨零支付意愿的原因及随着社会变迁而发生的改变。同时利用上海、南京和杭州3城市的数据，分析区域间共性和差异。

（4）支付意愿"问卷内容依赖性"的实证研究

CVM研究的主要数据来自假想市场上被访问者表述的支付意愿。假想市场基于调查问卷进行描述。那么，如果采用不同的问卷形式对同一生态物品进行评估，被访问者的支付意愿是否相对稳定？国际经验研究显示，由于问卷中被评估物品的排列顺序、规模尺度等可选集的不同，研究结果呈现一定的差异。那么在我国，是否也存在同样的现象？影响差异的原因是什么？我国是否呈现特殊的影响因素？本书分别设计4组平行调查问卷，通过分析比较问卷顺序、评估物品数量（范围）、类型等问卷内容的改变对支付意愿造成的差异，重点对顺序效应、范围效应、嵌入效应、部分-整体效应等现象进行研究（图1-2）。

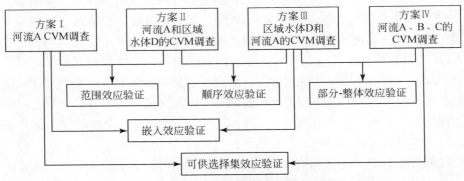

图1-2 支付意愿"问卷内容依赖性"实证检验研究方案

（5）支付意愿"时间稳定性"的实证研究

本书在研究区域分别进行时间间隔1个月、2年的3次支付卡CVM调查。时间间隔的设置参考国际经验研究数据，并且根据地区发展的状况，比较 3 次支付意愿结果，检验其随调研时间的改变结果是否呈现稳定性。同时检验不同时间间隔对稳定性的影响（图 1-3）。

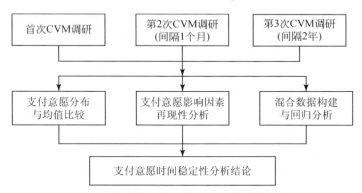

图 1-3　支付意愿"时间稳定性"实证检验研究方案

（6）双边界、1.5 边界、支付卡、开放式等诱导技术的比较

比较开放式问卷、1.5 边界、双边界、支付卡和多级选择性问卷等多种问卷应用中的差异，主要为问题设置、计量估计模型及相应模拟精度的比较，在对造成差异的一般解释做出梳理的同时对我国特殊原因进行分析，提出应用的原则与建议。

（7）河流生态退化的受偿意愿及影响因素研究——兼与支付意愿的比较研究

对同一研究对象采用不同的测度指标——支付意愿和受偿意愿，在其他条件相同的情况下，比较指标所造成的差异，探讨不同测度指标造成的差异。主要包括对上海漕河泾和苏州平江河的研究。

（8）城市间平行调查支付意愿稳定性和"效益转移"的研究

CVM 研究成果在区域间的"效益转移"研究是该方法得以广泛应用的关键科学问题，也是当前国际研究的前沿问题，国内还鲜有开展。本研究分别采用开放式问卷和 1.5 边界问卷形式在上海、南京和杭州完成了两次平行 CVM 研究，以探讨支付意愿在城市间的稳定性和差异性。

1.2.3 研究的方法和手段

本书研究采用实证研究与规范研究相结合的分析方法，实证研究偏重于对现实经济问题的概括和归纳，即从经济现象出发，总结和分析其具有的内在规律性，强调对事实的陈述与描述，主要回答"是什么"的问题；规范研究偏重于对经济规律的推理和演绎，即从经济学原理出发，对所发生的各种经济现象加以阐述和解释，力图解决"应该怎样"的问题。

在研究手段上，本书采取经济理论分析、案例分析和经验研究相结合。问卷调查是数据采集的主要途径，通过6年10余次共计约8000份CVM调查问卷获取微观数据。在经验研究方面，本书主要运用计量经济学方法，通过构建计量模型来验证理论分析和推论。

要特别指出的是，本书在对"问卷内容依赖性"和"时间稳定性"的研究中，采取的是类似自然科学领域中受控实验的研究方法，即在保持其他变量稳定的情况下，改变待研究变量，由结果的差异获知该变量的影响。当然在社会科学研究中，由于无法实现实验室的理想模拟状况，增加了研究和分析的难度。

10

1.3 CVM历次调查及研究目的介绍

1.3.1 调查区域及研究水体概况

作为世界第六大都市区，长三角地区包括上海市、江苏省和浙江省。该区域以全国2.2%的土地，产生了全国22.1%的GDP，养育了全国10.4%的人口。长三角区域河网密布、阡陌纵横。人们依水而居，孕育了历史悠久的水文化。近年来随着经济的发展、城市化进程的加速，大量河流被填埋，河流污染严重。尽管经过治理部分水体已经明显改善，但是，城市区域内的水体普遍不能达到水环境标准。

本次研究主要在上海、南京、苏州和杭州4个城市进行。研究的水体分别为上海漕河泾、南京秦淮河内河支流、苏州平江河和杭州蚕花巷河。

1）上海市研究水体为漕河泾。研究河段位于上海市西南的徐汇区。徐汇区属于上海市区的分中心，2010年人口为108.5万，外来人口占25.8%。漕河泾北起蒲汇塘，西至张家塘港，东接龙华港流入黄浦江，是龙华港水系的一部分。其中漕河泾徐汇段长约4km，沿岸有上海师范大学、上海应用技术大学等文教机构，周边住宅小区密集，如图1-4。经数年的河道整治，尤其是世博会期间的集中整治，河流黑臭现象减少。但局部水面仍有垃圾、油污，尤其在夏季，河水黑臭、异味严重。康健公园是以漕河泾为休闲水体的开放型公园，公园内水体污染尤为严重，已经影响到其作为休闲娱乐水体的正常功能（图1-5~图1-7）。

图1-4　河流周边居民区密布

图1-5　水体状况

注：水体富营养化严重，色度暗，伴有恶臭味

图1-6　公园内部垃圾清理船

图1-7　某工厂边河段水体

注：颜色灰暗，略有异味

2）南京市研究水体为秦淮河内河支流。研究河段主要位于白下区，为南京市主城区。该区为商务金融密集区，人口约60.2万，户籍人口约46.3万，外来人口约占23%。河流沿白下路和建邺路自东向西，流经朝天宫公园在涵洞口流入秦淮河外河，河段长约3.5km。沿岸有居民区、商业区、中学、幼儿园和朝天宫公园（图1-8）。水体黑臭明显，有排污口数个，排污量大，水面污染带明显，局部河段的水面可见油污带（图1-9和图1-10）。河流两岸设有休闲绿化带，距离河面有一定距离和高度，休闲带内设施较齐全，休闲居民众多（图1-11和图

1-12）。目前，河流小区正在进行雨污改造，见图 1-13。

图 1-8　河流周边幼儿园

图 1-9　居民区旁河水黑臭

图 1-10　某公园旁排污口，河水黑臭

图 1-11　河边休闲带

图 1-12　河边休闲居民众多

图 1-13　雨污分流整治工程

3）杭州市研究河流为蚕花巷河，位于该市东北拱墅区。拱墅区作为杭州的老工业区，水体污染曾经比较严重。但随着杭州市运河修复工程的进行，拱墅区全面开展了污水治理和河道整治项目，水体污染得到一定程度的治理。据杭州市统计局的资料，拱墅区 2010 年人口约 60 多万，其中户籍人口 30 万，非户籍人口 30 多万。调查河段沿岸有居民商住楼、私房、临时住房、学校和休闲绿化带等（图 1-14～图 1-16）。沿河可看到若干排污口，一些小型商铺的生活用水直排入河，水面有垃圾和浮油，部分河段黑臭（图 1-17～图 1-19）。

图 1-14　居民住宅与散步居民

图 1-15　岸边绿化带

图 1-16　河流边仓储用房

图 1-17　商铺排污

图 1-18　河水垃圾漂浮

图 1-19　河水黑臭

4) 苏州市选择的河流是平江河和官太尉河。研究河段位于平江区，两条河南北相连，该区 2010 年人口为 26.8 万。苏州市是著名的水城，"三横四直"水系闻名遐迩。官太尉河在古城东南隅，为平江河的源头。作为历史之河的官太尉河，由东南向西北方向延伸，保持着"古桥连两岸，民居临水街"的水城景观特色。现两岸主要为居民区（图 1-20）。平江河临平江路西侧纵贯南北。拙政园、狮子林等被列入世界文化遗产的园林古建都在此地。平江路街区是现今苏州古城最有水城原味的一处古街区，现河两岸为旅游业的商铺（图 1-21 和图 1-22）。水体在 2012 年 5 月经过整治，环境显著改善，目前有保洁人员进行日常清理（图 1-23）。这两条河流不仅是居民和游客开展休闲娱乐的载体，同时承担了附近居民的生活用水（图 1-24 和图 1-25）。

图 1-20　河边住宅

图 1-21　河道流经旅游区

图 1-22　旅游区许多店铺沿河而建

图 1-23　河道虽经常清理但河水仍显黑臭

图1-24　河边休闲的人群　　　　　　　图1-25　居民直接使用水体

1.3.2　历次调查情况

从2006年2月到2012年10月，项目组共进行了16次CVM调查，收集共计约8000份问卷。

第一阶段为2006年2~4月，共进行3次调查，其中PC0（2006年2月）为80份支付卡式的预调查，2006年3月（PC1）和4月（PC2）为正式调查，两份问卷内容完全相同，调查人员相似，PC2的调查人员16人从PC1的调查人员40人中选取。略有不同的是，由于调查人员多，因此PC1的调查人员分布区域略大于PC2。PC2调查区域分布在沿河徐汇区段，区域面积7.5km²；PC1调查区域包括PC2，区域面积8.8km²，涉及徐汇区与闵行区。主要研究目的是支付意愿、影响因素及总价值的估算，比较时间间隔为1个月的两次调查的"时间稳定性"及一次性受偿意愿的调查及与支付意愿的比较。

第二阶段在2006年12月进行，同期发放4组（PC3-1、PC3-2、PC3-3、PC3-4）各180份问卷，问卷内容与PC1、PC2非常相似，不同的是问卷中包含对零支付意愿的原因分布调查；PC3-2、PC3-3增加了对区域水体的调查，PC3-4增加了对区域内其他单体水体的调查。其中PC3-1、PC3-2、PC3-4问卷中对于漕河泾的调查问题和顺序完全一致。研究的主要目的是验证支付意愿的"问卷内容依赖性"，如"范围效应"、"顺序效应"、"嵌入效应"、"部分-整体效应"等，同时对零支付意愿的原因进行专门调查。

第三阶段在2008年3月进行，发放了支付卡调查的200份问卷PC4和二分法调查的860份问卷DC1。PC4与PC1、PC2问卷内容相似，但PC4的支付卡起点值略高，为3，而PC1与PC2起点值为1。研究的主要目的是比较支付卡和二分法问卷的差异，同时检验间隔两年研究的"时间稳定性"。

第四阶段在 2010 年 5 ~ 10 月进行，以开放式问卷在上海、南京和杭州 3 个城市进行平行调查。在预调查基础上，上海两次正式调查问卷共 944 份、南京 362 份、杭州 443 份。研究目的为比较支付意愿在城市间的稳定性，即验证"效益转移"问题，同时探讨零支付意愿的区域一般性和城市间的差异性。

第五阶段在 2011 年 5 ~ 11 月进行，以目前国际该领域先进的问卷形式，即 1.5 边界问题，即先针对某个支付数额，调查居民是否支付。对既定数额不愿意支付的居民问第二个问题，是否愿意支付任何一个正的数额。上海、南京和杭州分别完成问卷数为 840 份、834 份和 682 份。研究目的为以参数模型估计支付意愿，重点增进模型的估计精度，同时再次探讨区域稳定性。

第六阶段在 2011 年 11 月至 2012 年 10 月进行，在杭州进行了 829 份多级选择问卷的设计和调查，并重点研究了家庭结构对支付意愿的影响；在苏州进行支付卡问卷 426 份，研究目的是补偿意愿。

表 1-1 为这六阶段的调查情况介绍。各阶段调查问卷详见附录 1 至附录 5。

表 1-1   2006 ~ 2012 年共 16 次 CVM 调查的基本情况

阶段	调查时间	问卷代码	诱导技术	调查区域	调查人数/人	发放问卷/份	有效样本数/份
预调查	2006 年 2 月	PC0	支付卡	上海漕河泾	4	80	80
第一阶段	2006 年 3 月	PC1	支付卡	上海漕河泾	43	426	426
	2006 年 4 月	PC2	支付卡	上海漕河泾	16	496	496
第二阶段	2006 年 12 月	PC3-1	支付卡	上海漕河泾	43	180	96
	2006 年 12 月	PC3-2	支付卡	上海漕河泾	43	180	96
	2006 年 12 月	PC3-3	支付卡	上海漕河泾	43	180	92
	2006 年 12 月	PC3-4	支付卡	上海漕河泾	43	180	106
第三阶段	2008 年 3 月	PC4	支付卡	上海漕河泾	4	200	200
	2008 年 3 月	DC1	二分法	上海漕河泾	43	860	860
第四阶段	2010 年 6 月	OE0	开放式	上海漕河泾	8	200	200
	2010 年 6 月	OE0-1	开放式	上海漕河泾	20	540	526
	2010 年 6 月	OE1	开放式	上海漕河泾	20	480	480
	2010 年 9 月	OE2	开放式	南京秦淮支流	15	400	362
	2010 年 6 月	OE3	开放式	杭州蚕花巷河	16	500	443

续表

阶段	调查时间	问卷代码	诱导技术	调查区域	调查人数/人	发放问卷/份	有效样本数/份
第五阶段	2011 年 11 月	HDC0	1.5 边界	沿岸徐汇段	8	200	200
	2011 年 11 月	HDC1	1.5 边界	沿岸徐汇段	43	860	800
	2011 年 5 月	HDC2	1.5 边界	南京秦淮支流	16	998	834
	2011 年 5 月	HDC3	1.5 边界	杭州蚕花巷河	20	750	682
第六阶段	2011 年 11 月	MC	多级选择	杭州蚕花巷河	16	1 000	829
	2012 年 10 月	PWTA	支付卡(WTA)	苏州平江河	20	426	426

第2章 关于生态服务价值及评估的研究进展

2.1 生态系统服务价值及评估研究进展

2.1.1 生态系统服务及其价值的相关概念和理论

环境经济学家认为，环境资源的总经济价值是由使用价值（use value，UV）和非使用价值（non-use value，NUV）两部分构成的（马中，1999）。自然资源的经济价值构成如图2-1所示。

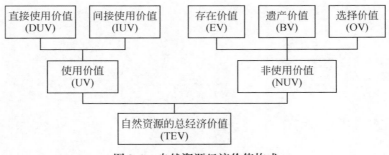

图 2-1　自然资源经济价值构成

使用价值是指现在或未来环境物品通过服务形式提供的福利。使用价值可进一步分解为直接使用价值（direct use value，DUV）和间接使用价值（indirect use value，IUV）。非使用价值包括存在价值（existence value，EV）、遗产价值（bequest value，BV）和选择价值（option value，OV）。存在价值是从环境资源的内在价值即生存权角度来定义的；遗产价值指人们愿意把某种资源保留下来遗赠给后代的价值，即为后代的利益进行环境保护从而愿意付出一定的利益；选择价值是指现在并没有直接和间接使用的可能，但是人们为保证某种资源在将来的继续存在而愿意支付的一定数量的货币（马中，1999）。

关于生态（环境）物品的价值分类方法很多，且各种价值之间存在互相重复的部分。目前对于环境价值的研究中，对于非使用价值的争议很多，这与环境伦理学相关，更深的研究与"人类中心主义"还是"生态中心主义"相关，这也是环境经济学领域、生态价值评估领域争议最多的问题。

2.1.2 生态服务价值评估的相关概念和技术方法

按照利用市场的程度,评估技术可分为直接市场评估技术、间接市场评估技术和假想市场评估技术(马中,1999)。自然资源价值评估方法分类如图 2-2 所示。

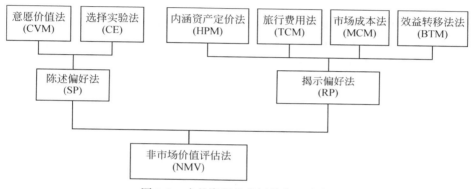

图 2-2 自然资源价值评估方法分类

直接市场评估技术应用于传统市场上受生态环境变化直接影响的商品,如对直接使用价值的评估。按照新古典需求理论,商品价值是通过交易实现的,在排除市场不完备的情况下,价格是价值的合理测度。对于生态系统提供的产品类服务的价值,可直接从现行市场或改进的市场获知,如市场价值法和费用支出法。而对于生态服务中的间接使用价值和非使用价值,由于不能通过市场交易获得市场价值,因此要通过非市场评估技术来解决。

非市场评估方法主要分为揭示偏好法(revealed preference,RP)和陈述偏好法(stated preference,SP)两类。揭示偏好法往往应用于没有直接市场信息,但可以从市场上其他商品的信息获知的生态服务价值,主要包括内涵资产法、旅行费用法、效益转移法等。其中,内涵资产法应用较为广泛,指可以通过良好环境对房产的增值,间接计算环境的价值。旅行费用法指旅游地的自然资源和环境服务价值可以通过游客在交通费用、食宿费用、时间的机会成本以及旅游的门票支出等其他旅游开销总和来进行评估。

陈述偏好法又称假想市场法或构造市场法,适用于缺乏真实市场数据,甚至无法通过间接市场来赋予生态服务价值时,依靠假想市场诱导消费者对生态服务的偏好进行价值评估,主要包括意愿价值评估法和选择实验法。意愿价值评估法

（CVM）（Mitchell and Carson，1989）是指在假想的市场中，通过被询问者的回答直接得出自然资源价值。陈述偏好法与揭示偏好法相比，能应用于更广泛的环境物品或者服务的价值评估领域，尤其是能用于估算自然资源的总经济价值（使用价值和非使用价值）。

2.1.3　国内外研究现状

自然资源价值评估的研究开始于20世纪70年代末，以Constanza（1997）博士为代表的13位科学家在 *Nature* 上发表了关于全球生态系统服务价值的论文，该研究将全球生物分为16个生态系统类型和17种生态系统服务类型，对全球生物圈生态系统服务价值进行估算。根据该论文，生态系统功能主要包括大气调节（gas regulation）、气候调节（climate regulation）、干扰缓冲（disturbance regulation）、水文调节（water regulation）、水资源供应（water supply）、控制侵蚀和保持沉保物（erosion control and sediment retention）、土壤形成（soil formation）、营养元素循环（nutrient cycling）、废弃物处理（waste treatment）、花粉传授（pollination）、生物控制（biological control）、生物栖息（refugia）、食物生产（food production）、原材料供应（raw materials）、遗传资源库（genetic resources）、休闲（recreation）以及文化（culture）相关。

该领域的研究受到国内外环境经济学领域专家的关注。近年来，国内外对于该领域的研究大量展开，自然资源价值的评估研究已成为国内外研究重点。

在国内，许多专家对中国的生态环境服务价值已经进行了一些研究，但是由于个案研究结果之间存在着较大的差异，并且缺乏相关的实证研究进行比照，因此在一定程度上限制了评估结果的可信性和在公共政策中应用的可行性。

国内环境价值评估起步于20世纪80年代末，初期研究主要以环境污染损失的评估为主。1997年，薛达元等（1999）对长白山自然保护区生物多样性的间接使用价值、非使用价值、旅游价值进行了较为详细的分析和评价；欧阳志云等（1999b）对中国陆地生态系统服务进行了价值评估；谢高地等（2001）对大尺度区域生态系统服务的结构分析和经济核算展开了实证研究；徐中民等（2002b，2003a，c）采用意愿价值评估法（CVM）和环境选择模型方法（CM），对黑河中上游的甘肃张掖地区和黑河下游的内蒙古额济纳旗两个地区的生态恢复进行了总经济价值评估，并在此基础上建立了部分地区的环境经济账户。

由于生态系统服务的复杂性和不确定性，其价值评估及其结果的可靠性也广受争议。目前国内对该领域的研究主要处于引进国外相关理论、复制研究方法、应用CVM、积累经验数据阶段。

20

2.2 CVM 的理论与应用研究进展

2.2.1 CVM 的相关概念与经济学原理

CVM 是以消费者效用恒定的福利经济学理论为基础，在 Hicks（1941，1943）提出的福利计量的两个指标：补偿变动（compensating variation）与等值变动（equivalent variation）（Freeman，1993）发展而来的评估非市场物品的技术方法。CVM 利用效用最大化原理，通过构建假想市场进而获知人们对于非市场物品的支付意愿和补偿意愿，是迄今唯一能够获知与环境物品有关的全部使用价值，尤其是非使用价值的方法。

CVM 的基本经济学原理如下：假设消费者的效用函数受市场商品、非市场物品（将被估值）和个人偏好的影响，其间接效用函数除受市场商品的价格、个人收入、个人偏好和非市场商品的影响外，还受个人偏好误差和测量误差等一些随机成分的影响，被调查者个人面对一种环境状态变化。但这种状态改进需要花费消费者一定的资金。价值方法利用问卷调查的方式，揭示消费者的偏好，推导在不同环境状态下的消费者的等效用点，并通过定量测定支付意愿或补偿意愿的分布规律得到环境物品或服务的经济价值。

Hanemann（1984）提出了受访者对二分式问卷估值问题的离散响应满足理性行为人的效用最大化假设，将随机效用最大化原理（random utility maximization，RUM）引入单边界 CVM，为 CVM 奠定了经济学基础。

消费者的个人效用 U 可以以下列基本模型表征

$$U = V(q,\ y,\ s) + \varepsilon \tag{2-1}$$

个人效用 U 是自然资源状态 q、消费者个人收入 y 和社会经济信息特征 s 的函数，ε 为随机项。尽管受访问者清楚自己的偏好，但分析者对每个消费者的偏好难以确定。

环境质量两种不同状态 q^0、q^1 下的消费者效用函数为

$$U_0 = V(q^0,\ y,\ s) + \varepsilon_0 \tag{2-2a}$$

$$U_1 = V(q^1,\ y,\ s) + \varepsilon_1 \tag{2-2b}$$

如果环境质量改善，即 $q^1 > q^0$，为保持效用不变，则消费者应支付一定的费用。通过问卷询问受访者是否愿意支付由调查者随机选择的数额 A，受访者只需要回答"是"或"否"。如果受访者接受 A，则效用差 $\Delta U \geqslant 0$，即

$$V(q^1,\ y - A,\ s) + \varepsilon_1 \geqslant V(q^0,\ y,\ s) + \varepsilon_0 \tag{2-3}$$

21

那么受访者接受随机选定的数额 A 的概率可理解为

$$pr(是) = pr\left\{V(q^1,\ y-A,\ s) + \varepsilon_1 \geqslant V(q^0,\ y,\ s) + \varepsilon_0\right\} \qquad (2\text{-}4)$$

式中, $pr(是)$ 为调查者接受数额 A 的概率。利用 Hicks 等价剩余 $E = E(q^1,\ q^0,\ y,\ s)$ 概念等价解释为

$$pr(是) = pr\left\{E(q^0,\ q^1,\ y,\ s) = \text{WTP} \geqslant A\right\} \qquad (2\text{-}5a)$$

$$pr(否) = 1 - pr\left\{E(q^0,\ q^1,\ y,\ s) = \text{WTP} \geqslant A\right\} \qquad (2\text{-}5b)$$

在随机项 ε 满足 Weibull 分布和随机变量的差服从 Logistic 分布函数情况下, Hanemann 提出效用差满足线性函数形式, 受访者接受 A 的概率为

$$pr(是) = \left[1 + \exp(-\beta_0 + \beta_1 A)\right]^{-1} \qquad (2\text{-}6)$$

CVM 研究中更为常用的 Logit 形式

$$\ln\left[\frac{pr(是)}{1 - pr(否)}\right] = \beta_0 - \beta_1 A \qquad (2\text{-}7)$$

式中, β_0 为常数项, β_1 为所求系数。

2.2.2　CVM 应用的研究进展

CVM 的思想最早是在 1947 年由经济学家 Ciriacy-Wantrup 提出的, 他提出可以通过直接访问的方式来了解人们对公共物品的支付意愿和需求情况。Davis 于 1963 年首次应用 CVM 研究缅因州林地宿营、狩猎的娱乐价值。20 世纪 60 年代后人们逐渐意识到环境资源的非使用价值, 作为当时唯一能够评估物品非使用价值的方法, CVM 迅速得到广泛应用。

推进 CVM 快速发展的是由美国环保局资助的研究报告 (Cummings et al., 1986) 与由 Mitchel 和 Carson 完成的 CVM 专著。1989 年, 由于埃克森公司石油泄漏, 使用 CVM 的评估的损失达到 28 亿美元, 埃克森公司组织了专家研讨, 结果认为 CVM 不可靠。1993 年, 为了做一个客观的评价, 美国海洋与大气管理局 (NOAA) 邀请了两位诺贝尔经济学奖得主 Kenneth Arrow 和 Robert Solow 主持 "蓝带小组", 对 CVM 进行深入全面研究和评判。其结果肯定了 CVM 作为评估环境价值的有效性, 并提出了 CVM 问卷设计的若干原则, 建议在应用中使用。

20 世纪 80 年代, CVM 研究被引入法国等欧洲一些国家。随着生态经济学和环境经济学的迅速发展, 当前 CVM 在西方国家得到了广泛的应用。根据 Carson 等 (2005) 的统计, 至 2005 年, 世界上一百多个国家应用了 CVM, 研究的案例

约有 6000 余例。

相对于发达国家，CVM 在发展中国家的理论与应用研究开展滞后。从已检索的文献来看，国外学者在中国的 CVM 研究早于国内学者（Day and Mourato，1998），我国的研究案例在 20 世纪 90 年代开始出现，至 2000 年后才逐渐开展。薛达元是国内较早从事 CVM 研究的学者之一。杨开忠等（2002）对北京居民改善大气环境质量的支付意愿进行了调查和评价，表明 CVM 在我国较为发达地区尤其是经济相对发达的城市具有一定的可操作性。徐中民等（2002a）、张志强等（2002）对黑河中上游的甘肃张掖地区和黑河下游的内蒙古额济纳旗两个地区进行了总经济价值评估。杨凯和赵军（2005）对位于我国上海市浦东新区的城市河流展开了大量的调查和价值估算研究，并对 CVM 方法论进行了一定探讨。近年来，案例迅速增加，在生态系统服务价值评估（刘岩等，2003；王寿兵等，2003；辛琨等，2002）、森林（曹建化等，2002；曹辉等，2003）、大气（杨开忠等，2002；张明军等，2004；李金平等，2006）、水（杜亚平，1996；张俊杰等，2003；张翼飞等，2007）、医疗卫生（Chen et al.，2004；张琦等，2004）、城市建设（林逢春等，2005）、旅游资源（张茵，2004）、固体废物（金建军等，2005）、生活垃圾（刘永德等，2005）和食品安全（周应恒等，2006）等多领域出现了实例报道。

以"意愿价值评估法"和"条件价值评估法"为关键词在中国知网进行检索，各显示 1376 篇和 2051 篇。从各年发表论文数看，1999 ~ 2005 年每年为几篇到几十篇。从 2006 年开始每年论文数为 100 ~ 300 篇。以"支付意愿、补偿意愿、条件价值、WTP、WTA、CVM"为关键词在维普期刊数据库和中国知网进行检索，共得到 2007 ~ 2012 年与生态环境、自然资源直接相关的论文 210 篇，2007 年之前的论文 36 篇。上述论文中非估值型论文为 67 篇，主要研究方向为支付意愿/补偿意愿影响因素的探讨、技术方法的比较以及意愿比例的测度。估值型论文为 179 篇，在相关领域的分布如表 2-1 所示。

表 2-1　国内 CVM 研究案例情况汇总

研究对象	估值型		
	研究地区分布数	案例数	时　间
森　林	11	12	2005 ~ 2012
河流及流域	29	40	2001 ~ 2012
湿　地	15	18	2004 ~ 2012
土地（耕地）	15	26	2003 ~ 2012

续表

研究对象	估值型		
	研究地区分布数	案例数	时　间
景　　观	26	30	2002~2012
文化遗产	3	3	2008~2012
公　　园	7	8	2007~2012
生态系统服务价值	14	15	2002~2010
生　　物	8	9	2004~2009
垃　　圾	4	4	2004~2012
大　　气	5	9	1999~2009
草　　原	2	2	2007~2010
噪　　声	2	2	2003~2012
生态产品	1	1	2012

　　从表2-1可以看出，就研究对象分布而言，2004年之后我国CVM的研究领域快速扩大发展；就研究对象分布地区及相应案例数而言，CVM的研究主要以个案研究为主，案例间缺乏参照对比性。笔者从国内案例中摘录了一些典型案例介绍其主要诱导技术、评估对象和主要结论。

　　从表2-2已发表文献看出，CVM的研究一般集中在支付意愿的计算、经济价值评估和影响因素分析等方面。评估技术早期多采取开放式和支付卡式，2004年后双边界的评估技术逐渐开始应用，如张志强等（2004）采用单边界和双边界二分法，赵军等（2005）采用支付卡和二分法。自2005年后，我国CVM的应用研究得到迅速的发展。但在CVM研究成果的应用上，未见其应用于真实项目成本收益分析、环境损害评估及公共政策制定过程中的报道。

　　CVM在我国河流及流域领域的研究起步较早。河流及流域相关案例如表2-3所示，从我国目前CVM对河流及流域的研究地区分布来看，其覆盖范围已较广，且部分河流及流域的研究技术趋向全面，然而总体而言个案研究仍占多数。国外Amigues等（2002）、Loomis等（2000）、Day等（1998）做了相关研究，国内一些学者也做了积极的探索，如张志强等（2002）、徐中民等（2002）对黑河流域，赵军等（2005）对上海浦东张家浜的研究，张翼飞等（2007a，2012b）对上海漕河泾及长三角城市内河的研究等。

　　相比国外在河流生态服务价值的评估，目前国内在该领域内研究现状为：①应用实例不足，研究成果差异性较大，需要更多的应用实例研究做对照；②由于CVM研究在人力、时间等投入高昂，跨时研究不足，延续性欠缺；③对CVM

研究的有效性可靠性的分析不足。上述不足阻碍了研究结果被公众和相关决策部门认可及其在实践中的应用。

表 2-2 国内 CVM 应用的典型案例汇总

研究对象	典型案例	资料来源	估 值
森林（12 例）	公益林生态效益价值居民支付意愿实证分析——以福州市为例	张眉等（2011）	6.58 元/（户·月）
	江西星子县大排岭矿区森林景观的价值评估	刘超等（2010）	66.86 元/年
河流及流域（40 例）	上海城市河流生态系统服务的支付意愿	赵军等（2005）	195.07~253.04 元/（户·年）
	基于条件价值评估法的北京密云水库生态价值评估（Ⅰ）	董长贵等（2008）	291.05 元/人
	长江三角洲城市内河环境治理的居民支付意愿比较研究——上海、南京与杭州实例调查	张翼飞等（2012）	20.3~25.4 元/（户·月）
湿地（18 例）	基于 CVM 新疆天池湿地生态系统服务功能非使用价值评估	俞玥等（2012）	91.21 元/（人·年）
	广西红树林湿地资源非使用价值评估	伍淑婕等（2008）	50 元/（人·年）
	Logit 多分类模型的三江湿地保有价值评价	葛慧玲等（2010）	64.57 元/（人·年）
	三江平原湿地非使用价值支付意愿的影响因素	冯磊等（2012）	71.66 元/年
土地（26 例）	双边界二分式条件价值法评估耕地资源非市场价值实证研究	任朝霞等（2011）	133.99~143.74 元/（户·年）
	条件价值法在西安市耕地资源非市场价值评估的应用	任朝霞等（2011）	1 012.81 元/hm^2
景观（30 例）	基于条件价值法的旅游资源价值评估——以南京市中山陵园为例	杨斌（2010）	58.47 元/人
	基于 CVM 的旅游资源非使用价值评估——以历史文化名城阆中为例	徐东文等（2008）	24.18 元/（人·年）

研究对象	典型案例	资料来源	估 值
景观（30例）	运用 WTP 值与 WTA 值对游憩资源非使用价值的货币估价——以黄果树风景区为例进行实证分析	刘亚萍等（2008）	90.52 元/人
	基于旅行费用法和意愿调查法的青岛滨海游憩资源价值评估	李京梅和刘铁鹰（2010）	96.8 元/人
文化遗产（3例）	CVM 在文化遗产经济价值评估中的应用——以南京明孝陵为例	张维亚和陶卓梅（2012）	84.6 元
公园（8例）	意愿调查价值评估法在城市公园中的应用研究——以鞍山二一九公园为例	胡迎春（2012）	6.61 元/（人·月）
生态系统服务（15例）	黑河流域张掖地区生态系统服务恢复的条件价值评估	张志强等（2002）	45.9~52.35 元/（户·年）
	榆林煤炭矿区生态环境改善支付意愿分析	李国平和郭江（2012）	229.56~347.92 元/（户·年）
生物（9例）	基于条件价值评估法的中国亚洲象存在价值评估	刘欣和马建章（2012）	116.31 元/人
垃圾（4例）	城市垃圾分类回收的认知及支付意愿调查——以西安市为例	占绍文和张海瑜（2011）	11.56 元/（户·月）
大气（9例）	关于意愿调查价值评估法在我国环境领域应用的可行性探讨——以北京市居民支付意愿研究为例	杨开忠等（2002）	143 元/（户·年）
	北京市环境质量改善的居民支付意愿研究	杨宝路和邹骥（2009）	366.48~399.4 元/年
草原（2例）	玛曲草地生态系统恢复成本条件价值评估	曹建军等（2008）	339 元/（户·年）
噪声（2例）	澳门噪音污染损害价值的条件估值研究	李金平和王志石（2010）	128.98 澳门元/月
生态产品（1例）	城市居民对低碳农产品支付意愿与动机研究	应瑞瑶等（2012）	3.87 元/斤*

＊1 斤＝0.5kg

表2-3　我国意愿价值评估法应用于河流(流域)的典型案例分析

案　例	河流(地区)	技术方法	评估指标	支付意愿(补偿)	作　者
长江三角洲城市内河环境治理的居民支付意愿比较研究——上海、南京与杭州实例调查	上海漕河泾	开放式	支付意愿	20.5 元/(月·户)	张翼飞等(2012)
	南京秦淮河	开放式	支付意愿	25.4 元/(月·户)	
	杭州蚕花巷河	开放式	支付意愿	20.3 元/(月·户)	
基于WTP和WTA的流域生态补偿标准测算——以辽河为例	辽河	开放式	支付意愿	161.43 元/(年·户)	徐大伟等(2012)
		开放式	受偿意愿	350.51 元/(年·人)	
长江流域生态环境恢复的经济价值估算——以南京段居民支付意愿调查为例	长江流域	双边界	支付意愿	459~475 元/(年·户)	杜丽永等(2011)
南京市公众对长江水质量改善的支付意愿及支付方式的调查	长江	支付卡	支付意愿	100.66 元/(年·户)	蔡志坚,张巍巍(2007)
基于有效性改进的流域生态系统恢复条件价值评估——以长江流域生态系统恢复为例	长江	双边界	支付意愿	270.7 元/(年·户)	蔡志坚等(2011)
CVM法对长江口海洋生态价值的评价应用	长江口	开放式&支付卡	支付意愿	160.156 元/(年·户)	吴丹,刘书俊(2009)
基于选择实验法的支付意愿研究以湘江水污染治理为例	湘江	双边界加问题	支付意愿	204.63 元/户	张小红(2012)
流域生态补偿标准的确定—以渭干河流域为例	渭干河流域	投标卡	支付意愿	96.22 元/(年·户)	乔旭宁等(2012)
天目湖流域生态补偿标准核算探讨	天目湖	支付卡	支付意愿	0.543 元/(人·吨(水))	张落成等(2011)
基于利益相关方意愿调查的东江流域生态补偿机制探讨	东江流域下游	支付卡	支付意愿	332.7~364.5 元/(年·户)	彭晓春等(2010)
	东江流域上游	支付卡	受偿意愿	360.75 元/(年·hm²)	
条件价值法和机会成本法在小流域生态补偿标准估算中的应用——以安徽省秋浦河为例	安徽秋浦河	支付卡	支付意愿	85.45 元/(年·户)	张乐勤,荣慧芳(2012)
汨罗江水环境非使用价值评估	汨罗江	支付卡	支付意愿	47.4 元/(年·人)	杨海荣,李洪波(2012)
上海河岸带公众偏好及生态系统服务价值评估	上海地区	支付卡	支付意愿	537.6 元/(年·户)	李雯等(2012)

续表

案 例	河流(地区)	技术方法	评估指标	支付意愿(补偿)	作 者
基于 CVM 的南昌城市河湖生态服务功能价值评估	城区河湖	单边界二分式	支付意愿	105.83(年·户)	刘曜彬,蔡潇(2011)
水源地生态补偿标准估算——以贵阳渔洞峡水库为例	鱼洞河	单边界二分式	支付意愿	0.37 元/(m³·户)	靳乐山等(2012)
金华江流域生态服务补偿支付意愿及其影响因素分析	浙江金华江	支付卡	支付意愿	298.46 元/(年·户)	郑海霞等(2010)
基于 CVM 的流域农业节水的生态价值研究	石羊河流域	投标卡	支付意愿	0.344 元/m²	粟晓玲,张大鹏(2011)
湘江流域生态补偿的支付意愿价值评估术——基于长沙的CVM 问卷调查与实证分析	湘江流域	开放式 &支付卡	支付意愿	70.32 元/(月·户)	李超显(2011)
湖泊生态系统服务功能支付意愿的影响因素——以洪泽湖为例	洪泽湖	支付卡	支付意愿	22.47 元/(月·人)	黄蕾等(2010)
居民生态支付意愿调查与政策含义——以闽江下游为例	闽江	支付卡	支付意愿	33.31 ~ 50.86 元/(月·户)	黎元生等(2010)
基于 CVM 的池州城市饮用水源地生态系统服务价值评估	池州	支付卡	支付意愿	91.65 ~ 260.04 元/(年·户)	胡和兵等(2009)
基于 CVM 的黄河兰州段水环境恢复价值评估	黄河兰州段	支付卡	支付意愿	67.85 元/(年·人)	马俅君等(2009)
基于 CVM 的石羊河流域生态系统修复价值评估	石羊河流域	投标卡	支付意愿	127 元/(年·户)	张大鹏等(2009)
基于条件价值法的黄河上游河道生态系统服务恢复支付评估	洮河	双边界二分式	支付意愿	26.4 元/人(3 年总计)	刘增进等(2009)
宁波市内河沿岸居民对水环境支付意愿的研究	宁波中塘河	支付卡	支付意愿	76.7 元/(年·户)	黄平沙,白春节(2009)
三江源区生态资源非使用价值评价	三江源	支付卡	支付意愿	76.30 元/(年·人)	曾贤刚等(2009)
新安江流域上游地区水资源价值计算与分析	新安江	经验法	支付意愿	1.97 元/m³	孙静等(2007)

案　例	河流(地区)	技术方法	评估指标	支付意愿(补偿)	作　者
基于条件价值评估法的北京密云水库生态价值评估(I)	密云水库	支付卡	支付意愿	291.05 元/(年·人)	董长贵等(2008)
水源保护区农村公众生活污染支付意愿研究	密云水库	开放式	支付意愿	16.10 元/(年·户)	冯庆等(2008)
城市水源地农户环境保护支付意愿及其影响因素分析——以首都水源地密云为例	密云水库	开放式	支付意愿	11.16 元/(年·户)	梁爽等(2005)
上海城市河流生态系统服务的支付意愿赵军等	张家浜	支付卡	支付意愿	195.07~253.04 元/(年·户)	(2005)
上海城市内河生态系统服务的条件价值评估	张家浜	支付卡	支付意愿	528.8 元/(年·户)	赵军,杨凯(2004)
城市河流生态系统服务的CVM 估值及其偏差分析	张家浜	单边界二分式	支付意愿	107.42 元/(月·户)	杨凯,赵军(2005)
黄河流域生态系统服务的条件价值评估研究——基于下游地区郑州段的 WTP 测算	黄河郑州段	支付卡	支付意愿	37.905 元/(月·户)	徐大伟等(2007)
社区对生态系统服务的消费和受偿意愿研究——以泾河流域为例	泾河流域	封闭式问卷为主	支付意愿	565 元/(年·户)	刘雪霖,甄霖(2007)
应用条件价值评估法对无锡市五里湖综合治理的评价	无锡五里湖	支付卡	支付意愿	140.2 元/人(一次性)	贺桂珍等(2007)
生态服务的居民需求与影响因素偏效应测度——以上海市景观河流漕河泾为例	上海漕河泾	支付卡	支付意愿	160.24 元/(年·户)	张翼飞(2008)
公众对城市河流污染的环保意识及支付意愿调查	衡水市河流	开放式	支付意愿	66.82 元/(年·户)	卫立冬(2009)
石家庄市居民对城市地下水保护与修复支付意愿的研究	石家庄市地下水	支付卡	支付意愿	69.28~99.83/(年·户)	王玲(2011)
居民对改善城市水环境支付意愿的研究	银川市水环境	支付卡	支付意愿	175.55 元/(年·户)	梁勇等(2005)

2.3 CVM 有效性可靠性的研究进展

由于其假想市场的特性，CVM 也招致了广泛争议。争议主要围绕假想市场所获数据的有效性与可靠性，争议的理论核心为：CVM 揭示的消费者偏好是变动的，这与古典经济学基本假设（偏好是定义完好和不变的）相矛盾。所以，1993 年以后国际上 CVM 相关文献从实施试验并报告内容和结果向检验结果的有效性、可靠性转变。

2.3.1 CVM 有效性可靠性相关概念

有效性与可靠性是方法论中度量方法的基本指标，CVM 的批评指向结果的有效性和可靠性（Smith，1993；Freeman，1993；Arrow et al.，1993；Zhang et al.，2005）。

有效性指 CVM 测出的假想市场的理论值与真实的经济价值一致的程度。真实经济价值指希克斯消费者剩余的测量，无论是补偿变动（compensating variation）还是等值变动（equivalent variation）。有效性有三种类型（Mitchell and Carson，1989；Bateman et al.，2002）：①内容有效性（content validity），指方法测度价值的能力；②标准有效性（criterion validity），指能作为其他方式度量的标准，如市场价值；③构造有效性（construct validity）：包括收敛有效性（convergent validity）和理论有效性（theoretical validity），其中收敛有效性指基于同一理论基础上的两种测度相符，理论有效性指结果与潜在的经济学理论相符。

Loomis（1990）指出，可靠性指：①若真实值未变化，则一个可靠的方法将得到同样的测量结果；②如果真实值改变，则可靠的方法将产出不同结果。

经济学家对通过调查问卷方式获得的数据持怀疑态度，认为受访者是对假想问题作出的反应，从而获得的信息是无意义的。另一种意见认为受访者的反应是"策略性"反应，从而获得的信息是无效的（Carson and Groves，2007）。

2.3.2 有效性可靠性研究的实证文献综述

就 CVM 的研究发展看，目前的研究文献已从早期的调研内容与结果的报告向检验结果的有效性可靠性方向转变，进而转向 CVM 的经济学理论的探讨和研究（Zhang and Li，2005；Veisten，2007）。

依据已检索的文献内容，有效性与可靠性检验的核心在于 CVM 研究结论与经济理论及其期望的一致性，国外应用研究报道了大量与经济理论预期不相符合的"异常"现象。对于"异常"的解释主要有以下论点：①CVM 设计和应用中方法失败的结果（Mitchell and Carson，1989；Carson，1997）；②答复与调查中描述的物品不完全相关，部分由于道德上的满足（Kahneman and Knetsch，1992；Hausman，1993；Desvousges et al.，1996）；③在标准理论中异常并没有充分证据，因为理论是正式和规范的，而不是对人们实际行为的描述（Bateman and Langford 1997；Bateman et al.，1997）。

国外对 CVM 与经济理论及其预期不相符合的应用研究，通过不同的问卷技术、问卷顺序、问卷内容设计进行平行调查，主要集中在对范围的不敏感（scope insensitivity）、嵌入效应（embedding effect）、顺序效应（sequencing effects/ordering effect）、程序性偏差（procedural variance）等现象的检验和理论解释。

（1）范围的不敏感（scope insensitivity）

按照新古典经济理论的核心假设，消费者满足理性和最大化（非餍足）（Varian，1992）行为假设，因此个人倾向于更多的物品而不是更少（Arrow et al.，1993）。CVM 实践中的范围不敏感指的是随着调查物品尺度变化，支付意愿无明显变化。Kahneman（1986）第一个报道此现象，在对 Ontario 整体区域和其中一个地区为防止鱼类数量减少的支付愿意调查时，发现居民意愿支付同样的货币数量。范围有效性被认为是衡量研究质量的关键指标，自 NOAA 小组发布了关于 CVM 有效性的报道（Arrow et al.，1993）后，出现了大量关于范围效应的实证和理论研究的文献（Kahneman and Knetsch，1992；Svedsater，2000；Bateman，2001）。Hanley（1995）指出，一些文献中报道的范围不敏感可能显示出公共环境物品的估值由于太复杂，而不适合用 CVM 方法。Veinsten 等（2004）研究指出，即使是在对相当复杂和不同范围的濒危物种的保护计划的评估中，一般的受访者也大多表现出对范围的敏感性。

对范围效应主要有以下几种解释（Bateman，2001）：

①统计力量的限制无法识别范围敏感性（Rollins and Lyke，1998）；②餍足（satiation），对一定量物品进行估值的个人认为额外的数量并无价值（Carson and Mitchell，1994；Carson et al.，1998）；③收入限制，由于收入约束，个人对范围或数量增加的物品无法表达偏好；④设计和实施缺陷，个体不理解范围或数量的变动或者描述的情景不可信；⑤违背理论（Hausman，1993）。

Veisten（2007）指出，"实证主义"经济学者基于"范围不敏感"现象的存在，认为 CVM 与核心假设冲突从而认为该方法无效。而 CVM 的拥护者则强调方

31

法是如何被实施的，范围不敏感现象的存在是由于未能遵照"保护带（protective belt）理论"（Veisten，2007）的三条假设和指导原则。

（2）顺序效应（sequencing effect/ordering effect/embedding effect/part-whole effect）

在 CVM 的实证研究中发现支付意愿的值依赖于询问的顺序，往往最先估值的物品的支付意愿较大，这种现象被称为顺序效应（sequencing effect）。同一物品的支付意愿在作为单独物品和作为嵌套物品时数量不同，这称为嵌入效应（embedding effect）。分块物品的估值总和大于整体物品的估值，被称为部分整体效应（part-whole effect）。

以上特殊效应尽管表述不同，但都说明同一种物品的支付意愿并不是独立的，而是内容依赖（content dependent）的，不同效应的出现取决于待评估物品的可选择集（特定某个物品或是几个物品）和预算选择集（仅购买一个物品或是将预算按比例分配到几个物品）（Bateman et al.，2001）。这违背了基本的经济学理论。不同顺序和程序造成的支付意愿较大幅度变化，对支付意愿的应用非常有害。究竟支付意愿的正确估值是多少？

大量经济学者采用不同的问卷设计程序和方法对顺序效应进行了研究，一些实验验证了顺序效应的存在。Boyle 等（1993）实验显示，顺序效应并不总是存在，当被访问者对被评估物品非常熟悉时，顺序效应不存在。Ajzen 等（1996）在对公共物品和私人物品的调查中发现，两者顺序改变后，并未发现支付意愿的显著差别。Kahneman 和 Knestch（1992）对嵌入效应的实验显示物品单独评价与在一系列物品中评价的差额达到 25 倍。Randall 和 Hoehn（1996）的实验显示，在私人物品中也存在嵌入效应。而 Choe 等（1996）的研究中发现不存在嵌入效应。对于部分整体效应验证的实例较少，Veisten 等（2004）对濒危森林物种作了实验，结果显示部分整体效应不显著。

实证主义的经济学家认为这种效应的存在违背了新古典核心假设，因而他们以此为基础，认为 CVM 方法不是有效的经济评价的方法。Carson 等将上述效应归结为收入效应与替代效应（Hoehn and Randall，1989；Carson and Mitchell，1994；Carson et al.，2001），由于个人倾向于用第一种物品替代后序物品，故而对顺序在后面的物品估值低。因此，顺序效应不是因为 CVM 方法的无效，而是实施者加总结果时未考虑收入与替代效应。Bateman 等（2001）指出顺序效应部分归因于问卷结构或可选集（visible choice set），即物品的集合是包含型的（inclusive），还是排除型的（exclusive），物品清单的询问顺序是自上而下（top-down）还是自下而上（bottom-up）以及清单的长度。Boyle 等（1993）指出对物品的不熟悉是产生顺序效应的一个原因。

Mitchell 和 Carson（1989）建议，提醒被访问者问卷整体的内容和提供被访问者修改的机会将有助于减少顺序效应。

（3）程序偏差（procedural variance）（信息/诱导技术偏差）（information/ elicitation effect）

对 CVM 的批评的一个主要方面是"内容依赖（content dependency）"。这里指的内容主要包括两方面：①通过情景描述所传达的信息；②不同的诱导技术。若不同的内容产生不同的估计结果，那么该方法的验证是非常困难的（Cummings and Harrison，1995）。现在对于该方面的主要争论是：与私人物品相比，以被动价值为主导的环境物品的评估是内容依赖的（Ajzen et al.，1996；Gregory et al.，1993）。Carson 等（2001）指出：由于个人在陈述支付意愿时并未受到法律约束，因此在没有真实预算约束时，个人倾向于夸大支付意愿。因此，若大量不可预计的高估存在，则 CVM 不可能成为有效的价值衡量方法。

1）信息效应。CVM 结论有效性依赖于传递给被访问者的信息水平和特性，其影响有正面的也有负面的。CVM 研究中情景包括两个重要成分：①价值提高成分（value-enhancing element）；②价值中性成分（value neutral element）。大量的研究集中在价值提高成分的影响上，价值提高成分包括三方面：①物品的信息；②预算约束和其他人的支付意愿值；③可能影响支付意愿的相关环境物品的信息。这里③指替代品或互补品的信息（Venkatachalam，2004）。有一些实证研究探讨了预算约束和替代物的信息对支付意愿影响（Ajzen et al.，1996）。Whitehead 和 Blomquist（1990）对湿地价值的评估中研究了替代品与互补品信息的影响，其研究结论认为，不同的信息水平产生不同的信息效应，额外信息将提供累进的价值，当互补品信息增加时，替代物的信息将降低支付意愿的值。Adamowicz 等（1998）研究发现关于替代物的信息将导致支付意愿和受偿意愿的差异减少，而 Loomis 等（1994）对防火控制方案保护原始森林非使用价值的评估却发现预算约束和替代物的信息对支付意愿无明显影响。

预算约束和替代物的信息对支付意愿的影响符合新古典经济学的基本理论，而对没有影响的理论解释，Loomis 等（1994）提出了以下几点：①被访问者在提供支付意愿时，已经考虑了收入约束与替代可能；②假想市场使得被访问者并未充分考虑真实货币价值；③被访问者并未以货币来衡量环境价值。

关于信息的一个重要问题是额外信息对支付意愿的影响依赖个人所掌握的信息水平。Douglas（2006）的研究发现信息对熟悉和不熟悉物品的影响不同，在通过群体讨论、延长思考时间和重复实验等方法提供信息后，支付意愿显著降低。在拥有的信息水平与支付意愿受影响程度之间必然能够建立一定的关联。

33

究竟什么才是最佳信息水平？对于这个问题并无完美的定义，Venkatachalam（2004）指出最佳信息水平依赖 CVM 的研究意图、评估物品的性质和信息获取成本。

2）诱导技术效应。CVM 方法中物品的价值是通过不同的诱导技术获得的，诱导技术是主要组成成分。根据文献检索主要有下列四种：①投标博弈（bidding game），其特点是类似市场（market-like），可获得最大值，成本高，调查人员必须在场，有起点偏差，起点值影响最终支付意愿。该技术由 Davis（1963）最先使用，大量应用于公共物品价值估计（Brookshire et al.，1982），也被发展中国家广泛应用（Whittington et al.，1990）。②支付卡（payment card），其特点是可获最大值，存在进入偏差（entering bias）和范围偏差（range bias）（Mitchell and Carson，1989），在使用支付卡经验有限的发展中国家用途有限。该技术由 Mitchell 和 Carson 在 1984 年引入。③开放式问卷（open-ended，OE），其特点是不需调查人员，方便回答，无起点偏差（Walsh et al.，1984），提供较低水平的保守值，大量无反映的现象（no response）或抗议性回答（pretest answer）（Desvousges et al.，1993），回答困难，缺乏真实回答的激励（Carson et al.，1996），策略偏差（Hanemann，1994）。④二分法（dichotomous choice approach，DC），包括单边界二分法和双边界二分法。单边界二分法（one-bounded dichotomous choice approach or take-it-or-leave-it approach）的特点是回答便利，策略偏差小，激励相容（Carson et al.，1996；Hanemann，1994），最大支付或最小受偿而不是真实支付意愿（Boyle et al.，1996），起点偏差（Ready et al.，1996），不能应用于自愿捐助和新的私人或公共物品（Carson et al.，1996），在家庭已经决定支付意愿的领域是不可实施的，需要大量观测（Alberini，1995；Cameron and Quiggin，1994）。该技术由 Bishop 和 Heberlein 于 1979 年引入。双边界二分法（double-bounded dichotomous choice approach or take-it-or-leave-it-with follow up）的特点是可以确定最大意愿的位置，激励相容，统计上比单边界更为有效（Hanemann，1991），需要大样本，计量手段复杂，调查成本高，起点偏差和奉承（yea-saying）问题（指被访问者不考虑自己的真实观点而倾向于同意问询者的观点）（Ready et al.，1996）。在单边界二分法基础上，Hite（2002）提出，为了增进计量方程估计的精度，提出单边界问题后，如果回答是"否"，则继续追加询问是否愿意支付大于零的数额，即 onebounded-follow up 问题。

已有大量文献报道过运用不同的诱导技术将提供不同的支付意愿。该现象的出现使得 CVM 方法的"收敛有效性"受到质疑。从具体实例检验上，DC 比 OE 的值高（Desvousges et al.，1993；Brown et al.，1996）。Schulze 等（1996）回顾了这方面的相关研究，他们总结 DC 与 OE 的比值为 1~72.9。Brown 等（1996）

认为，无论是私人物品还是公共物品，DC 与 OE 的比值为 1～5。Kealy 和 Turner（1993）对私人物品和公共物品采用 DC 与 OE 进行了比较研究，结果显示私人物品两种技术的应用结果无差异，而公共物品有差异。近期的研究运用了更为先进的诱导技术，Welsh 和 Poe（1998）比较了多边界离散模型（multiple-bounded discrete choice，MBDC model）、支付卡、二分法和开放式 4 种诱导技术。在多分（polychotomous）选择中，要求对每一个起始值调查被访问者的确定性水平（level of voting certainty）。Cameron 等（2002）对比了 7 种诱导技术后发现不同技术在单独使用时，不同技术的潜在偏好函数不同，但多种技术混合使用时，其中四种技术的偏好函数是相同的。

大量研究都显示 DC 比 OE 的值高，对比的解释有：OE 缺乏真实性，存在搭便车（free ride）的策略性偏差，或者面对一个非常困难的 OE 问题时，易被低估（Brown et al.，1996）。DC 被认为是激励相容的，这种问卷形式使得调查被严肃对待（Arrow et al.，1993），因此该方法广泛应用于公共物品的供给决策。Desvousges 等（1996）提出在 DC 中存在"yes-saying"问题导致估计问题对于给定的投标值说"是"的概率并不趋近 0，这种分布的"胖尾"现象导致支付意愿均值（即曲线的积分）的计算非常困难。这一现象反映出人们对于环境物品非使用价值的认知问题。

近年来一些文献反映出诱导技术从 OE 向 DC 的转变，DC 需要复杂的统计计量手段，数据的模型需要在随机效用模型的框架中进行。在统计方面，OE 统计上更为有效，可获得每个人支付意愿的估计，而 DC 仅获得个人需求曲线上的一点。

由于不同技术评估的支付意愿不同，这被 CVM 方法的批评者作为违背"收敛有效性"的主要论据，但 CVM 方法的拥护者认为对诱导形式的依赖性在经济学领域中普遍存在。Haneman 和 Kanninen（1999）提出，由于个人的认知需求并不相同，因此不同技术的评估价值不可能收敛。CVM 采用的技术取决于物品性质、调查成本、目标样本性质和统计技术。Haneman（1994）提出，如果人们拥有效用函数，则问卷的形式并不重要。

3）支付意愿与受偿意愿的差异。Hicks（1941，1943）提出福利计量的两个指标，即补偿变动（compensating variation）与等值变动（equivalent variation）。CVM 调查中的支付意愿对应于补偿变动，受偿意愿对应于等值变动。根据经济学理论，CVM 衡量的希克斯消费者剩余，无论是补偿变动还是等值变动都是因为公共物品供应的改变（Bateman and Turner，1993）。因此无论是支付意愿还是受偿意愿都可以诱导出个人对环境物品和服务水平变化的偏好。Willig（1976）已经证明对于价格变动，希克斯消费者剩余、补偿变动和等值变动三者之间的差异很小，其差异取决于商品需求的收入弹性大小。Randall 和 Stoll（1980）将 Willig 的公式从价格变动修改到更适应于公共物品的数量变动，其研究同样得出在仅考虑收入效应时，补偿变动和等值变动相当接近。但有大量的理论与实证研究报道受偿意愿与支付意愿之间存在不可忽视的差异，并且受偿意愿大于支付意愿（Shogren et al.，1994；Hanemann，1991；Willig，1976）。受偿意愿与支付意愿之间的差异被 CVM 的批评者认为是 CVM 理论无效的重要依据。Hanemann（1991）指出，在 Randall 和 Stoll 的公式中考虑替代效应将产生巨大差异。由于支付意愿受收入约束，面对独一无二的自然景观可能索取无限的货币补偿。Shogren 等（1994）对 Hanemann 的假设作了经验性的评估，评估结果发现对于有紧密替代物的私人物品，受偿意愿与支付意愿收敛，而对于没有完美替代物的非市场物品，两者不收敛。

（4）假想偏差（hypothetical bias）

CVM 采取模拟市场，因此真实支付与假想支付之间的差异被称为"假想偏差"。大部分的实证研究结果均显示假想支付低于真实支付（Brown et al.，1996），而 Bishop and Heberlein（1979）的研究却显示结果相反。其研究中采取的方法是将真实捐助与假想调查比较，很多研究是在实验室进行的，研究存在一些值得注意的问题：①被调查人员的代表性问题，很多实验的被调查人员是学生，这与真实调查有差异；②调查中被评估的物品很多采用私人物品，这与公共物品存在较大差异；③多数案例中，事先给被调查者一定数量的货币，因此不受收入约束的限制，这与真实市场不同。由于假想偏差的存在，势必影响 CVM 结果的有效性。进一步的研究显示个体越熟悉被评估物品，假想偏差越小（Mitchell and Carson，1989）。

（5）策略偏差（strategic bias）

CVM 调查中主要两类策略性偏差：搭便车（free-ride）与过度承诺（over-pledging）（Mitchell and Carson，1989）。搭便车指当个人认为当其他人支付足够多时，他不需要支付；过度承诺指若个人认为他表达的支付意愿将影响物品的提供时，个人将倾向于夸大支付意愿。对策略性偏差的讨论最早由 Samuelson（1954）引入，他认为现场调查容易出现搭便车。对于 CVM 结论中的策略性偏差已经有大量实验性的研究，但研究结果非常复杂。许多实验性研究报道过该偏差，如 Whittigton 等（1992）验证了时间因素对策略性偏差的影响。但许多研究认为该偏差不是主要问题（Griffin et al.，1995）。Mitchell 和 Carson（1989）认为某些原因导致的策略性偏差是微弱的，如：①策略性行为所需要的信息数量巨大；②CVM 调查涉及大量人群，因此个体认为表达的支付意愿不会影响最终结果；③支付工具提醒预算约束，不会高估支付意愿；④由于担心物品不被提供，因此个体不会低估。Carson 等（2001）提出应用激励相容的技术（如二分法）将减少策略偏差的影响。

（6）CVM 结果的可靠性（reliability）与效益转移（benefit transfer）

可靠性检验主要有两种方法，检验收敛有效性和通过实验–复试方法比较（Hanley et al.，1997）。收敛有效性通过比较 CVM 与其他方法如揭示偏好法获得（Carson et al.，1996）。Brookshire 等（1982）比较了 CVM 与内涵资产定价法（hedonic pricing method），其评估对象是大气质量改善，结果是 CVM 估值较低。John 等（1992）比较 CVM 与支出函数方法（expenditure function method），其评估对象是蚊虫防治，结果是 CVM 估值低。Carson 等（1996）对 83 项研究作了616 对的比较，他们比较了 CVM 与多种揭示偏好法，包括单地点旅行费用法（TC1）、多地点旅行费用法（TC2）、内涵资产定价法（HPM）、防护支出法（AEM）、真实市场价格或模拟市场，其评估的对象包括户外休闲、健康风险改变、环境修复，如大气污染、噪声污染、水污染等。其研究结果表明 CVM 估计比 TC1 研究结果低 20%，比 TC2 低 30%，比 AEM 低 20%，比 HPM 低 40% 左右，与实际市场不能区分（Venkatachalam，2004）。Smith（1993）提出，由于揭示偏好法本身并不是良好的测度，因此 CVM 与之相比较，并不能充分说明收敛有效性问题，而且 CVM 方法度量的的价值和使用市场的性质等因素都与揭示偏好的方法不同。

另一个检验可靠性的方法是"试验–复试方法（test-retest method）"，指在间隔一段时间后对同一样本组或同属同一总体中的样本进行重复实验。Kealy（1990）对时间差距为 2 周分别采取开放式问卷和二分法问卷的两次研究进行了比较，研究结果显示两者没有显著性差异。1995 年 Kealy 和 Turner 对相隔 5 个月的两次调查进行了比较研究，其结果同样显示稳定性。Carson 和 Mitchell（1993）相隔 3 年分别做了全国性 CVM 水质改善的支付意愿调查，发现去除物价因素之后，两次调查结果的差异不足 1 美元（Brouwer and Bateman，2005）。Hengjin Dong（2003）针对发展中国家居民对健康保险的支付意愿进行了相隔 4~5 周的研究，结果显示复试结果低于初试，但具有良好的稳定性。大多数的可靠性检验结果显示 CVM 可以得出可靠的支付意愿结果（Venkatachalam，2004）。

文献报道的实证结果显示了这样一个问题，即合理的时间间隔是多长？太短的时间会导致回忆效应，太长则个人社会经济变量将发生较大改变。McConnel（1998）指出，间隔时间 2 周到 2 年的经验研究显示，CVM 呈现良好的时间稳定性，而对于更长的时间间隔，认为人们的偏好稳定是不切实际的。

近年来，一些学者开始对"极端事件"的发生进行事前和事后的 CVM 研究，以确定"极端事件"的影响。Roy Brouwer（2008）对禽流感发生前后公众保护候鸟的支付意愿在 2003~2005 年进行了逐年比较，其研究结果显示均值有显著减小。

"收益转移（benefit transfer）"与可靠性有内在的关系，指从实地研究中揭示的偏好，是否能转化到政策的领域去预测被访问者的行为（Bateman et al.，2002）。针对该问题，出现了一些实证研究（Downing and Ozuna，1996；Kirchhoff et al.，1997），研究的结论是，从实地研究中揭示的收益转化到政策的领域是误导的，不可靠的。Griffin 等（1995）在发展中国家进行了该问题的研究，主要验证了两个问题，即收益揭示问题（人们行为在事前和事后是否一致）和收益转移问题（是否可以根据从一个样本获得的估计去预测另一样本对同样物品的估计），其结果显示收益转移方法是不准确的。Bateman 等（2002）指出收益转移方法在某些情况下适用，而在另外情况下不能运行。这可能是由于被调查者社会经济状况的差异造成了彼此不能完全替代。由于收益转移方法的研究尚处于初期阶段，还需要作进一步的研究。

2.3.3　有效性可靠性研究的相关理论综述

CVM 的理论基础是新古典需求理论（Bateman and Willis，1999；Mitchell and Carson，1989）。新古典经济学以科学的实证主义为基础，强调经验数据的重要性和方法的实体性（Caldwell，1994；Hausman，1993）。传统偏好、需求和货币价值的评估通过市场上真实的行为数据获得。通过相关的行为模型和揭示偏好的公理，可以得到价值和需求估计（Samuelson，1948）。在以上推导过程中，一个重要的假设是消费者对于特定商品的偏好是不变的（Varian，1992）。

新古典经济理论并未限于传统市场交易的商品领域，而是已经向更多更宽阔的领域发展（Becker，1976）。现代新古典经济学者倾向于"放松的实证主义"（Solow，1997）。许多经济学家开始接受在特定条件下直接询问和假想选择的方法，类似于自然科学研究的受控实验方法（Veisten，2007）。

CVM 方法正是随着新古典经济理论的发展而产生的价值评估方法。该方法得到普及是在选择价值（option value）[如存在价值（exist value）]被认为是总经济价值的重要成分后，特别是在 20 世纪 60 年代，当传统的揭示偏好方法（如旅行费用法）不能估算这种非使用价值时（Smith，1993），唯一的方法就是 CVM（Desousges et al.，1993）。

CVM 在大量应用的同时，遭到了广泛争议。争议的核心集中于两点：①该方法评估的主要价值–非使用价值（non-use value）是否应纳入经济分析（Kopp，1992）；②该方法采用在假想市场中直接询问个人的支付意愿。经济学者从不同视角提出了批判。实证经济学家 Milgrom（1993）提出，询问个人不会使用和不打算使用的资源货币价值仅仅是试图估计"非经济"的"符号价值（symbolic values）"。

该方法也受到了"非实证主义（non-positivist）"经济学家和反对新古典经济学理论的非经济学家的批评。他们提出，新古典的权衡（trade-off）方案并不适用于非使用价值的 CVM 评估。Nyborg（2000）、Faber 等（2002）指出，CVM 被访者的行为更像是政治行为人而不是新古典经济行为人。Lockwood（1996）、Spash（2000）指出被访问者进行选择和评价时是按照字典序的规则服从非赔偿偏好的，而不是按新古典经济理论的权衡原则。

Hoehn 和 Randall（1987）认为 CVM 是经济学的研究项目，而 Vatn（2004）却认为 CVM 方法在非使用价值上的应用和 CVM 结论与新古典经济的理论假设不相容，是否反映经济学研究将遭遇其范式限制。Veisten（2007）在对实证和非实证方法进行了对比后，提出实证强调价值偏好的直接显示，而非实证强调确保理解和承诺的交流规则，并以此为理论基础提出 CVM 方法是经济评估的科学方法。

（1）CVM 的批判：实证主义观点——与新古典经济核心假设的不相容

新古典经济学的核心假设是理性行为人和效用最大化原则，具体包括：①理性与凸偏好；②稳定（潜在）偏好；③（拟凹）效用函数最大化；④（市场）均衡。与 CVM 相关的核心假设争议主要集中于"稳定偏好"与"自利"。

1）稳定的偏好或稳定的偏好结构。对 CVM 的批判，尤其当该方法应用于非使用价值的评估时，主要指不能显示出被访问者有稳定的偏好，"对环境物品的偏好独立存在于 CVM 调查问卷"（Diamond and Hausman，1993；Cummings et al.，1995）。Becker（1976）指出，偏好稳定并不是指向如汽车、橘子等具体市场商品或服务，而是指向家庭在面临市场商品、时间等投入时对生命的潜在偏好，如健康、荣誉、性、慈善等。CVM 批评者认为，由于个体缺乏对环境物品的市场经验，因此支付意愿在面访的过程中容易受到影响，支付意愿与自身形成的价值有差异，意图获取个体货币估值的 CVM 方法实质是构造了价值。但 CVM 支持者认为，信息传递是该方法的必要成分，通过良好的设计和实施，对特定的变化可以提供准确而容易理解的信息。对于这种指向特定物品稳定偏好的批评，Hanneman（1994）的解释与 Becker（1993）相近，他指出，人们构建记忆、态度和判断，关键问题不是判断偏好是否是构建的产物，而是偏好的构建是否稳定。事实上，在大多数 CVM 调查中隐含这样的假设，即个体对环境物品的变化不是"家庭形成"（home- grown）的稳定偏好（货币估值）。调查者试图提供信息使被访问者建立、构造、形成特定的偏好和价值，前提条件是消费者对环境物品有潜在的稳定偏好（Hoehn and Randall，1987；Mitchell and Carson，1989）。

2）"自利"还是包括"利他主义"（self- interest or including altruism）。任何新古典经济学家都坚持个人选择基于自利动机的基础之上。利他主义者的效用函数包括了其他人的效用函数，通常被称为"互相依赖的效用函数（interdependent utility functions）"（Johansson，1992）。Becker（1993）认为利他主义可以作为经济选择的动机，支付意愿将导致在公共物品提供的成本效益分析中出现重复计算。Milgrom（1993）建立了 CVM 的重复计算模型，但他对"利他"的设定形式遭到了质疑。Johansson（1992）提出，双重计量问题取决于模型设定形式，并且在利他主义者评估其他人的收益与成本时，利他的价值消失。如果乙获得的某种生态服务提高了甲的效用，则是生态服务的水平或质量对甲的福利起作用，而不是乙的效用起作用。他人对特定物品消费的关注，并不会导致双重计量。Hanemann（1994）指出，CVM 中出现的利他现象，直接指向待评估的环境物品，而不是其他人。Harrison（1992）指出，由于利他现象的存在而质疑货币评估的合理性是错误的。因此，将利他主义导致的效益从 CVM 成本收益中除去，将导致错误的货币估值（Johannsson，1992）。

生态经济学家、制度经济学家和其他的社会科学家对"自利"的批评是关于关公共物品政策制定中成本效益的分析。他们的批评是建立在 Amartya Sen（1979，1987）对传统古典经济模型的批评和发展基础之上的。Sen 的主要观点是，个人作为消费者以自利的方式行事，但作为投票者，可能以利他的方式行事。自利的消费者与利他的社会成员角色是互相冲突的。许多研究者以此为基础指出，CVM 研究中出现不符合经济理论的现象可以从反应者政治行为人的角度来解释（Faber et al.，2002；Nyborg，2000；Spash，2000）。

自利的消费者与利他的社会成员的角色冲突，事实上反映了对新古典经济理论的一般批评。不仅在考虑生态环境物品时有基于利他的赠与行为，在私人商品市场中也同样存在。而且人们在进行私人物品的选择和消费时，并非完全不考虑环境问题，这可以从绿色消费市场反映出来。至于人们往往表现出对环境公共物品的漠视，不是因为"自利"，而是由于信息的不完全。

(2) CVM 的支持观点：非实证主义观点——新古典"保护带"理论的解释

CVM 的支持者在新古典经济学的核心假设（core assumption）之外提出了从属假设，称之为"保护带（protective belt）"假设。Veisten（2007）用保护带假设解释实证主义和非实证主义对 CVM 的理论异同，并指出 CVM 在非实证主义假设下，服从经济理论的核心假设。

按照 Hoehn 和 Randall（1987）对 CVM 的假设，即描述由政策建议决定的物理变化和定义条件市场或政策选择机制，可界定政策得以执行所需的条件，指若政策执行，从居民户得到的支付数额。与 CVM 相关的从属假设与调查者和被访问者之间的交流有关，特别是情景（scenario）描述与支付意愿的引导。该方法的交流成分暗含在普通调查研究之外的心理学理论应用中（Green and Tunstall，1999；Gregory et al.，1993；Hanemann，1994；Kahneman and Knetsch，1992）。Carson 等（2000）指出，这种以结论为导向的假设未考虑偏好调查中被访问者的认知行为和社会交流过程。Veisten（2007）指出，第 1 条假设可以通过实际行为或揭示偏好法进行外部有效性检验，但这种外部性检验可实施性不强，特别是非使用价值的评估，CVM 是唯一的适用方法，揭示偏好法不能作为判断标准。第 2 条假设定义了完美信息的传递，排除了通过交流传递信息模糊的可能性。

Carson 等（2000）建议了如下的"过程导向"从属假设：①被访者理解待评估的物品或选择；②信任供给；③确信一旦物品被供给，个人必须支付。第 1 条假设与认知心理相联系，与个人对市场上商品观察类似（Mitchell and Carson，1989）。实证经济学家假定信息是完美的，而在真实市场中信息是有限的，信息搜寻需要成本（Stigler，1961），消费者的信息可能被误导。许多心理学家在如何理解信息和如何对信息作出反应方面做了大量研究。第 2 条假设也与心理学研究领域相关。Carson 等（2000）指出，对评估物品或服务的供给信任是后续偏好调查得以正常实施的一个条件。然而，这种信任是与所调查地理区域的政治体制与决策规则紧密联系的（Spash，2000）。对供给的信任表示被访问者相信他的回答对环境公共物品的供给是有影响的（Carson et al.，2000；Hoehn and Randall，1987）。第 3 条假设与反应状况的激励相容有关。Carson 等（2000）指出，设置一个强制性的支付工具可激励被访问者的真实反应。但由于支付意愿与真实支出难以比较，支付工具的选择与特定的政治制度有关，因此多数调查采取志愿支付机制（Brown et al.，1996；Veisten and Navrud，2006）。

实证主义者认为，如果通过外部检验证明了人们不会表达真实的偏好，那么 CVM 方法将被拒绝，而对于非实证主义的理论假设，其重点在于内部理论和内容的评价，无法通过外部检验，实证主义认为 CVM 方法也是不可执行的。而非实证主义认为，以上 3 条假设可以通过以市场为基础的外部检验之外的心理学方法进行验证。

Cummings 等（1986）、Bateman 和 Turner（1993），NOAA（Arrow et al.，1993）提出 CVM 的指导原则，这些原则有助于非实证假设的实现，促进结果的

有效性与可靠性。

（3）理论有效性还是内容有效性

实证主义与非实证主义对 CVM 的争议实质可以总结为，实证研究的异常现象是与该方法的理论有效性还是内容有效性相关。此外，理论有效性指结论与新古典核心假设相一致，内容有效性则指方法服从保护带（protective belt）原则。理论有效性检验是评估 CVM 的结论与经济理论预期是否一致。内容有效性则是建立在对数据的非数量的评估基础上，如 CVM 调查中问题是否准确和是否以合适的方式排列。因此，对于实证研究中的"异常效应"，实证主义者以此为依据说明 CVM 不是理论有效的，而非实证主义认为这仅仅是因为该方法的应用缺乏内容有效性。

（4）收敛有效性检验及对标准存在与否的讨论

当一种方法有效性的内在评价难以实现时，可以通过外部检验来实现。收敛有效性的检验可通过与其他替代方法的比较进行。在进行主要是使用价值的公共物品价值评估时，可采用与揭示偏好法（revealed preference method）的比较。Carson 等（1996）对 83 项研究作了 616 对的比较，将 CVM 与每一种揭示偏好法——单地点旅行费用法、多地点旅行费用法、内涵资产定价法、防护支出法、真实市场价格或模拟市场均作了比较，结果显示 CVM 与揭示偏好法结果的平均比例为 0.89。而对于非使用价值占主导的公共物品的外部检验，目前采用的是与选择模型（choice experiment）相比较（Hanley et al.，1998；Adamowicz et al.，1998）。

实证经济学家接受以"真实的支付（real payment）"作为收敛检验的标准。由于在采取自愿支付机制的 CVM 调查中 CVM 结果比真实支付高（Cummings and Harrison，1994，1995；Diamond and Hausman，1994），因此这成为批判 CVM 的重要依据。由于私人物品的真实支付代表经济价值的标准（Bishop and Heberlein，1979；Cummings et al.，1995），故而对于以非使用价值为主导的公共物品，无论是假想还是真实市场都存在策略性偏差（Carson et al.，2000；Hoehn and Randall，1987）。Duffield 和 Patterson（1991）提出由于 CVM 调查中真实支付在理论上并不是"需求揭示机制"，因此以真实支付作为 CVM"有效性检验的标准"是存在问题的。在真实支付中，由于"搭便车"普遍存在，支付意愿往往被低估。当个体为推动物品的提供，支付意愿往往被高估（Carson et al.，2000；Hoehn and Randall，1987）。

因此，在用真实支付作为自愿捐助 CVM 调查结果的外部性检验时，其中一个核心问题是如何最小化策略性偏差。一些研究者在二分法问卷中加上了额外的问题，即回答 "Yes" 的确定性评价。确定性程度越高，则越倾向于真实支付，因此确定性评价方法使得真实支付成为可能（Johannesson et al.，1998）。另一个问题是如何使自愿的真实支付能够实现揭示消费者需求。Rondeau 等（1999）提出了一些改进准则，即告知被访问者保证公共物品得以供给的最小支付总量，如果物品不能供给，则退还支付；若支付超过成本，则按比例返还。以上的措施将有效降低搭便车的激励。在满足以上条件后，尽管供给机制并不是完全激励相容的（Poe et al.，2002；Carson et al.，2000），但仍可以改进 CVM 的收敛有效性。

（5）非经济学者对 CVM 的批判与字典序偏好

生态学者对 CVM 中应用的新古典经济学理论中的权衡（trade-off）模式提出了批评，认为权衡模式并不适用于非使用价值的评估，例如生物多样性，因为大部分人在选择或评估环境物品价值时遵循的是字典序偏好（lexicographic preference）。Spash 和 Hanley（1995），Stevens 等（1991）推测，在 CVM 调查中大约四分之一被访问者具有伦理主义的字典序偏好（ethicist-lexicographic），因此会造成结果系统性上偏或下偏，也会损害 CVM 在实际应用中的有效性。个人在 CVM 中表现的字典序偏好归因于陡峭的无差异曲线，个体倾向于对非常少的改善支付非常多（Lockwood，1999）。而另一些学者进行的不同类型交叉实验或一致性检验显示，字典序偏好的伦理主义者少于四分之一（Hanley and Milne，1996）。生物多样性评估中有字典序偏好的个人少于 10%，该结果与配对选择试验相一致（Lockwood，1998，1999）。由于环境服务是定量的物品——由公共提供并且作为外部存在，因此公共物品的提供水平可能低于或高于个体选择的水平（Hanley et al.，1995；Kristrom，1997），这可以解释在 CVM 调查中出现的负支付意愿和明显的字典序选择。

2.4 我国 CVM 有效性可靠性研究现状及进展

与发达国家在 CVM 方面的研究相比，由于在经济水平、制度安排、环境管理模式等方面的差异，我国的相关研究较为滞后。CVM 在我国的应用可行性和有效性一直是环境经济领域争议的焦点所在。近年来对该方法的有效性和可靠性研究，国内学者也进行了一些有益的探索。

对结果有效性进行检验的方法之一是采用将支付意愿值对社会经济变量进行回归的方法（金建军等，2002；赵军等，2005）。近年的一些研究成果显示，影响有效性的因素主要分为四类：一是居民的人口学特征，如性别、年龄、家庭人口数；二是社会经济状况，如收入水平、教育程度；三是地理区位；四是居民的

43

环境认知态度。但从回归结果看，研究结果差异较大。研究结果显示，收入、教育一般呈与支付意愿正相关，年龄、家庭人口数、性别等其他影响不确定。

发展中国家在 CVM 研究中，零支付意愿的比例比较高，国际上较为公认的范围是 20%～35%，而国内案例分析零支付意愿的比例与国际经验研究的范围相比波动性大，最小为 2.8%（梁勇等，2005），最大为 59%（梁爽等，2005）。Amigues（2002）的研究中关于零支付意愿做了相对详细的论述，零支付的主要原因是"收入限制"，这符合经济理论预期。而在我国，文献显示，"收入限制"仅是原因之一，其他原因有"应由政府负责"、"应由污染企业治理"等多种（张志强等，2004；杨开忠等，2002）。

在 CVM 有效性、可靠性检验方面，徐中民（2003a）、张志强等（2004）、赵军（2005）、张翼飞（2008，2012b，c）、蔡志坚等（2011）、董学旺等（2011）、许丽忠等（2012）许多学者开展了有益的探索。在 CVM"问卷内容依赖性"的研究方面，相比国际大量的经验研究，国内对此的经验研究普遍缺乏，张翼飞（2012）、阮氏春香等（2013）开展了初步探讨。一些学者对诱导技术的差异进行了研究，徐中民（2003）采用开放问卷、支付卡、单边界二分法和双边界二分法对比评估了黑河流域额济纳旗的生态恢复价值。赵军（2005）采用支付卡和二分法对比评估了上海市内河的生态服务价值。在收敛有效性检验方面，张茵等（2004）采用旅行费用法与 CVM 比较进行了外部检验。在对不同测度指标的差异研究中，由于我国自然资源和环境物品的所有权结构不同，居民在没有产权的情况下，出现了对受偿意愿理解困难和实施的质疑。李金平（2005）、赵军等（2007）、张翼飞（2008）等开展了一些早期研究，但是有限的经验研究结果显示了较大差异。在可靠性检验中，采取实验-复试是主要检验方式，许丽忠（2007）和张翼飞（2007，2013a）等做了初步探索。

总体而言，与国际大量的应用案例相比，国内的经验研究明显不足。尽管近年来 CVM 的研究迅速增加，但 CVM 在我国应用的有效性和可靠性的探讨还处于起步阶段。

2.5 本章小结

基于以上文献的回顾可以发现，关于 CVM 有效性可靠性的经验数据主要来自美国等一些发达国家，近年来印度（Venkatachalam，2004）等发展中国家的案例也逐渐增加，我国在该领域的经验案例和数据明显不足。从案例研究中发现，目前国内该领域的研究呈现如下特征：

1）以 CVM 的应用为主，对结论的有效性和可靠性探讨不足。

2）在影响支付意愿的因素分析中，选取变量泛化，缺乏反映我国特殊社会构成、制度安排和所研究区域特征的变量。如对于我国大城市的集聚效应造成的大规模流动人口的支付意愿。

3）CVM 结论的有效性可靠性分析涉及的研究领域很多，已有文献多从一两个方面结合案例进行分析，如对诱导技术效应的检验，对受偿意愿与支付意愿指标效应的检验，缺乏对一个案例进行多方面的研究。

4）CVM 采取设计假想市场，利用调查问卷获取信息。问卷的设计和假想市场的描绘使得一些主观因素可能对研究结果造成影响。国际上对问卷中评估数量改变、提问顺序改变等问卷内容调整对支付意愿的影响进行了大量的实验型研究，即对于"顺序效应"、"嵌入效应"等积累了大量的经验数据，而我国该领域的研究还未见报道。

5）实验–复试方法是对 CVM 结果进行时间稳定性检验的主要方法之一，国内对此的报道甚少。这是因为对案例的研究缺乏跨时的持续性研究，从而影响对 CVM 结果可靠性的检验。

生态环境资产的经济价值评估是生态、环境经济学研究的前沿领域，是我国建设生态–环境–经济综合核算体系的关键环节。作为迄今为止唯一能评估生态服务非使用价值的方法，由于制度、经济的差异，CVM 在我国仍然广受争议。但从发达国家和其他发展中国家的成功应用情况看，该方法在我国将具有广阔的应用前景。应用环境的差异，仅增加了我国开展该领域研究的特殊性。

鉴于此，在前人研究的基础上，笔者认为在我国这一领域有如下值得研究的问题：

1）增加应用案例的研究。由于真实市场不存在，真实的支付意愿不可能加以绝对检验。CVM 作为依靠调查获知数据的方法，其研究结果的有效性和在政策中的实际应用必须建立在大量经验数据及其相互检验上。

2）结合具体案例，对各种偏差效应进行多重问卷设计、平行调查和跨时调查。调查目的是检验各种外在条件的改变是否产生不稳定的支付意愿，影响的方向是什么？影响程度如何？

3）区域间"效益转移"的研究，以促进研究成果在实践中的应用。

4）在大量实证数据的基础上，立足于我国经济转型阶段的社会经济特征、制度安排、调查区域有别于其他地理区域的社会自然特征，分析影响居民在假想市场中表述支付意愿的影响因素，并进一步探讨何种因素导致了模拟支付意愿与真实偏好的分离。

5）探讨在我国具体应用 CVM 研究成果的适用原则和约束条件。

第 3 章 城市河流生态系统服务的意愿价值评估

3.1 引　言

城市景观河流作为城市经济社会系统正常运行的重要支撑，不仅为城市居民提供了直接的使用价值，如划船、钓鱼等休闲娱乐，而且河流与陆地的交错景观也给人们带来了安谧性、舒适性和运动性的美学享受与精神体验（鲁春霞等，2001）。近30年的经济快速发展带来了私人产品及服务的高效增长，城市河流等公共环境服务却呈现愈加匮乏的趋势。高强度的城市化建设导致大量城市河流消失、水面率锐减、水质退化严重。而随着居民收入的提高，对景观河流生态服务的主观需求却在迅速增长，景观服务在居民福利函数中的权重加大，与其他商品和服务的边际替代率日增，供求之间出现巨大差额。

城市景观河流的生态恢复已引起广泛重视，修复活动也广为开展。由于景观河流提供的生态服务具备公共物品性质，其非排他性与非竞争性导致人们无价或低价任意使用，同时其价值的评估又是以个人的主观体验为基础，因此很难同其他私人产品一样由市场定价。

本节应用 CVM 通过构建假想市场获知人们对于非市场物品的支付意愿，为河流生态恢复经济价值的评估提供可能。

3.2　城市内河环境状况及生态功能变迁

3.2.1　城市河流的生态功能

河流与城市的孕育和发展有着密切的联系，是城市的生命之源。在远古时代，城市河流的主要功能是水供应与水循环，随着城市以及水上交通工具的发展，城市河流对城市的作用愈发重要，城市河流除了发挥着饮水水源与灌溉水源作用外，还是城市防御和运输的重要渠道。尤其是当下城市河流已经成为城市生态化建设的重要环节，城市河流在其生态系统服务功能上的重大价值日益凸显。城市河流为城市提供水资源供应与水文调节、休闲娱乐与文化价值、稳定大气与气候调节、水土保持与调蓄水量等多种生态服务功能，以其自然、社会、经济与环境价值推动着城市的发展。

根据 Costanza（1997）对生态系统服务功能的分类定义，结合城市河流的特点，相关学者对城市河流的生态系统功能的分类可以归纳为以几点：水资源供应与水文调节功能，休闲娱乐与文化价值功能，稳定大气与气候调节功能，水土保持与调蓄水量功能，废弃物处理与环境净化功能，生物栖息功能。

城市河流的生态系统组成主要包括河道和河岸带，属于人造半自然生态环境，因此受到自然和人为因素的综合影响。事实上除了上述主要生态功能外，城市河流的生态功能还应包括 Costanza（1997）定义的生态系统服务功能中的其他功能，如营养元素循环、食物生产、原材料供应等，但相比于一般河流，城市河流的这些生态功能已被逐渐淡化。

3.2.2 城市河流的环境状况

随着工业化、城市化进程的加速，环境污染也日趋严重。工业化、城市化过程是一个快速发展的非平稳过程，通常在工业化、城市化的初期，人们对于水资源的合理利用与保护意识都十分薄弱，在城市的扩展过程中，大量的污染工业布局在城市河流周围，对城市河流的生态功能产生了严重后果，主要表现为对河流形态、河道生境、河道水量、河流水质等方面的破坏，直接或间接地改变着城市水环境。

依照《地表水环境质量标准》（GB 3838—2002）规定，我国地面水体主要分为以下五大类：Ⅰ类水主要适用于源头水、国家自然保护区；Ⅱ类水主要适用于集中式生活饮用水、地表水源地一级保护区，珍稀水生生物栖息地，鱼虾类产卵区，仔稚幼鱼的索饵场等；Ⅲ类水主要适用于集中式生活饮用水、地表水源地二级保护区，鱼虾类越冬、洄游通道，水产养殖区等渔业水域及游泳区；Ⅳ类水主要适用于一般工业用水区及人体非直接接触的娱乐用水区；Ⅴ类水主要适用于农业用水区及一般景观要求水域。劣Ⅴ类水质标准的水体基本上已无使用功能。据此标准，从全国河流宏观数据上来看（表 3-1），我国的河流污染问题已经达到一个相当严重的程度。在 2004~2010 年，全国河流平均污染河长（包括Ⅳ类、Ⅴ类和劣Ⅴ类河长）已占总河长的近 40%，其中完全污染水体基本已无使用功能的劣Ⅴ类河流平均也占到总河长的 20% 以上。

47

表 3-1 中国 2004～2010 年河流水质状况评价结果统计（按评价河长统计）

年 份	全国评价河长/km	分类河长占评价河长比例/%					
		I 类	II 类	III 类	IV 类	V 类	劣 V 类
2004	133 545	6.3	27.2	25.9	12.8	6.0	21.8
2005	140 497	5.1	28.9	26.9	11.7	6.1	19.4
2006	138 737	3.5	27.3	27.5	13.4	6.5	21.8
2007	143 604	4.1	28.2	27.2	13.5	5.3	21.7
2008	147 728	3.5	31.8	25.9	11.4	6.8	20.6
2009	160 696	4.6	31.3	23.2	14.4	7.4	19.3
2010	175 713	4.8	30.0	26.6	13.1	7.8	17.7

资料来源：中国历年流域分区河流水质状况评价结果统计，http://www.soshoo.com/

3.2.3 长三角城市内河环境状况

长三角地区是我国经济发展比较活跃的地区，相对于全国其他省级行政区而言，该地区的工业化率、城市化率更高，城市内河污染也就无疑更为严重。从近年来长三角地区水质环境统计数据来看（表 3-2），长三角地区的地表水环境质量低于全国平均水平，尤其体现在优于III类河长比例显著低于全国平均水平，而劣V类河长比例显著高于全国平均水平。其中，浙江省的地表水环境大大优于江苏省与上海市，2010 年浙江省内污染河长（包括IV类、V类和劣V类河长）占评价河长的比例为 42.1%，小于江苏省的 72.4% 和上海市的 76.5%。而江苏省与上海市的水质环境差异不大，两个地区优于III类河长比例都较低。长三角地区城市河流水质污染的主要超标项目均为化学需氧量、氨氮、高锰酸盐指数等。

表 3-2 长三角地区水质环境统计数据

地 区	评价河长/km	分类河长占评价河长比例/%			
		优于III类	IV 类	V 类	劣 V 类
浙江省（2010 年）	3 358.3	57.9	11.5	6.3	24.3
江苏省（2009 年）	18 623	27.6	26.0	15.1	31.3
上海市（2010 年）	719.8	23.5	28.6	13.7	34.2
全国（2010 年）	175 713	61.4	13.1	7.8	17.7

资料来源：2010 年浙江省水资源公报，http://www.zjwater.com/；2009 年江苏省水资源公报，http://www.jssw.gov.cn/；2010 年上海市水资源公报，http://www.shanghaiwater.gov.cn/

从表3-2可以看到,上海市是长三角地区水质污染较重的城市,其城市内河环境状况比较具有典型性。上海市主要有16条骨干河道,总长719.8km。根据2006~2010年上海市水务局对这16条主干河道的水质评价结果(表3-3)可以看到,上海市的河流污染程度较高,尤其在2006~2007年,劣Ⅴ类河长占到了评价总河长的50%以上,说明当时城市内一半以上的骨干河道水体基本已无使用功能。其中,水质污染以有机污染为主,主要超标项目为氨氮、化学需氧量、高锰酸盐指数、五日生化需氧量和溶解氧等。

表3-3　2006~2010年上海市主干河道水质环境统计数据

年份	主要骨干河道数	评价河长/km	分类河长占评价河长比例/%			
			优于Ⅲ类	Ⅳ类	Ⅴ类	劣Ⅴ类
2006年	16条(黄浦江、苏州河、太浦河、斜塘—泖河—拦路港、圆泄泾、大蒸塘、大泖港—掘石泾—胥浦塘、蕴藻浜、淀浦河、金汇港、大治河、川杨河、油墩港、叶榭塘—龙泉港、浦南运河、浦东运河、环岛河)	719.8	12.5	17.5	14.3	55.7
2007年			12.5	17.9	12.9	56.7
2008年			26.0	14.8	22.2	37.0
2009年			28.7	27.2	8.5	35.6
2010年			23.5	28.6	13.7	34.2

资料来源:上海市水务局历年水资源公报,http://www.mwr.gov.cn/

自2006年起,上海市开展了为期三年的"万河整治"行动,并同时实施第二轮环境保护三年行动计划,由中心城区向郊区拓展以整治黑臭河道为重点,取得了一定成效。2008年起,上海市主要骨干河道水质总体状况有了相当显著的改善。从2006~2010年上海市主要骨干河道水质状况比较图(图3-1)中可以看

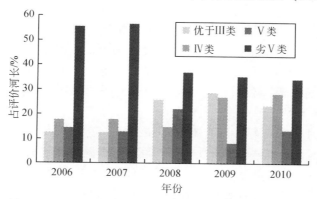

图3-1　2006~2010年上海市主要骨干河道水质状况比较
资料来源:上海市水务局历年水资源公报,http://www.mwr.gov.cn/

到，从 2008 年开始，上海市 V 类和劣 V 类河长比例明显下降，IV 类与优于 III 类河长比例的增加。截至 2010 年，上海优于 III 类水（含 III 类）河长占评价总河长的 23.5%，IV 类水河长占 28.6%，V 类水河长占 13.7%，劣 V 类比例已从 2006 年的 55.7% 降至 34.2%。水质污染主要超标项目为氨氮、化学需氧量和溶解氧。

3.3　上海漕河泾研究区域情况

3.3.1　自然社会情况

漕河泾处于上海市西南部，它流经徐汇区、闵行区两区，是一条跨区河流。区域内地势平坦，海拔高程在 4m 左右，周边地区在气候上同上海市其他纵横区一样，四季分明，河流水系交叉，其水文、水质受黄浦江主流的影响很大。漕河泾北起蒲汇塘，西至张家塘港，东接龙华港，流入黄浦江，是龙华港水系的一部分。它全长约 6km，水面最宽处约 21 米，最窄处约 5.5m，平均宽约 12m。上海市的河湖以雨水、地下水为主要补给，尤其以雨水为主，地表径流量月际和年际变化率大。河流受潮汐影响，潮汛因素复杂。上海市主要河流大约每 24h48min，都有涨潮、落潮过程两次，属河水流向不稳定的往复流。漕河泾同样如此，但感潮强度弱，潮差一般在 0.3m 左右。漕河泾水位主要取决于降水量和上游水量，水深约 2.8m。涨潮时龙华港段的水进入漕河泾，落潮时漕河泾水及上游水由龙华港进入黄浦江，涨潮时水位最高约 3.1m。

漕河泾徐汇段，沿岸有上海师范大学、桂林公园、康健园、上海应用技术大学和一些居民住宅小区。全长约 4km，沿途与上澳塘（南段）、蒲汇塘相连。经过前几年的整治，黑臭现象明显减少，尤其是康健园段已成为一段景观河道。但漕河泾港闵行段（虹梅路—新泾港），全长约 2.0km，曲折多弯，为土坡，局部坍塌，河道淤积严重，沿线雨污合流，水体长期遭受严重污染，常年黑臭，如图 3-2 和图 3-3 所示，污染使得已整治好的河道无法发挥预期效果，直接影响地区居民健康和投资环境。

2006 年 2 月、2008 年 3 月、2010 年和 2011 年上海师范大学环境工程系对漕河泾临上海师范大学段进行了水质监测，确定了水温、溶解氧、化学需氧量、生化需氧量、氨氮、磷、pH、色度、藻类等监测项目。分析结果显示，总体水质为 V 类～劣 V 类，不符合景观水体应达到的 IV 类标准。

图 3-2　河水黑臭 　　　　　　　　　　　　　　图 3-3　垃圾死角

3.3.2　漕河泾生态系统服务功能与价值分析

依据水体的使用功能，按价值分类的方法，该河流的生态服务功能与价值：

1）直接使用价值。主要体现为防洪排涝和工业排水。城市化进程的加速、用地的紧缺，导致对很多规模较小的河流进行填埋、截断。河流对雨水自然的调蓄能力受到破坏和干扰，表现为流速加快、流量大、洪水不易控制。

2）间接使用价值。这是城市河流主要的功能所在，主要表现为城市景观和休闲功能。随着城市钢筋混凝土建筑物的增多，河流自然景观的价值更为突出。除此之外，该河流还有天然水体对废弃物的处理和生物多样性的保护等方面的功能。

3）非使用价值。尽管这始终是争议积聚的命题，但越来越被人们接受。作为生态系统的一个组成部分，其存在就有可能为后代的使用提供选择的价值。

3.4　支付卡问卷模式对支付意愿的研究

3.4.1　问卷设计

科学合理的问卷设计是有效减少和避免偏差的重要环节，是提高研究结果有效性与可靠性的关键所在。以 NOAA（Arrow and Solow，1993）提出的原则为指导，参考国内外对河流研究的相关实践成果（Loomis et al.，2000；徐中民等，2002a；赵军，2005），结合研究区域社会经济的特征，进行本案例问卷设计。

考虑到漕河泾区域地理和经济等现状，设计了 CVM 问卷，并在 2006 年 2 月进行了预调查，通过预调查完善问卷内容，可以增强 CVM 结果的可靠性。根据 Mitchell 等（1989）总结的 CVM 问卷主要组成部分，确定本次问卷的三大部分：①简述漕河泾河流水质改善规划纲要，用图文结合的形式给被访问者构建假想市场做铺垫；②条件价值评估，问卷的核心部分，通过一系列诱导问题，最终引导出人们的最大支付意愿；③被调查者的社会经济信息。

调查采取街头随机面访方式，与邮件、电话访问方式相比，虽然成本高，但面对面访问不会排除有阅读困难和对环境问题有理解困难的人，因此能有效减少样本选择误差的可能性，增加研究结果的有效性与可靠性。同时在国内较少开展类似研究的情况下，调查者在调查过程中对受访者不能理解或态度模糊的方面可以给予解释，并对受访者对调查的理解程度、严肃性有直观清晰的认识，易于发现异常值，同时能获得受访者对于环境问题、政府管理及相关方面的大量信息，对后续调查的设计和实施具有非常大的价值。

在诱导技术的选择上，考虑到支付卡方式比二分法对于调查人员和被访者而言都更容易了解和执行，因此第一阶段的调查采取支付卡法，即要求被访问者在一系列的投标值中选取。此外，与西方年薪制度相比，国内居民对月收入的约束概念更清晰。因此本研究采用了以户为单位的调查形式，在投标数额的支付单位上，相应地采用了每户每月的形式。其估值问题如下：

> 为支持市政府对漕河泾水体历时 3 年的生态改造，以实现世博会前水质达到景观水体Ⅳ类标准，您是否愿意每月出一部分治理费用支持该计划？
>
> □愿意　　□不愿意
>
> 如果您愿意支付，以家庭为单位，未来 3 年内您愿意支付的每月金额为多少（元）？
>
> □5 □10 □25 □50 □75 □100 □150 □200 □300 □其他

投标卡的起点和间距参照国内相关研究成果（徐中民等，2002；赵军等，2004）确定，作为预调查使用。

3.4.2　调查实施

2006 年 2~4 月，上海师范大学环境工程系 03 级本科生共 43 人参与了调查，共进行了 1 次预调查和 2 次正式调查。问卷基本信息统计结果见表 3-4。

本次调查采用面对面的形式，调查范围集中在徐汇区漕河泾流经地区，且沿河区域样本数较多，抽样原则为随机抽样。

表 3-4　CVM 调查研究的基本信息（2006 年 2～4 月）

代码	调查时间	调查区域	调查人员/人	发放问卷数量/份	收回问卷数量/份	回收率/%
PC0	2006 年 2 月	沿岸徐汇段和闵行段	4	80	80	100
PC1	2006 年 3 月	沿岸徐汇段和闵行段	43	490	426	87
PC2	2006 年 4 月	沿岸徐汇段	16 *	496	496	100

　* PC2 调查人员从 PC1 调查人员中选取

3.4.3　预调查情况分析

　　预调查对于设定调查区域、问卷核心问题尤其是支付卡中投标值的起点和间距的科学合理确定有着关键性的作用，直接影响正式调查结果的有效性可靠性。本次预调查采用局部随机调查，主要目的是验证调查表的问题设置及提问顺序是否合理，确定投标数额与间距是否科学以及确定合理的调查区域。

　　对于调查范围的问题，根据相关经验研究和经济学基本理论，模拟市场的调查范围应尽可能大，以确保从所有支付意愿大于 0 的总量中取样（NOAA，1993）。因此，预调查的范围较大，包括沿岸徐汇段和闵行段。通过调查发现，由于距河流较远地区的受访者对漕河泾不了解甚至不知道，出现了拒绝受访和不完整问卷。在正式调查中，重新界定了调查范围，确定为沿漕河泾徐汇段。

　　本次预调查 PC0 共发放问卷 80 份，回收有效问卷 59 份，在 59 份有效问卷中，有 4 人表示不愿出资帮助政府改善漕河泾水质，55 人表示愿意出资，正支付意愿占受调查者的 68.8%。预调查支付意愿分布情况见表 3-5 和图 3-4。

　　预调查的核心问题投标值设置为 5、10、25、50、75、100、200、300、400、500 元，统计软件分析得到的平均支付意愿为 46.95 元/（月·户），即 536.4 元/（年·户）；中值为 10 元/（月·户），即 120 元/（年·户）。统计结果均高于同期研究结果，因此推测这可能是由于起点投标值偏大所引起的偏差。

　　从表 3-5 中可以看出有 78% 的非负支付意愿的受访者的投标额 ≤50 元/（月·户），投标额主要集中于 5、10、50 元。根据预调查结果调整核心问题的设置为：1、3、5、10、20、30、40、50、75、100、150、200、300 元及以上，减小起点投标值，增加 1～50 元的投标密度，以得出较为准确的支付意愿。

表 3-5 预调查支付意愿分布表

投标编号	支付意愿/[元/(户·月)]	支付意愿/[元/(户·年)]	正支付意愿频率/%	非负支付意愿频率/%	非负支付意愿累积频率/%
0	0	0	0	6.8	6.8
1	5	60	18.2	16.9	23.7
2	10	120	30.9	28.8	52.5
3	25	300	9.1	8.5	61.0
4	50	600	18.2	16.9	77.9
5	75	900	1.8	1.7	79.6
6	100	1 200	12.7	11.9	91.5
7	150	1 800	1.8	1.7	93.2
8	200	2 400	3.6	3.4	96.6
9	300	3 600	3.6	3.4	100.0
10	400	4 800	0.0	0.0	100.0
11	500	6 000	0.0	0.0	100.0
合计	—	—	100.0	100.0	—

54

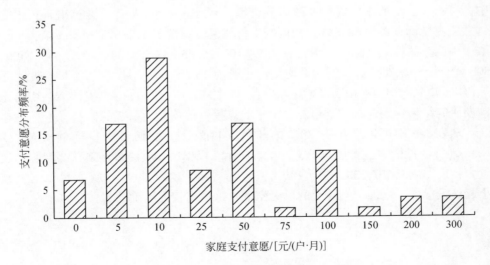

图 3-4 预调查支付意愿分布图

3.4.4 问卷整体分析

简要分析三次调查的总体情况后，可以获得对样本结构和居民回馈信息的大致了解：

1）支付比例情况。本阶段调查共发放了 1066 份调查问卷，最终回收 1002份，问卷回收率为 94%。1002 份问卷中，2 份问卷信息缺失，总共有 731 人选择了愿意支付，有 269 人表现为不愿意支付。结果如表 3-6 所示。

表3-6   支付情况统计表

调研代码	愿意支付人数/人	愿意支付比例/%	不愿支付人数/人	不愿支付比例/%
PC1	56	70.0	23	28.8
PC2	308	72.3	117	27.5
PC3	367	74.0	129	26.0
合计	731	73.0	269	27.0

2）不愿意支付的原因调查。调查研究均采用了面访的形式，便于对不愿支付的受调查者进一步追问原因。归纳不愿支付的原因主要有：①支付能力限制，收入约束下使得额外支出造成家庭经济负担；②认为漕河泾环境治理是政府职责之一，不应由居民出资；③认为已经缴纳了排水费，应该用这笔费用来进行治理；④应当由造成污染的企业负责治理；⑤应由收入高的人群支付或者环境保护有关社会组织出资治理；⑥出于对相关环境保护部门的不信任，对专款专用持怀疑态度；⑦对我国环境治理及相关制度安排缺乏信任与信心，这在教育程度高的人群中较为突出。

3）支付方式。在愿意支付的条件下，继续追问受调查者愿意采用的支付方式，经整理数据如表 3-7 所示。综合三次调查总的结果来看，有 42.1% 的被调查者选择了水费附加方式；27.8% 的受调查者选择了捐款方式；有 14.0% 和 12.8% 的受调查者选择了一次性支付和税收的方式来支付治理费用。水费是居民已经熟悉的日常支付方式，因此水费附加的方式接受程度较高。捐款的方式因为不受硬性约束，并且在心理上存在着为社会做贡献的道德满足感，从而有一定的接受度。一次性支付对大多数家庭来说是一笔不小的开支，而且环境治理时间跨度较大，因此人们对于预先支付将来一定时期内费用的愿望不够强烈。税收是西方国家采取的主要方式，但在我国人们对税收在心理上有一定的抵触情绪。目前的排水费制度实施后，再以税收方式收取治理费用，容易给居民造成双重收费的误解。对于其他方式，主要是通过义务劳动的方式代替直接的现金支付（如愿意参加义务劳动，则可以不支付这笔钱）。用义务劳动方式代替支付能够被大多数居民理解，从而减少不回答率和零支付率。但是这种支付方式存在一定问题，即将义务劳动的价值进行货币化估算有一定的困难。

表 3-7　支付方式统计　　　　　　　　　（单位：%）

调研代码	税　收	水费附加	一次性支付	捐　款	其他方法
PC1	18.2	25.5	34.5	21.8	0
PC2	14.7	45.9	12.4	21.2	5.9
PC3	10.4	41.4	12.3	34.3	1.6
合计	12.8	42.1	14.0	27.8	3.3

4）居民对水体的满意程度。根据调查结果，仅有 1.8% 的受访者表示对漕河泾水体生态环境的现状非常满意，有 44.3% 的受访者对漕河泾水体生态环境的现状表示较为满意，43.8% 的受访者对漕河泾水体现状不太满意，另有 10.1% 的受访者表示非常不满意（表 3-8）。该结果显示，漕河泾综合治理虽然有一定的成效，但是远不能达到市民满意的程度。

表 3-8　水体环境现状居民满意程度分布　　　　（单位：%）

调研代码	非常满意	比较满意	不太满意	非常不满意
PC1	13.0	28.2	49.6	9.2
PC2	2.1	43.9	43.0	11.0
PC3	1.6	47.2	41.7	9.5
合计	1.8	44.3	43.8	10.1

5）水体生态恢复对居民生活改善的重要程度。有 22.6% 的受访者认为水质改善使生活质量有显著提高，有 64% 的受访者认为漕河泾水质改善，生活质量将会有一定提高，仅有 12.5% 的受访者表示没有感觉（表 3-9）。这表明大多数的受访者已经意识到漕河泾良好环境的重要性。

表 3-9　水环境改善对生活质量的影响统计　　　　（单位：%）

调研代码	有显著提高	有一定提高	没感觉
PC1	12.7	68.4	19.0
PC2	23.9	62.2	13.8
PC3	23.0	66.7	10.3
合计	22.6	64.0	12.5

3.5 支付卡问卷 PC2 正式调查分析

在二次正式调查中，选取 PC2 进行详细的数据分析和支付意愿估计。PC2 调查问卷中的核心问题是：

为支持市政府对漕河泾水体历时 3 年的生态改造，实现世博会前水质达到景观水体 Ⅳ 类标准，您是否愿意每月出一部分治理费用支持该计划？

□愿意　　□不愿意

如果您愿意支付，以家庭为单位，未来 3 年内您愿意支付的每月金额为多少（元）？

□1　□3　□5　□10　□20　□30　□40　□50　□75　□100　□150　□200　□300　□其他

3.5.1 样本特征与数据简单描述

在样本容量的确定上，根据统计学的基本原理，参考国内相关研究成果（徐中民，2003a），本次研究确定发放调查问卷 500 份左右。

正式调查 PC2 共发放 496 份问卷，回收率 100%。愿意支付样本数为 367 人，占总量 74.0%，不愿意支付为 129 人，占 26.0%。样本特性的描述性统计见表 3-10。结果显示，496 个样本中，男性比例 51.2%，户籍人口比例 71.2%。本次调查是对 18 岁以上人口取样，年龄结构 18 ~ 30 岁占 23.8%，31 ~ 60 岁占 62.3%，61 岁以上 13.5%。收入 2000 元以下 16.0%，2001 ~ 4000 元占 20.4%，4001 ~ 8000 元占 43.7%，8000 元以上占 19.9%。被调查人员受教育情况为小学及以下为 4.8%，初中占 15.1%，高中及相当程度占 31.5%，大专以上占 47.9%[①]。

为分析样本在调查区域沿漕河泾 7.6km² 内的代表性，根据《2000 人口普查分县资料》（国务院人口普查办公室，2003）对上海市徐汇区的人口指标进行了计算。研究区域内年龄结构分布为：18 ~ 30 岁占 22.66%，31 ~ 60 岁占

---

① 在调查中，某些变量信息不全，存在样本部分数值缺失，所以比例加总不总是 100%。

61.51%，61~75岁占15.83%①，与调查样本的结构18~30岁占23.8%，31~60岁占62.3%，61~75岁13.5%非常接近，因此本样本在年龄结构分布上有很好的代表性。性别结构：男性（20~74岁）51.94%，与样本51.2%非常接近，代表性良好。教育程度区域内结构分布为：6岁及以上人口受教育结构为小学及以下12.71%，初中30.49%，高中及中专29.55%，大专及以上23.71%，样本调查中是18岁以上人口，不包括大学以下的学校就读的小学、中学生，因此样本中小学人口比重低，高中和三校②生比例接近，大专及以上比例高。调查区域位于科技文教区，附近有上海师范大学、冶金高等专科学校等高等院校，中学、小学很多，因此调查区域的人员学历要高于区内平均水平。

根据《2005上海市统计局1%人口抽样调查主要数据公报》，2005年上海市常住人口中，"男性为893万人，占总人口的50.22%；女性为885万人，占总人口的49.78%"，与样本比例51.2%接近。户籍人口比例，上海市2005年总人口1778万人，外来常住人口为438万人，占24.63%③，与样本中非户籍比例28.8%接近，显示样本有较好的代表性。

因此，从可获得的总体资料样本分析，本样本在性别结构、户籍结构、年龄结构、教育结构上与总体代表性较好，由于本调查区域约7.5km²④。抽样采取在整个地理区域分块随机面访，样本数496，可以较好地代表总体性质。

由于目前可获得的各区人口年龄、性别、教育的结构资料只有2000年第五次人口普查的资料，为进一步分析样本代表性问题，查阅全国2006年的统计年鉴，由"中国2006年各地按性别和受教育程度分的人口统计"计算，上海市教育结构为6岁及以上人口受教育结构为小学及以下14.06%，初中33.3%，高中及中专25.88%，大专及以上21.8%，与徐汇区2000年比例相当（表3-10）。

表3-10 PC2样本的基本统计特征

个人特征	类　别	人数/人	比例/%
性　别	男	254	51.2
	女	242	48.8
户　籍	上　海	382	71.2
	非上海	114	28.8

① 《2000人口普查分县资料》，2003
② 三校指中专、职业学校及技校
③ 2005年上海市统计局1%人口抽样调查数据
④ 根据调查区域计算

续表

个人特征	类 别	人数/人	比例/%
年龄/岁	18~29	118	23.8
	30~39	131	26.4
	40~49	107	21.6
	50~59	71	14.3
	60 以上	67	13.5
月收入/元	<2 000	77	16.0
	2 001~4 000	98	20.4
	4 001~8 000	210	43.7
	>8 000	96	19.9
教育程度	小学及以下	24	4.8
	初 中	75	15.1
	高中及三校	156	31.5
	大专本科	212	42.7
	研究生	25	5.2
临河居住年限/年	<5	204	41.8
	5~10 年	119	23.4
	10~20 年	83	17.0
	>20	82	16.8
距河边步行时间/min	<5	131	28.4
	5~10	116	25.2
	10~15	89	19.3
	15~20	63	13.7
	>20	62	13.4
对调查水体的满意程度	满 意	242	48.8
	不太满意	207	41.7
	很不满意	47	9.5
河流生态恢复对生活的重要程度	重 要	114	23
	一 般	331	66.7
	不重要	51	10.3

个人特征	类 别	人数/人	比例/%
	信 任	204	41.1
对环保部门的信任程度	一 般	262	52.8
	不信任	23	6.1

3.5.2 支付意愿分布及统计值

正式调查 PC2 共发放 496 份问卷，回收率 100%。愿意支付样本数为 367 人，占总量 74.0%，不愿意支付为 129 人，占 26.0%。该比例符合国际相关统计结果的范围（20%~35%），与杨凯等（2005）的研究统计结果 22.91% 相近。

低支付意愿的人数较多，高支付意愿的人数较少，而且支付意愿差距较大。随正投标值增加，支付概率下降，与国内相关研究结果相符。支付意愿主要集中在 1、3、5、10、20 元这五个数值上，5 元的比例最大，占正支付样本的 27.45%，10 元的比例占正支付样本的 21.2%，83.7% 的被调查者支付意愿集中在 20 元以下，95.1% 的被调查者支付意愿集中在 50 元以下。

根据表 3-11 支付意愿的频率分布，正支付意愿的数学平均值可通过下列离散变量的数学期望公式得到

$$E(\text{WTP}) = \sum_{i=1}^{n} A_i P_i \qquad (3-1)$$

式中，A_i 为投标值；P_i 为受访者选择该数额的概率；n 为投标数，$n=13$。

表 3-11　PC2 问卷 CVM 支付意愿分布

投标编号	支付意愿/[元/(户·月)]	数量	正支付意愿频率/%	正支付意愿累积频率/%	支付意愿总频率/%	累积频率/%
0	0	128	—	—	25.81	25.81
1	1	34	9.24	9.24	6.85	32.66
2	3	60	16.30	25.54	12.10	44.76
3	5	101	27.45	52.99	20.36	65.12
4	10	78	21.20	74.18	15.73	80.85
5	20	35	9.51	83.70	7.06	87.90
6	30	14	3.80	87.50	2.82	90.73

续表

投标编号	WTP/ [元/(户·月)]	数量	正支付意愿频率/%	正支付意愿累积频率/%	支付意愿总频率/%	累积频率/%
7	40	7	1.90	89.40	1.41	92.14
8	50	21	5.71	95.11	4.23	96.37
9	75	1	0.27	95.38	0.20	96.57
10	100	12	3.26	98.64	2.42	98.99
11	150	1	0.27	98.91	0.20	99.19
12	300	2	0.54	99.46	0.40	99.60
13	500	2	0.54	100.00	0.40	100.00
合计	—	496	100	—	100	—

经计算 $E(WTP)_{正} = 226.61$ 元/(年·户)，由于调查样本中有 25.81% 的零支付意愿，精确的平均支付意愿需要经过一定的计量经济学处理。经过 Spike 模型（Spike, 1997）调整得到

$$E(WTP)_{非负} = E(WTP)_{正} \times (100\% - 25.81\%) = 168.12 \text{ 元}/(年·户)$$

样本总体的平均值为 14.01，支付意愿平均值约为中位数的 2.8 倍。一般地，如果支付意愿中位数和平均值较为接近，则表明支付意愿分布较为合理。

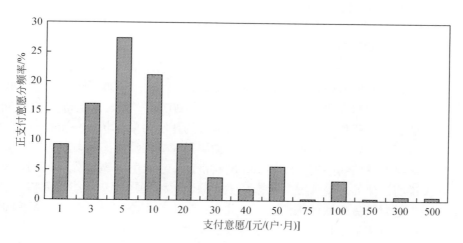

图 3-5 PC2 支付意愿频率分布图（非零）

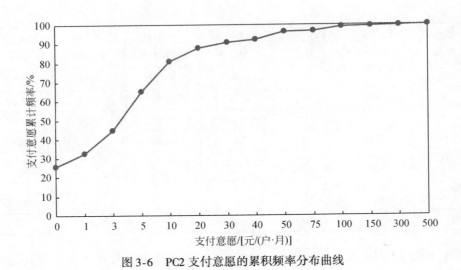

图 3-6　PC2 支付意愿的累积频率分布曲线

3.6　1.5 边界模式对支付意愿的参数估计
——基于 2011 年上海市 CVM 调查

2011 年 11 月应用 1.5 边界技术（single bounded-follow up）评估了漕河泾生态恢复的居民支付意愿和相应经济价值。

3.6.1　1.5 边界问卷设计

问卷设计参考国内外相关研究成果（Loomis et al.，2000；徐中民等 2003a；赵军等，2005）和前期研究经验（张翼飞等，2007a）。在正式问卷的主体问题前，先设计了两组照片，一组是反映评估河流的环境污染现状，一组是市区内治理后的样板河流，以两组照片的对比，帮助居民建立河流生态恢复的两个对比情景，增进居民对评估物品的清晰认识。同时借助少量文字和调查人员的阐述，简单向居民说明河流的环境状况、污染的主要原因、污染物质和可能的危害，以帮助居民建立起对河流现状的感性认识。此外，还介绍了本问卷的科研目的和研究结果为政府提供河流治理信息的科学性及必要性。

问卷主体包括四部分内容：①揭示居民环境认知与环境态度方面的问题，如"您是否了解上海市水体的水质状况"、"您是否了解有机污染将对人体健康造成一定威胁"、"您认为政府在当地河流治理的支出是否合理"等；②揭示居民对水体环境状态的感知等主观方面的问题，如"您对评估河流的总体水环境及对颜色、气味、水面垃圾、岸边绿化带等景观要素的主观感知情况"、"对河流各景观要素重要性的排序"等；③揭示居民与被评估水体间休闲关系的问题，如"您每日经过漕河泾吗"、"您和您的家人去河边休闲活动的频率如何"、"你和家人是步行去河边吗"、"您及家人在河流区域居住了多长时间"和"河流治理后，您会增加去河边休闲的频率吗"等问题；④反映社会经济状况的问题，如家庭收入、教育程度、户籍状况和房产状况等。

问卷的核心问题由两个问题构成，首先询问居民对任意给定的支付意愿数额是否同意支付，支付意愿的数额在前期开放式问卷（张翼飞，2012c）、支付卡问卷（张翼飞，2007a）的基础上，选择金额5、10、20、50和100元5个，被访问者随机拿到不同投标值的问卷。如果被调查者对第一个问题是肯定回答，则该部分问题结束。如果第一个问题是否定回答，则继续询问被访问者是否愿意支付"大于零"的数值。具体如下：

> 为支持市政府对××水体历时3年的生态改造，实现水质达到景观水体Ⅳ类标准，如果未来3年需要您每月从您家的收入中拿出WTPi元支持对漕河泾地区的这项生态改造计划的话，您是否同意？
>
> □同意（结束）　　□不同意（转向A问题）
>
> A：需要您每月从您家的收入中拿出大于零的收入支持对漕河泾地区的这项生态改造计划的话，您是否同意？
>
> □同意　　□不同意

与2006～2010年研究的问卷设计相比，2011年11月的调查问卷不仅采用正向单边界核心问题诱导方式，并且在问卷设计中强调和突出了居民对河流环境状况和环境要素的主观感知和重要性排序调查，以引导居民对调查对象环境要素的清晰认识，减少因对评估物品的不了解产生的偏差。同时，在问卷中增加了对居民在接受调查前是否有为环境保护捐赠的经历，对家庭人口结构的调查，对家庭收入基础上又增加了对受访者就业在职情况的调查，以期减少因收入数据难以获得而引起的偏差。

3.6.2　样本数据统计分析

调查采用随机面访形式，调查人员由具有环境、地理科学背景的研究生和高年级本科生组成，在约80份的预调查基础上开展正式调查。在研究区域内随机抽样，总发放问卷数840份，回收840份，回收率为100%。

本研究对样本在收入和教育等社会经济指标、步行到河边同时等河流地理特征、到河边休闲频率等利用水体特征、对水体现状的评价和河流对生活的重要程度等环境意识与评价指标等进行了详细统计，结果列于表 3-12 中。

表 3-12　调查样本总体特征

项　目	均值或比例（方差）	项　目	均值或比例（方差）
环境意识、环境态度和环境常识方面	—	对河流水环境及环境要素的感知与评价	—
了解上海市河流的水环境状况/%	73.1	认为河流整体比较干净的样本比例/%	33.4
认同环境保护对国家长期发展的重要性/%	98.9	认为河流较为清澈的样本/%	8.5
认同河流有机污染对健康造成威胁/%	91.4	认为河流无明显异味的样本/%	39.7
认为政府环保支出较合理的比例/%	23.6	认为河流水面无明显油污的样本/%	40.0
过去有为环境保护等问题捐款的经历/%	12.3	认为水面无垃圾的样本/%	16.3
社会经济特征	—	对河边绿化带和休闲带较为满意的样本/%	30.5
家庭收入中位数/元	5000～7000	认为河流比前几年干净的样本/%	58.2
高等教育的样本比例/%	49.3	居民与河流相关的行为特征与行为态度	—
户籍样本比例/%	77.7	在住所能看到河流的样本	38.6
城市户籍样本比例/%	88.1	每日经过河流的样本的比例/%	79.5
非本地户籍的城市户籍样本比例/%	51.9	到河边休闲频率大于每月一次的样本/%	49.8
家庭结构：有12岁以下孩子的样本/%	29.0	步行到河边的样本比例	—
家庭结构：有老人的样本/%	49.2	到水体边开放性公园划船娱乐频率大于半年一次的样本/%	29.8
房屋是产权房的比例/%	70.9	河流经过工程治理后将增加休闲频率的比例/%	85.2
房子市场价格中位数/万元	100～199	在沿河区域居住的时间/年	6.2（11.4）

由表 3-12 可见：①环境意识、环境态度和环境常识方面，73% 的样本了解上海市市区河流的水质多数在 V 类和劣 V 类；约 90% 的样本认同河流有机污染对健康造成威胁；约 99% 的样本认同水体污染将带来健康损害及保护环境对国家长期发展的重要性；仅有约 10% 的样本有过为环境捐款的经历；不足 25% 的样本认为政府在河流治理的支出合理，约 36% 的居民不清楚政府支出。②与河流相关的行为与态度方面，约 40% 的样本在住所中能看见河流，约 80% 的居民每天经过河流，约 50% 的样本每月至少一次去河边散步等，约 30% 的样本半年至少一次去河边的公园进行划船等活动；85% 的样本认为河流治理后将增加河边休闲的频率；居民在沿河区域居住的时间平均为 6 年左右，其中 5 年及以下的居民占 70% 左右，居住 20 年以上的不足 8%。③从社会经济状况分析，家庭收入方面，家庭月收入中位数在 5000 ~ 7000 元范围，在 5000 元以下比例略超过40%，5000 至 1 万元月收入家庭占约 30%，1 万以上占近 30%；高等教育背景比例约 50%，总样本中户籍人口比例为 77%。

与前期研究相比，突出居民对评估水体的环境评价与感知方面的调查。统计结果显示，仅 30% 左右的居民对水体环境较为满意；80% 的居民认为河流颜色浑浊，10% 左右认为河水颜色肮脏；认为河水有明显异味、河面较多油污及垃圾的样本分别为 5%、7% 和 8%，略少于 40% 的样本认为河流无异味及河面无油污，但有 75% 左右的居民认为河流表面有少许垃圾。对河流岸边休闲绿化带的评价方面，30% 样本认为景色优美，60% 左右认为一般，6% 的样本认为较差；约60% 的居民认为河流比以前干净，略超过 10% 左右的居民认为比以前脏。由上述调查结果可知，样本对河流环境总体评价较低，最突出的是对河流颜色的观感不满意，对异味等环境要素评价情况要稍好。

在对河流环境要素的重要程度排序中，居民对气味、水面垃圾、颜色、油污的重视程度高于对岸边绿化休闲带的环境。其中，对气味的重视程度尤为突出。

3.6.3 支付意愿投标值分布与主要统计量

本次调查总问卷数为 840 份，问卷投标值为 5、10、20、50、100 元等数值的问卷各 168 份，随机混合后分发调查人员。统计结果见表 3-13，结果显示，40.6% 的样本对第一个问题持肯定回答，对 5 个数值持肯定回答的比例从 63.7%到 19.6% 依次递减，显示出随着投标额的增加，愿意支付的比例下降。对第一个问题持否定答案的样本为 499，继续询问第二个问题，持肯定回答的比例为48.1%。对两个问题都持否定回答的居民样本比例为 30.8%，这与前期支付卡问卷的研究结果相似。

表 3-13　WTP 投标值分布及样本反应统计

投标值分布			样本反应分布						总计
—	—		问题1：是否愿意支付 bid 值		若问题1回答否定，接续问题2：是否愿意支付大于零的值？				—
—	—		YES		NO-YES		NO-NO		—
投标值	频率	比例/%	频率	比例/%	频率	比例/%	频率	比例/%	平均支付意愿/元
5	168	20.0	107	63.7	17	10.1	44	26.2	3.44
10	168	20.0	96	57.1	34	20.2	38	22.6	6.73
20	168	20.0	61	36.3	55	32.7	52	31.0	10.53
50	168	20.0	44	26.2	67	40	57	34	22.6
100	168	20.0	33	19.6	67	39.9	68	40.5	39.6
总样本	840	100	341	40.6	240	28.6	259	30.8	16.6

为得到支付意愿均值的初步估算，采用投标值统计的方法，将离散型投标值做连续值处理，将投标值和相应概率相乘加总得出支付意愿均值。对回答是"否—是"（No-Yes）的样本，投标值取 0 至投标值的中值处理。通过计算可以得出样本支付意愿的均值为 16.6 元，由于在对"否—是"（No-Yes）的样本，投标值取 0 至投标值的中值处理，在高位投标值如 20～100 元，按中值计算，可能导致一定误差。

3.6.4　支付意愿区间估计方法

支付意愿的估计采用 Camron（1991）提出的区间数据模型，借鉴 Hite（2002）的方法，在传统单边界问题后，继续询问"是否愿意支付大于零的数额"，以此限制 WTP 的最低界，"不愿意支付给定数额"的概率区间为从 $[-\infty, \tau_j]$ 改变至 $[0, \tau_j]$。

对于给定的投标值 τ_j，真实的 WTP_i 可能大于也可能小于投标值。支付意愿的删失模型为

$$\text{WTP}_i = X_i\beta + u_i \qquad (3\text{-}2)$$

式中，u_i 为随机项；X_i 为影响支付意愿的独立变量，包括各种主观和客观的因素；β 为待估计的参数。公式 3-3 中引入了一个指示变量 I_i，当对第一个问题持肯定回答时，I_1 为 1；当对第一个问题持否定，而第二个问题持肯定回答时，I_2 为 1；当对第一和第二问题都持否定回答时，I_3 为 1。则方程估计的最大似然函数为

$$logL = \sum \left\{ I_1 \log \Phi \left(\frac{X_i \beta - \tau_j}{\sigma} \right) + I_2 \log \Phi \left(\frac{\tau_j - X_i \beta}{\sigma} \right) + I_3 \, \varphi \left(\frac{\tau_j - X_i \beta}{\sigma} \right) \right\} \quad (3-3)$$

式中，φ 和 Φ 为概率密度函数和累积分布函数。在上述模型估计基础上，引用 Kriström（1990）采用过的自举法（bootstrap），通过已有样本模拟构建大样本，进行支付意愿均值和置信区间的估计。

3.6.5 支付意愿参数模型估计结果

本研究借鉴前期上海市研究成果，运用计量模型实证分析各城市居民支付意愿的影响因素，主要设置居民环境态度和意识、环境感知、人与水体的关系、社会经济变量等几组变量（变量定义与赋值详见表3-14）。与前期研究相比，在模型中增加了居民对水环境颜色、气味等环境感知的变量、居民在接受调查前是否有为环境保护捐赠的经历、对政府环境治理支出的了解情况变量、有无儿童和老人等家庭人口结构变量，对家庭收入基础上又增加对受访者就业在职情况的调查、以期减少因收入数据难以获得而引起的偏差。

表 3-14　解释变量定义

解释变量	符　号	变量定义和单位
是否知道水质等级	Knowriver	虚拟变量，很清楚或知道一些为1，不知道为0
是否了解水体污染可能导致健康威胁	Knowpollution	虚拟变量，非常了解或了解一些为1，不了解为0
是否认为保护环境防止污染对国家发展重要	Willimportance	虚拟变量，非常重要或有些重要为1，完全不重要为0
是否认为政府的环境支出合理	Expend	虚拟变量，太少为1，太多或合理为0
过去三年是否有环境原因捐款	Donation	虚拟变量，是为1，否为0
河流治理后是否会增加休闲的频率	Increase	虚拟变量，认为增加的为1，其余为0
在家是否能看到河流	Seeriver	虚拟变量，是为1，否为0
工作生活每日是否要经过河流	Passriver	虚拟变量，是为1，否为0
是否常去河边散步	Frequence	虚拟变量，一月一次以上为1，其他为0
沿河居住年限	Year	虚拟变量，大于等于3年为1，不满3年为0
从家到河边的交通方式	Style	虚拟变量，步行为1，其他方式为0
对水环境的整体感知情况	Environment	虚拟变量，非常干净和比较干净为1，有些污染或严重污染为0
对水面颜色的感知	Colour1	虚拟变量，清澈为1，浑浊或黑色为0

解释变量	符　号	变量定义和单位
对水体气味的感知	Smell1	虚拟变量，无异味为1，有异味和恶臭为0
对水面油污的感知	Oilsurface1	虚拟变量，水面无油污为1，有异味和恶臭为0
对水面垃圾的感知	Rubbish1	无垃圾为1，无垃圾为1，少许垃圾或垃圾很多为0
对河边绿化的感知	Green1	虚拟变量，优美为1，一般或很差为0
河流治理后对河流环境的感知	Cleanever	虚拟变量，认为治理后变干净的为1，其余为0
家中是否有2～12岁的儿童	Child	虚拟变量，是为1，否为0
家中是否有60岁以上老人	Oldman	虚拟变量，是为1，否为0
是否上海市户籍	Huji	虚拟变量，是为1，否为0
是否有产权房	Property	虚拟变量，有为1，无为0
房屋价值	Value1	虚拟变量，100万以下为1，其余为零
房屋价值	Value1	虚拟变量，500万以上为1，其余为零
教育程度	Education	虚拟变量，高中毕业以下为1，高中及以上为0
是否在职	Employ	虚拟变量，在职为1，其他情况为0
平均月收入	Income1	虚拟变量，不满3000为1，其他为0
平均月收入	Income2	虚拟变量，3000到7000为1，其他为0

　　共进行了两组模型的估计，结果见表3-15。模型Ⅰ在回归中只考虑居民对第一个投标值的回答，该类数据区间为 $[-\infty, \tau_i]$ 和 $[\tau_j, +\infty]$，相当于单边界二分法的数据结果，为完全删失模型。模型Ⅱ数据为1.5边界问卷，根据对两个核心问题的不同回答，数据区间呈现3种不同情况，为部分删失模型。模型结果显示，两模型的最大似然值分别为−478.46和−681.58，显示出后者在模拟精度上的提高。1.5边界的诱导模型是能更准确揭示支付意愿及其特性的诱导技术。

表3-15　支付意愿区间估计模型回归结果

变　量	完全删失模型Ⅰ回归系数	部分删失模型Ⅱ回归系数
Knowriver	−6.090（8.441）	−0.235（3.691）
Knowpollution	6.096（13.46）	4.743（5.738）
Willimportance	69.08*（39.71）	40.90**（16.40）
Expend	19.51**（9.123）	6.361a（3.893）
Donation	27.05**（11.32）	10.42**（4.937）

变 量	完全删失模型 I 回归系数	部分删失模型 II 回归系数
Increase	43.00 *** (11.77)	22.42 *** (4.830)
Seeriver	5.880 (8.286)	2.890 (3.640)
Passriver	−6.553 (9.773)	−4.906 (4.354)
Frequence	−5.206 (8.039)	−1.682 (3.560)
Year	−0.254 (0.358)	−0.107 (0.151)
Style	4.056 (4.212)	0.515 (1.899)
Environment	−4.587 (8.823)	−2.523 (3.847)
Colour1	−7.908 (9.226)	−7.065 * (4.018)
Smell1	12.06 * (7.328)	3.138 (3.129)
Oilsurface1	7.461 (7.393)	3.222 (3.283)
Rubbish1	5.639 (8.200)	3.349 (3.596)
Green1	−6.954 (7.266)	−2.780 (3.204)
Cleanever	2.982 (4.434)	2.746 (1.955)
Child	5.250 (8.462)	2.597 (3.709)
Oldman	−14.80 * (7.657)	−5.126 b (3.296)
Huji	−24.85 ** (10.72)	−9.584 ** (4.736)
Property	−32.63 (28.82)	−13.31 (12.06)
Value1	5.610 (13.59)	6.322 (5.971)
Value3	−39.97 (28.53)	−20.35 * (11.86)
Education	21.80 *** (8.088)	10.38 *** (3.421)
Employ	4.334 (2.910)	2.627 ** (1.315)
Income1	−21.15 ** (10.23)	−13.00 *** (4.411)
Constant	−70.78 (59.54)	−16.55 (24.98)
lnsigma	4.325 *** (0.115)	3.548 *** (0.0460)
Observations	829 829	829 829
Log likelihood	−478.46	−681.58

a 表示在10.4%置信水平；b 表示在12%置信水平；* 表示 $p<0.1$（全书同）；** 表示 $p<0.05$（全书同）；*** 表示 $p<0.01$（全书同）；（ ）内为标准误差

回归结果显示，代表环境常识、环境意识及环境态度的变量中，曾有过为环境捐赠行为的居民支付意愿显著高于对照组，河流治理后会增加去河边休闲频率的居民支付意愿也显著高于对照组。其他反映环境知识和常识的变量并不显著。

在反映居民与河流关系及利用情况的变量中，经常看见河流、距离河边较近、去河边休闲频率较高的居民并未显示出与对照组的显著差异。

对河流环境的感知和评价变量中，总体环境变量在统计上不显著；水体颜色气味等要素变量中，对河流气味较满意的居民支付意愿显著高于对照组，认为河流比以前干净的居民与对照组无显著差异。这表明，居民对水体的河流颜色和气味比水面垃圾、绿化敏感。

对代表家庭人口结构的变量结果显示，有儿童的家庭支付意愿显著低于对照组，可能的解释是有老人的家庭由于赡养负担重，在家庭收入已知的情况下，收入限制导致支付意愿低，与对照组无显著差异。

对代表家庭社会经济状况的变量中，受过高等教育的居民支付意愿显著高于对照组，低收入家庭支付意愿显著低于对照组；在职的被调查者家庭支付意愿高于非在职家庭组；房屋产权属性差异并不显著影响支付意愿，但房产价值变量呈现一定影响，以房产价值 100 万 ~ 500 万元为对照组，分析低房产价值组 value1 与高房产价值组 value3 与对照组的差异。结果显示，房屋价值较低的家庭并未呈现显著差异，但是高于 500 万元的家庭支付意愿低于中等房产组；户籍变量显著，符号为负，显示出本地户籍较低的支付意愿。

经自举法抽样进行均值估计，完全删失模型总体支付意愿的估计值为 31.0 元，部分删失模型总体支付意愿的估计值为 27.0 元。

3.7 漕河泾生态恢复的总经济价值估算

从假想市场中获得的居民对评估物品的支付意愿，即获得在真实市场中无法获取的个人对生态服务需求点。按照公共物品的需求特性（马中，2000），其个人需求的纵向加总就是该物品的总需求。总需求的信息或者说总评估价值的数量是环境公共政策和相关治理决策中的重要数据基础。但是，从 CVM 市场中获得的个体微观数据转化为整体区域性的总体数据，有两个问题需要思考：①采用支付意愿平均值还是中位数；②需求群体的范围界定。

从 2006 年支付卡问卷的面访信息和支付意愿的分布来看，超过 25% 的人不愿意支付，在愿意支付的人群中有 52.99% 的人支付意愿在 5 元左右。可见，大部分人的支付意愿较低，并且在 CVM 调查中一部分居民因为不理解此项调查，从而回答存在一定的随意性。因此，采取中位数在本案研究中具有一定的合理性。但是，从个人福利加总的要求来看，应该采用支付意愿平均值。如果采用中位数，则福利加总只能考虑到 50% 的效益受用者。支付意愿平均值有样本均值和参数模型（详见第 4 章）估计值，分别为 14.0 元和 11.7 元。

2011 年进行的 1.5 边界问卷的估计值为 27.03 元，2006 年 4 月 CPI 指数为 100.8，2011 年 11 月 CPI 指数为 104.9，两个时间段平减指数为 1.041，则以 2006 年价格计，支付意愿估值为 26.0 元。

对于受益群体，即对所调查的环境物品服务存在有效需求的区域范围及相应人群的确定，一般采用就近的行政区域作为研究总体。对个人支付意愿进行加总，获得自然资源与环境物品的总经济价值。预调查涉及的地理区域较大，由于存在相当一部分人因不了解而拒绝问卷调查，故而正式调查中缩小了调查范围，但不排除这样的事实，即在调查区域外存在一定比例的愿意支付的人群。因此，以调查的地理区域加总是保守估算。基于上述原则和讨论，本次研究对 PC3 和 DCF1 进行了初步的统计分析，结果见表 3-16。

表 3-16　支付意愿与总经济价值（2006 年）

| 问卷 | 支付意愿 | | 效益转换 | | | | |
编码	指标	月平均值 /元/（年·户）	效益区域	区域面积 /km²	人口密度 /（人/km²）	受用家庭 /户	总经济价值 /（元/年）
PC3	样本中位数	5	漕河泾沿线区域	7.5	16 207	43 412	2.60×10^6
PC3	样本均值	14.01	漕河泾沿线区域	7.5	16 207	43 412	7.29×10^6
PC3	参数估计均值	11.7	漕河泾沿线区域	—	—	—	6.10×10^6
DCF1	参数估计值	26.0	漕河泾沿线区域	7.5	17 580	52 740	16.45×10^6

注：受用家庭（户）＝效益区域面积×人口密度÷家庭平均人口数；总经济价值＝支付意愿平均值（元/年/户）×受用人口（户）；资料来源于《上海市统计年鉴 2006 年》，1 户≈2.8 人；《上海市统计年鉴 2010 年》，1 户≈2.5 人

根据调查问卷设计的模拟市场，漕河泾水体现状为 V 类～劣 V 类水质，不满足作为景观水体的 IV 类水质要求，上海市市政府对该水体的生态恢复计划正在筹谋中，该计划预计历时 3 年，对漕河泾水体水质进行综合治理，使漕河泾城区水域功能区水质达标率为 100%，同时在漕河泾周围加强绿化，形成一个生态休闲功能区。

2006 年支付卡问卷所得漕河泾镇和漕河泾沿线区域的年支付意愿为 $(2.60 \sim 7.29) \times 10^6$ 元，若不考虑物价变动的因素，则漕河泾镇和漕河泾沿线区域 3 年支付意愿总价值为 $(7.80 \sim 21.87) \times 10^6$ 元。与 2006 年相比，2010 年徐汇区人口密度由 16 207 人/km² 增加到 17 580 人/km²，家庭人口数由 2.8 人/户减少为 2.5 人/户，以 2011 年参数估计的支付意愿计算，总价值为 16.45×10^6 元，不考虑物价变动，3 年支付意愿总价值为 49.35×10^6 元。

因此，对漕河泾镇和漕河泾沿线区域的居民来说，将漕河泾水质从目前的 V

类～劣 V 类水质改善到满足景观水体的 IV 类水质要求，且在漕河泾沿岸营造生态休闲功能区的总经济效益现值为（7.80～49.35）×10⁶元。但是，有些低收入家庭因经济困难而没有能力支付金钱，但愿意以其他方式为改善漕河泾水环境出力。由于问卷中没有设置义务劳动等其他支付方式，故在平均支付意愿分析中以零支付意愿处理。因此，上述结果是漕河泾流域水环境质量改善总经济价值的保守估计。

3.8   国内相关成果的比较与结论

在借鉴国内外研究成果的基础上，结合研究区域的社会经济特征、研究对象的生态服务功能和主要价值、水体环境质量现状，应用 CVM 评估上海市景观内河——漕河泾港的生态恢复的价值。

支付卡问卷研究结果比国外部分支付卡（Day，1998）结果低，比张志强等（2002）的研究成果（45.9～68.3 元）高，与赵军等（2005）对上海市浦东区张家浜的研究成果（195.07 元）接近。结合各研究区域社会经济状况的差异，考虑研究与调查方式的技术差异，该结果符合预期。与支付卡问卷相比，1.5 边界二分法问卷作为国际认可的、精度较高的诱导形式（Camron，2002），其研究结果比支付卡高。因此，漕河泾水质从目前的 V 类～劣 V 类水质改善到满足景观水体的 IV 类水质要求，且在漕河泾沿岸营造生态休闲功能区的总经济效益现值为（7.80～49.35）×10⁶元。

CVM 方法学固有的常见偏差（徐中民，2003）会导致在模拟的支付意愿和真实需求之间存在差异。在以下方面的不足，可能导致结果的额外偏差：对研究对象的价值构成，尤其是非使用价值描述不足，在调查中居民认为该河流主要的价值是景观娱乐，可能导致价值被低估。

第4章 支付意愿中国特殊影响因素的实证研究

4.1 引　言

CVM 是在一定地理区域进行试验与调查，故所调查地区的社会构成方式、政治体制、经济水平、分配状况、环境意识、环境管理模式、公共物品的供给模式等因素都将影响到支付意愿的具体数值。各因素综合在一起，影响效果非常复杂（Gyldmark，2001）。将 CVM 研究获得的支付意愿值对社会经济变量进行回归是对结果有效性进行检验的常用方法，国外该领域已经进行过大量的经验研究（Venkatachalam，2004；Carson，1996）。在借鉴国际研究经验的基础上，国内一些学者在开展 CVM 研究中对这一问题进行了有益的探索（薛达元，2000；徐中民，2002；杨凯和赵军，2005）。从近年研究成果显示，影响因素主要分为四类：①居民的人口学特征，如性别、年龄、家庭人口数；②社会经济状况，如收入水平、教育程度；③地理区位；④居民的环境认知态度。研究结果显示，收入、教育一般呈正相关，年龄、家庭人口数、性别等其他影响不确定。

我国地区的广阔、自然条件的多样性决定了各地区社会条件、发展阶段、文化意识存在较大差异。因此，根据理论预期，CVM 研究结果必然呈现中国特殊的影响因素。

鉴于此，本章在综合国内外已有研究基础上，结合我国研究区域的社会经济特征，开展支付意愿的特殊影响因素研究，为该领域的实证研究提供来自发展中国家的经验。

4.2 相关文献回顾

国内学者在 CVM 研究中，采用将支付意愿对受访者的社会经济特征、地理特征、人口特征等变量进行回归，以验证结果的有效性。近年研究成果显示（表4-1），影响因素主要可分为四类：①居民的人口学特征，如性别、年龄、家庭人口数；②社会经济状况，如收入水平、教育程度；③地理区位；④居民的环境认知态度。研究结果显示，收入、教育一般呈正相关，年龄、家庭人口数、性别等其他影响差异较大。

表 4-1　支付意愿的影响因素分析国内典型案例汇总

作者	案例	问卷数及回收数/份	回收率/%	重要影响因素
梁爽等（2005）	城市水源地农户环境保护支付意愿及其影响因素分析——以首都水源地密云为例	309 回收 283	91.6	家庭年均收入、环保意识、年龄、是否有非农收入、受教育水平是影响农户支付意愿的主要因素
徐中民等（2002）	额济纳旗生态系统恢复的总经济价值评估	700 回收 651	93.0	被访者的受教育程度、家庭收入以及户籍所在区域
赵军等（2005）	上海城市河流生态系统服务的支付意愿——上海浦东张家浜	800 回收 646	80.8	被访者的收入、被访者的家庭人口数、被访者的年龄、被访者对张家浜经济价值的未来预期
李莹等（2002）	改善北京市大气环境质量中居民支付意愿的影响因素分析	1 500 回收 1 371	91.4	被访者的家庭的人口数、被访者的家庭的收入、被访者的年龄
梁勇等（2002）	对银川市民为改善水环境支付意愿及其影响因素	180 回收 143	79.0	被访者的收入、受教育程度、被访者对现状水平环境的看法、被访者对投标值、对服务部门的满意程度
张明军等（2004）	兰州市改善大气环境质量的总经济价值评估	500 回收 420	84.0	被访者的学历、收入、被访者所处的地理区域、年龄
郭淑敏等（2005）	都市型农业土地利用面源污染环保意识和支付意愿研究	303 回收 302	99.7	被访者的职业、家庭人口数、总收入、年龄、受教育程度
薛达元（2000）	长白山自然保护区生物多样性非使用价值评估	934 回收 603	64.6	性别、年龄、支付方式、偏爱程度和地理区位
林逢春等（2005）	条件价值评估法在上海城市轨道交通社会效益评估中的应用研究	1 100 回收 1 042	94.7	被访者的收入、被访者的家庭人口数、被访者的年龄
牛军让等（2005）	用意愿调查法评估都市农业游憩价值——杨凌国家农业高新产业园区都市农业建设	500 回收 479	95.80	被访者的年龄、经济收入、被访者的客源地、职业、技术职称、被访者对景观满意度、被访者的文化程度

依据文献调研结果可以看出，在这一领域开展以下方面的研究是必要的：①该领域的研究必须建立在大量案例研究基础上；②鉴于目前相关研究选取的指标过于泛化，缺乏反映我国及调查区域特殊社会构成的因素，在实证研究的变量选取中，应考虑指标的创新；③计量模型缺乏多重检验，回归结果差异较大，需充分利用先进计量手段和方法进行研究。

4.3　支付意愿影响因素的理论分析

Mitchell 等（1989）认为，价值是人的主观思想对客观事物认识的结果，只有支付意愿才是一切商品和效益价值的唯一合理的表示方法。由于生态物品提供功能及相应价值的复杂性，如直接使用价值、间接使用价值、存在价值和选择价值等。因此，该类物品的支付意愿也因个体对功能认知的差异呈现显著不同。

对于环境公共物品的支付意愿受人们收入高低、教育水平、地理区位、主观偏好等因素的影响，是其所处社会政治经济、历史文化、道德伦理等诸要素的综合反映。传统商品的需求函数 $x = f(p, y)$ 显示，价格和收入是决定需求的两个主要变量。与私人物品相似，对城市河流生态服务的支付意愿必然也受到收入约束的影响。消费函数中的价格实质指与其他物品的边际替代率。对于生态服务这一特殊物品，不同的消费者可能出现不同的偏好，有些人认为是可以与其他私人物品替换的，而有些人认为是不可替代的，即对河流生态服务的偏好呈现"字典序偏好"（Varian，1992）。而受教育程度等因素影响的环境意识、环境伦理等认知方面的知识可能是造成该类物品偏好差异的主要原因之一。

同时，河流生态服务的地理属性决定其消费不具有私人物品的流动性，居民对该类物品的消费可及性和便利性可能是影响其支付意愿的因素之一，而对生态服务所特有的非直接使用价值和非使用价值的认知程度又可能削弱地理差异造成的影响。

4.4　河流生态恢复居民支付意愿的综合影响因素分析
——以上海市内河为例

4.4.1　问卷设计与理论预期

本案评估对象位于我国经济发达的大都市——上海市。东西部经济差异和大都市的积聚效应导致非户籍人口迅速增加，同时我国特有的户籍制度安排，使得户籍人口与非户籍人口在教育、医疗和社会保障等方面存在差异待遇。因此，预测户籍因素可能是影响支付意愿的因素之一。此外，人口特征（如年龄、性别、家庭人口等因素）、我国的环境管理模式、项目运作方式、环境信息的透明程度、对相关管理部门的信任程度等因素都有可能造成支付意愿的差异。

基于理论分析和国内相关经验研究，作出以下假设：①收入水平、教育水平、居住时间正相关支付意愿；②非户籍人口支付意愿低于户籍人口；③对政府信任程度的降低将减少支付意愿；④其他因素可能存在影响，但方向未定。

借鉴国内外研究成果，设计了问卷。除了估值的主要核心问题（见第 3 章 PC2 问卷说明），主要调查了受访者如表 4-2 所示的几类情况。

表 4-2　CVM（PC2）问卷中受访者社会经济情况调查

类　别	指　标
人口特征	性别、年龄、家庭人口数、户籍情况、在调查区域的居住时间
社会经济状况	家庭月收入、教育水平
地理区位特征	距离河边的时间
环境消费习惯	是否经常到河边休闲
环境管理变量	对政府相关管理部门的信任程度
环境的认知程度	对水体现状是否满意、河流生态恢复对生活的重要程度

4.4.2　样本特征与主要变量的统计描述

分析所用数据来自 2006 年 4 月进行的 CVM 调查（PC2）。调查的基本信息见第 3 章（表 3-4），样本特征的描述见表 4-3。由样本分类的支付意愿均值和中值的比较，可以初步看出支付意愿在按各指标分类间的规律分布，有的指标符合预期，有些与预期相反。

表 4-3　PC2 要变量的统计描述

个人特征	类　别	人数/人	比例/%	支付意愿均值/元	中值/元
性　别	男	254	51.2	15.3	5
	女	242	48.8	12.5	5

续表

个人特征	类别	人数/人	比例/%	支付意愿均值/元	中值/元
户籍	上海	382	71.2	13.65	5
	非上海	114	28.8	15.42	3
家庭人口数/人	1~2	120	24.29	6.6	3
	3	290	58.70	15.6	5
	>3	84	17.01	13.6	5
年龄/岁	18~30	118	23.8	13.6	5
	31~40	131	26.4	13.2	5
	41~50	107	21.6	15.3	5
	51~60	71	14.3	17.8	5
	60以上	67	13.5	3.56	1
月收入/元	<2000	77	16.0	4.45	1
	2 001~4 000	98	20.4	5.1	3
	4 001~8 000	210	43.7	14.75	5
	8 001~12 000	59	12.3	20.5	10
	>12 000	37	7.6	32.5	10
教育程度	小学及以下	24	4.8	1.54	0
	初中	75	15.1	2.73	1
	高中及三校	156	31.5	9.79	3
	大专本科	212	42.7	18.58	10
	研究生	25	5.2	28.69	10
临河居住年限/年	<5	204	41.8	12.3	5
	5~10	119	23.4	16.7	5
	10~20	83	17.0	13.0	5
	>20	82	16.8	7.1	3
距河边步行时间/min	<5	131	28.4	11.9	5
	5~10	116	25.2	16.4	5
	10~15	89	19.3	13.6	5
	15~20	63	13.7	13.6	5
	>20	62	13.4	11	4

个人特征	类别	人数/人	比例/%	支付意愿均值/元	中值/元
对调查水体的满意程度	满意	242	48.8	13.0	5
	不太满意	207	41.7	14.2	5
	很不满意	47	9.5	17.8	3
河流生态恢复对生活的重要程度	重要	114	23	23.8	10
	不太重要	331	66.7	12.4	5
	不重要	51	10.3	12.4	5
对环保部门的信任程度	信任	204	41.1	20.1	5
	一般	262	52.8	8.6	3
	不信任	23	6.1	4.3	1
去河边休闲的频率	经常	157	31.8	14.7	5
	偶尔	263	53.2	13	5
	从不	74	15.0	10.1	1

1）人口特征分组的差异。男性比女性支付意愿均值高，中位数相同；与上海户籍人口相比，非上海户籍支付意愿中位数低，但均值高；家庭人口数，三口之家支付意愿最高；年龄分为5组，支付意愿随年龄均值上先升后降，高点在40~60岁组，体现了年轻人与老年人支付意愿低，中年人支付意愿高，但中值从20~60岁保持相同，老年组降低。

2）社会经济状况分组的差异。收入分为5组，均值与中值随收入增加而升高，收入达到10 000元左右，两者不再增加；教育程度分为5组，均值与中值随教育程度增加而升高，到大学教育程度后，两者不再增加。

3）沿河居住期。分为4组，随居住时间变长，支付意愿呈现先升后降的趋势，5~10年的支付意愿最高，之后随着居住期增加而降低。

4）距河时间。分为5组，支付意愿呈现先升后降，转折点在5~10min；随着到河边休闲频率的降低，支付意愿降低。

5）环境意识与认知。随着对现状水体的不满意程度加强，支付意愿降低；随着对水体改善对生活的重要程度下降，支付意愿降低。

6）对环境相关管理部门的信任程度的降低。表现为支付意愿均值和中值都降低。

从以上分析可以看出，一些指标的影响符合预期，如收入、教育；一些指标呈现与预期不符的情况，如居住时间；还有的指标呈现复杂的影响，如户籍。

下面对这两个指标进行细化分析。

1）户籍因素的影响。表4-4与图4-1显示，当地户籍人口中的不愿意支付比例低于非当地户籍人口。与当地户籍人口相比，非当地户籍支付意愿中值低，但均值高。因此推断，这两组间可能存在差异，但对支付意愿差异的影响并不是简单类别差。由表4-4可推断，不同户籍人群的收入存在差异。因此有必要考虑与其他因素，如收入构成对支付意愿的交互影响。

表 4-4 PC2 户籍人口支付意愿分布表

户 籍	支付意愿	人数/人	比例/%	累积频率/%
户籍人口	不愿意支付	87	22.77	22.77
	愿意支付	295	77.23	100
非户籍人口	不愿意支付	42	36.84	36.84
	愿意支付	72	63.16	100

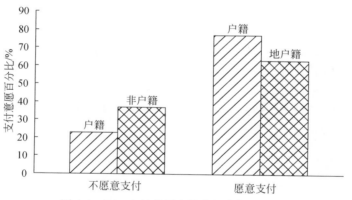

图 4-1 PC2 支付意愿户籍分组分布比较图

2）居住地距河边距离的影响。如图4-2所示，以第一组为参照组，第一组到第二组的居民随步行到河边的距离增加，支付意愿增加，其中第二组比参照组显著增加；而从第二组到第五组，随距离增加，支付意愿减少。10min路程以外，随着距离增加，支付意愿减少，这与生态物品的地理属性相符。随着居民获取该类物品便利性降低，支付意愿减少。而在10min路程以内，却显示相反结果。这可能由于近岸居民大多是老居民，基本生活受到污染河流长期干扰，故不愿支付。

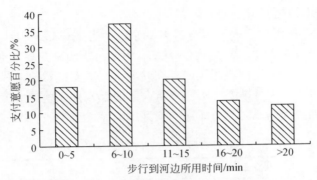

图 4-2 PC2 支付意愿按居住区域分组分布图

4.4.3 支付意愿与主要变量的相关性分析

根据组间支付意愿均值和中值的差异，可以猜测和推断各影响因素的大致影响方向和相关关系，但均值和中值只是大概的表征尺度。为进一步反映主要变量的相关关系，画出了支付意愿的对数值和收入、教育程度、居住期的散点图（图4-3～图4-5），图中纵坐标为支付意愿数值，横坐标分别是家庭月收入、教育水平、居住期数值。

从图4-3～图4-5可看出，收入、教育程度与支付意愿大小正相关，居住期与支付意愿大小负相关；但从收入与支付意愿的相关关系推测二者可能是二次函数关系，或者与其他变量有交互影响。

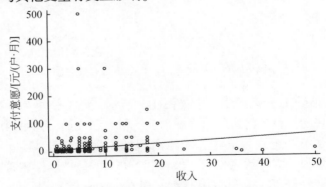

图 4-3 PC2 支付意愿与家庭月收入关系的散点图

由于本书力图尽可能地分析出可能影响支付意愿的诸多因素，因此设置变量较多，我们担心方程中可能存在严重的多重共线性问题。如果这样，模型的稳定性和系数的准确性就值得怀疑。为此我们给出了参与回归的所有连续变量的相关关系矩

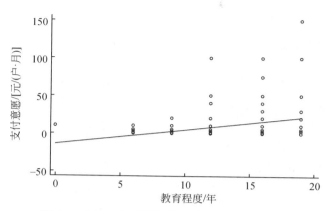

图 4-4　PC2 支付意愿与教育水平关系的散点图

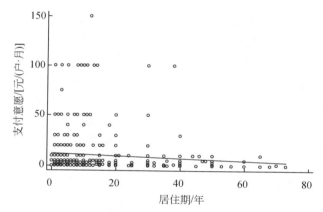

图 4-5　PC2 支付意愿与居住期关系的散点图

阵，变量定义见表 4-5。从表中可以看出，收入平方项与收入相关系数为 0.8758，这是因为这两个变量的特殊计算关系，其余各变量之间的相关关系并不强。

表 4-5　PC3 主要变量相关系数表

变　量	支付意愿	收　入	收入平方	教育程度	居住期	家庭人口数
支付意愿	1	—	—	—	—	—
收　入	0.1727	1	—	—	—	—
收入平方	0.0776	0.8758	1	—	—	—
教育程度	0.2078	0.4492	0.2584	1	—	—
居住期	−0.0887	−0.1183	−0.0612	−0.2056	1	—
家庭人口数	0.0675	0.1322	0.0293	−0.0078	0.0729	1

4.4.4　基本模型及变量说明

根据上文理论分析与推测，结合上节数据描述分析的成果，利用 PC2 的数据，分析可能影响 CVM 支付意愿的影响因素。设立了以下多元线性对数模型的计量方程

$$\ln(\text{WTP}) = \beta_0 + \beta_1 \text{Income} + \beta_2 \text{Inc2} + \beta_3 \text{Educ} + \beta_4 \text{Year} + \beta_5 \text{Famn} + \kappa \text{Gender}$$
$$+ \delta_1 \text{Huji} + \delta_2 \text{Huji} \times \text{Income} + \xi_1 \text{Cogo2} + \xi_2 \text{Cogo3} + \eta_1 \text{Liqh2}$$
$$+ \eta_2 \text{Liqh3} + \gamma_1 \text{Miri2} + \gamma_2 \text{Miri3} + \upsilon_1 \text{Freriv2} + \upsilon_1 \text{Freriv3} + \mu$$

$$(4\text{-}1)$$

式中，β_0 为常数项；β_i、δ_i、ξ_i、η_i、κ、γ_i、υ_i 为回归系数；μ 为随机项。

以支付意愿的对数值为被解释变量（WTP=0 以 WTP=1 代替），以被访者的社会经济信息变量为被解释变量。在变量的选取中，在上节分析的基础上，选择了以下变量：①常规人口变量，如户籍、家庭人口数、性别；②社会经济变量，如收入、教育程度、沿河居住期；③地理因素变量，如距河边步行时间；④环境认知变量，如河流生态恢复的重要程度、对相关环保部门的信任程度；⑤特殊项，基于上节的数据描述和简单比较，发现收入可能存在非线形结构，因此加入收入的平方项；对户籍的分析显示，户籍对支付意愿的影响呈现均值与中位数差异方向相反的情况，推断户籍可能与收入呈现对支付意愿的交互影响，因此加入收入与户籍的交互项。变量定义见表 4-6，回归结果见表 4-7。

表 4-6　变量定义解释

解释变量	符　号	变量定义
教育／年	Educ	连续变量，居民受教育年数
收入／千元	Income	连续变量，每户月收入
收入平方	Inc2	连续变量，月收入平方项
户籍	Huji	虚拟变量，上海户籍=1；非上海户籍=0
户籍与收入交互项	Huji×Income	户籍变量与收入的乘积项，反映两者的交互影响
居住期／年	Year	连续变量，居民在沿河区域的居住期
家庭人口数／人	Famn	连续变量，家庭人口数
性别	Gender	虚拟变量，男性=1，女性=0
居民对政府相关环保部门的信任程度	Cogo	有序变量，分三个等级：信任，Cogo1；一般，Cogo2；不信任，Cogo3

解释变量	符　号	变量定义
居民对河流生态恢复对生活改善的重要程度认识	Livqh	有序变量，分三个等级：重要，Livgh1；一般，Livqh2；不重要，Livqh3
居民步行到河边所用时间	Miri	有序变量，（min），分三个等级：<5＝Miri1；5～10＝Miri2；>10＝Miri3
对现状水体环境的满意程度	Sati	有序变量，分三个等级：满意，Sati1；偶尔，Sati2；从不，Sati3
去河边休闲的频率	Freriv	有序变量，共分三个等级：经常——Freriv1；偶尔——Freriv2；从不——Freriv3

表 4-7　支付意愿与社会经济信息变量回归分析

变量	方程（1）	方程（2）	方程（3）	方程（4）
Educ	0.098 * （5.13）	0.099 *** （5.21）	0.103 *** （5.34）	0.121 *** （6.49）
Income	0.116 *** （3.55）	0.118 *** （3.64）	0.143 *** （4.39）	0.024 ** （2.01）
Inc2	−0.002 ** （−2.52）	−0.002 *** （−2.65）	−0.002 *** （−3.52）	—
Huji	0.421 ** （2.08）	0.460 ** （2.31）	0.541 *** （2.66）	0.337 ** （2.50）
Huji×income	−0.048 * （−1.71）	−0.049 ** （−1.76）	−0.049 * （−1.7）	
Year	−0.008 ** （−2.07）	−0.008 ** （−2.06）	−0.008 ** （−1.98）	−0.008 ** （−2.06）
Famn	0.115 * （1.93）	0.114 * （1.95）	—	—
Cogo2	−0.516 *** （−4.81）	−0.541 *** （−5.11）	−0.607 *** （−5.58）	−0.627 *** （−5.68）
Cogo3	−0.781 *** （−3.04）	−0.803 *** （−3.15）	−0.728 *** （−2.78）	−0.814 *** （−3.07）
Livqh2	−0.415 *** （−3.22）	−0.395 *** （−3.16）	—	—
Livqh3	−1.104 *** （−5.26）	−1.077 *** （−5.42）	—	—
Miri2	0.060 （0.42）	—	—	—
Miri3	0.176 （1.38）	—	—	—
Freriv2	−0.044 （−0.35）	—	—	—
Freriv3	0.132 （−0.76）	—	—	—
Gender	−0.176 * （−1.68）	−0.173 * （−1.67）	—	—
Cons	0.100 （0.28）	0.093 （0.27）	−0.143 （−0.49）	0.122 （0.46）
观察值	474	475	475	475
R^2	0.3056	0.3076	0.2606	0.2366

4.4.5 计量结果分析

从表4-7可以看到，四个方程的结果非常稳定。教育程度、收入、上海户籍、对政府信任程度等核心变量的系数在四个方程中均显著相关，且回归系数接近。其他方程也揭示了如性别、家庭人口数的显著相关，到河边的距离、到河边休闲的频率、对水体的满意程度不显著相关。

从以上分析可知，对CVM调查中支付意愿影响因素是多样的，为获知影响因素重要程度的排列，可以通过计算标准化系数。对样本进行标准化处理，即将待研究的变量减去其均值，然后除以标准差。简单运算就得到方程

$$(y_i - \bar{y})/\hat{\sigma}_y = (\hat{\sigma}_1/\hat{\sigma}_y)\hat{\beta}_1 [(x_{i1} - \bar{x}_1)/\hat{\sigma}_1] + \cdots$$
$$+ (\hat{\sigma}_k/\hat{\sigma}_y)\hat{\beta}_k [(x_{ik} - \bar{x}_k)/\hat{\sigma}_k] + (\hat{u}_i/\hat{\sigma}_y) \tag{4-2}$$

新的系数是 $\hat{b}_j = (\hat{\sigma}_j/\hat{\sigma}_y)\hat{\beta}_j$，$j = 1, \cdots, k$。$\hat{\sigma}_y$ 为因变量的样本标准差，$\hat{\sigma}_j$ 为自变量 X_j 的样本标准差。新的系数 b_j 为标准化系数，其含义为如果 X_j 提高1倍的标准差，那么 $\hat{y}$ 就变化 $\hat{b}_j$ 倍的标准差。因此使得不是以 y 或者 X_j 的原有单位来度量其影响，而是以标准差为单位。由于它使得回归元的测度无关紧要，所以把所有的解释变量放在相同的地位上。

由标准化系数结果可以知道，在以上四项连续变量的影响因素中，收入影响最大，其次是教育程度，然后是家庭人口数和居住年限（表4-8）。

表4-8 影响因素的标准化系数

影响因素	样本标准差	系 数	标准化系数
家庭人口数	0.897 759	0.188	0.045
居住期	14.22 949	−0.010	−0.048
教 育	3.388 855	0.092	0.164
收 入	5.06 711	0.156	0.293

注：表中系数为表4-7中方程（2）的系数

下面对一些重要的影响因素进行分析。

（1）收入的影响

收入一次项系数为正、二次项系数为负表明收入越高，支付意愿增加，但边际效应降低。收入对支付意愿的半弹性随收入的增加而减少，呈现倒U形趋势，

反映在总收入一定情况下，收入差距加大将降低居民对环境公共物品的总支付意愿。

由回归方程（4-1），收入对支付意愿的偏效应为

$$\frac{\Delta \log \text{WTP}}{\Delta \text{income}} = \beta_1 + \delta_2 \text{resident} + 2\beta_2 \text{income} \tag{4-3}$$

$$100 \times \Delta \log \text{WTP} \approx \% \Delta \text{WTP} \tag{4-4}$$

调查样本 PC3 中，上海户籍家庭月收入中位数为 5000 元，调查样本 PC3 在此点，收入每增加 1000 元，由式（4-3）和式（4-4）计算，WTP 增加 4.9%；非沪户籍组收入中位数都在 3500 元，调查样本 PC3 在此点收入的偏效应为 10.4%。

β_1 为正、β_2 为负表明收入越高，支付意愿增加，但边际效应降低，收入对支付意愿的半弹性随着收入的增加而减少，呈现倒 U 形趋势；交叉项系数 δ_2 为负，说明上海户籍组比非上海户籍组收入对支付意愿的边际影响小。因此存在一个收入值数值点，此点收入对支付意愿的影响为 0，在此点之前，收入影响为正，此点之后，影响为负。收入转折点由式（4-3）为 0 时计算，上海户籍组收入的转折点在 1.7 万元，上海户籍组样本中收入高于此点的家庭有 18 户，占该组样本总数 4.8%；非上海户籍组的收入转折点在 2.9 万元，样本中无收入高于此点的家庭。

以上分析表明，与私人物品正常品消费相似，收入对支付意愿的影响基本为正效应，但随着收入增加，收入对支付意愿的边际正效应降低，到达一定高收入后呈现负效应。这说明居民对城市公共生态环境的总体需求与城市收入水平与收入分布密切相关。随着城市经济发展、居民收入水平的提高，居民对环境公共物品的消费偏好增加。然而，在城市总经济产值、总收入额不变的情况下，收入差距的扩大将降低总体对环境公共物品的偏好。因此经济发展、收入提高是改善城市公共生态环境的根本，而调整分配模式、健全社会保障、缩小收入差距是必要途径。

（2）户籍因素的影响

户籍因素系数反映在其他条件不变情况下，上海户籍居民比非上海户籍居民支付意愿高，说明其他条件不变的情况下，户籍制度的存在将降低一定区域的居民环境公共物品的支付意愿。户籍与收入的交互项回归系数显著为负，为负值，表明随着收入增加，户籍因素造成的差异在缩小，这符合随着收入的提高，户籍因素对市民的生活影响减小这一经济现象。

户籍因素对支付意愿的影响分为两部分，一部分为恒定的差别 δ_1，δ_1 显著为

正，反映在其他条件不变情况下，上海户籍居民比非上海户籍居民支付意愿高；另一部分为户籍与收入的交互影响，系数 δ_2 显著为负，显示随着收入增加，户籍因素造成的支付意愿差异在缩小。户籍变量对支付意愿的偏效应为

$$\%\Delta \text{WTP} \approx 100(\delta_1 + \delta_2 \text{income}) \tag{4-5}$$

在总样本收入中位数水平 5000 元处，上海户籍居民比非上海户籍居民支付意愿多 22.5%，在非上海户籍居民收入中位数 3500 元处，上海户籍居民比非上海户籍居民支付意愿多 28.8%。

δ_1 为正、δ_2 为负表明存在一收入的转折点 income^*，此点处户籍恒定正差异等于交互项负差异

$$\text{income}^* = 100 \times \delta_1 / (-\delta_2) \tag{4-6}$$

由式（4-6）计算家庭收入在 9.38 万元以下时，恒定差异大于交互差异，非上海户籍居民倾向少支付；在此点户籍因素的恒定差异与交互差异相等，对支付意愿无影响；在此点之上，恒定差异大于交互差异，非上海户籍居民倾向多支付。样本中非上海户籍居民 111 人，占样本 22.4%，收入中位数 3500 元，无高于此点收入的样本。因此总体上非上海户籍居民比上海户籍居民对城市环境公共物品支付意愿低。

根据以上分析，户籍因素基本对支付意愿呈现负效应，户籍因素带来的歧视等现象，降低了居民的支付意愿，导致需求信息偏低，阻碍了城市生态环境保持与恢复中的资源配置。且随着城市化进程的推进、人口流动的加速，户籍因素带来的环境负效应将愈加显著。

（3）沿河居住年限影响

该变量回归系数显著为负，表明随居住年限增加，居民倾向于少支付。这与现场调查中居民的回馈信息相符。许多老居民反映，该河流是他们儿时游泳、钓鱼的游乐场所，随着城市化的建设、市区的扩张，河流从清澈到污浊，甚至发展到了臭味、异味难以忍受的阶段。他们认为是政府的发展政策、管理模式和企业的排污造成今日的污染，理应由政府和企业负责治理，因此表现出不愿意支付。

（4）对政府环境管理部门信任程度的影响

对政府环境管理部门的信任程度为分类变量，系数显著为负，说明随着信任程度降低，支付意愿降低。这在高收入、高教育水平的样本中尤为明显，因对政府相关部门在管理模式上的不认同、对运作机制的不信任，而表现为不愿意支付。说明增强环境管理部门的管理能力、增加执政透明度将可能有效提高支付意愿。

86

（5）河流生态恢复对居民生活重要程度的影响

河流生态恢复对居民生活的重要程度为分组变量，反映居民的效用函数中环境公共物品的权重大小或环境公共物品相对其他私人物品的边际替代率。随权重的降低，支付意愿显著减少。这与私人物品偏好随边际替代率降低而降低的趋势一致。说明为提高居民的支付意愿，加强环境教育、增强环境意识是有效途径。

（6）到河边距离的影响

到河边的距离回归结果不显著，根据前面对距离分类的支付意愿可以看出，支付意愿随距离变化呈现先增加后降低的趋势，而在回归方程中不显著。这说明，生态服务的需求尽管受地理因素的影响，但随距离衰减的是休闲景观等非直接使用价值，而不是非使用价值。到河边休闲的频率、对水体的满意程度影响不显著在一定程度上说明，居民可能会为非使用价值支付费用。

（7）教育等其他因素的影响

教育的影响为正，因此城市居民整体教育程度的提高将直接影响居民的环境态度和支付意愿。对于家庭人口对支付意愿的影响，家庭人口数与支付意愿显著正相关，与预期相符，同时验证了环境公共物品的需求是个体需求的加总。性别差异显著，男性倾向于多支付。

4.5 非户籍人口支付意愿的特征研究 ——基于上海市与南京市的平行调查

4.5.1 引言

为对户籍制度造成的支付意愿差异进行深入研究，本节选取上海市与南京市两个大型城市的典型河流，应用意愿价值评估法，考察了两地非户籍居民对城市河流生态恢复的支付意愿的特征。

户籍制度一直对我国城市发展有深刻的影响，尽管20世纪90年代以来我国对人口流动的行政控制有所放松，但户籍制度一直未有质的改变（李骏等，2011）。由户籍制度衍生的"外来人口"、"流动人口"、"非户籍人口"在就业、教育、医疗等方面无法享受与当地城镇居民相同的福利（Solinger，1999；杜鹏等，2005），使其即使在经济层面上实现生存适应（陆淑珍和魏万青，2011），亦难以在心理与文化上融入城市（朱力，2002），并进一步导致了其在对待城镇人口、城镇公共设施时表现与城镇居民迥异。

随着城市化的进程加速，人口流动加剧，大城市的人口结构发生了变化。在我国现有户籍制度下，大城市内部非户籍人口比重迅速增加，形成了"新二元结构"。上海市第六次人口普查的结果显示，上海市外来人口达 897.7 万人，占总人口数的 39%，并且外来人口中，20～34 岁青壮年占主体。在该年龄段上海市常住人口中，外来人口占 57.7%，已经明显超过户籍人口。

河流为城市居民提供了自然休闲场所，是重要的公共物品。面临普遍的河流污染，非户籍人口对待这一公共物品的消费行为态度是该类群体社会融合的重要表现。不同户籍状态的群体对城市河流消费行为特征和对河流环境治理的态度是否存在显著差异？这一差异的影响因素是什么？对于以上问题的回答将有助于理解居民的环境态度，预测其环境行为，从而制定有针对性的环境公共政策和治理决策。

基于此，本节选取上海市和南京市两个城市的河流，调查非户籍居民对河流治理的支付意愿，并与户籍居民进行对比分析。本节假设非户籍居民对河流生态恢复的环境态度与户籍居民呈显著差异，并且表现为对河流治理的支付意愿较低，进而分析这一差异的影响因素。与已有文献相比，本节在非户籍居民对城市公共环境的态度上进行了探索，选择长三角地区的两个大城市进行平行调查，增强研究结果的可信度。

4.5.2　文献回顾

户籍制度与非户籍人口是多学科研究的热点，不同学者从不同的学科视角出发进行了大量的研究。已有的研究集中于以下方面：①非户籍人口的社会融合问题（王春光，2001；任远等，2010）；②非户籍人口的住房与健康问题（吴维平等，2001；王桂新等，2011）；③户籍制度对社会分层的影响（李骏等，2011；陆益龙，2008；郭凤鸣等，2011）④户籍制度改革与外来人口的管理（郭秀云，2010；彭希哲等，2009）；⑤外来人口迁移行为与机制（原新等，2011；刘建波等，2004）。

在研究方法上，已有研究以定性研究为主，辅以结构方程模型（原新等，2011）、多层次 Logit 模型（刘建波等，2004）等定量方法。已有研究普遍认为，户籍制度加剧了城市社会分层。在户籍制度背景下，非户籍人口难以实现真正的社会融合，收入以及在社会保障方面与当地居民存在的差异使非户籍人口难以获得认同感与归属感，因此在选择住宅、商品消费与公共物品消费上出现不同特征。

已有研究主要存在以下特点：①主要采用"由外及内"式研究方法，现有"由内及外"方法存在"重宏观、轻微观"现象。也就是说，已有研究往往注重外部环境对非户籍人口的影响，对非户籍人口本身的行为特征研究不足；②在方法上以定性研究为主，定量研究不足；③在学科上，以社会学、人口学、管理学、地理学等领域为主，环境领域对非户籍人口关注不足。而随着收入的增长，无论是户籍人口还是非户籍人口的环境意识普遍增强，因而有必要使环境学界进入非户籍人口环境消费模式的研究当中。

社会构成方式、政治体制、经济水平、分配状况、环境意识、环境管理模式、公共物品的供给模式等因素都可能对环境物品支付意愿产生影响。各因素综合在一起，其影响效果非常复杂。国外该领域已经进行过大量的经验研究（Venkatachalam，2004），国内学者对这一问题也进行了有益的探索。然而，已有文献就非户籍人口对环境的态度和影响研究较少。由于 CVM 方法在我国应用的有效性和可靠性并未得到科学认证，单一案例研究无法得出普适性的结论，有必要开展地区间平行案例的研究以增进对研究结果有效性和可靠性的检验。

4.5.3 数据来源与研究设计

（1）研究区域自然与社会情况

本研究选择上海市和南京市作为研究区域。上海市位于长江入海口，是我国四个直辖市之一，其人口总量、人口密度及城市化水平居全国首位，是国家的经济、金融、贸易和航运中心。南京市是江苏省的省会，位于长江下游沿岸，是长三角地区重要的产业城市和经济中心。本研究的水体区域分别为上海市的漕河泾和南京市秦淮河的支流。漕河泾位于上海市徐汇区。漕河泾徐汇段长约4km，沿岸有文教单位和住宅小区，目前河流局部水面仍有垃圾、油污，尤其夏季河水黑臭、异味严重。南京市研究水体为秦淮河内河支流，研究区段从太平南路长白街，经朝天宫公园，在涵洞口止，长约 3～4km，沿岸有居民区、商业建筑、文教机构和公园等，水体黑臭现象严重。

（2）问卷设计及调查

问卷主要包括两个部分，第一部分以图片和说明文字向居民说明河流的环境状况和问卷的研究目的，第二部分是关于居民与水体的关系、居民环境评估和环境意识、社会经济状况的问题部分，其估值的核心问题为：

为支持市政府对漕河泾水体历时 3 年的生态改造，实现水质达到景观水体Ⅳ类标准，您是否愿意每月出一部分治理费用支持该计划？

□愿意 □不愿意

  如果愿意支付，那么您愿意支付多少_____元。

  调查采用面访形式，调查人员由具有环境背景和地理科学背景的研究生和高年级本科生组成，在研究区域内随机抽样，在上海市发放问卷 480 份，回收 480 份，在南京市发放问卷 400 份，回收 362 份。

4.5.4　数据描述性统计

（1）总体样本特征

  样本特征如表 4-9 所示，在居民与河流的关系的调查中，有超过 60% 的居民经常到河边休闲并采用步行的交通方式；居民在沿河区域居住的时间平均约为 19 年；在居民对水体评价和环境意识的调查中，总样本平均分低于及格水平；两个城市超过 25% 的居民认为水体的改善可以显著提高生活质量；总样本中有超过 30% 的非户籍人口，上海市样本中这一比例低于南京样本；收入方面，上海市样本平均值高于南京市样本；教育方面，超过 50% 的样本受过高等教育。

表 4-9　调查样本特征描述

样本特征	均值（方差）或比例		
区　域	总　体	上海市	南京市
对水体现状的打分	55.36（22.81）	64.67（17.47）	43.38（23.32）
水体改善对生活有显著改善的样本比例/%	27.53	25.79	29.83
水体改善对生活没有改善的样本比例/%	17.4	12.79	23.48
到河边休闲的频率大于一个月两次的样本/%	63.66	63.33	64.09
每日经过河流的样本的比例/%	53.1	72.59	27.22
步行到河流的样本比例/%	62.6	62.92	62.15
在沿河区域居住的时间/年	18.8（18.8）	15.38（15.25）	23.11（21.76）
家庭收入/元	8 414（9 682）	8 936（11 717）	7 727（6 626）
高等教育的样本比例/%	56.41	61.67	47.04
年龄/岁	39.25（16.65）	38.1（15.1）	40.8（18.4）
当地户籍的样本比例/%	66.0	74.41	55.03

（2）支付意愿的主要统计值

  根据研究目的对问卷进行了筛选，剔除了明显不合理的支付意愿。上海市有效样本数 467，南京市 352。总样本中支付意愿大于零的比例为 50.65%，上海市样本为 56.88%，南京市为 42.82%。由计算可知，两城市样本总体支付意愿均值为 22.5 元，中位数为 1 元；上海样本支付意愿均值为 20.5 元，中位数为 5；南京样本支付意愿均值为 25.4 元，中位数为 0。该调查结果与已有文献相似（张翼飞，2007a）。

4.5.5　实证分析

（1）变量定义与赋值

本研究运用计量模型实证分析城市居民支付意愿的影响因素，以户籍因素为重点，设置人与水体的关系、收入等社会经济变量、居民环境态度和意识等变量。由于采取开放式问题，因此被解释变量是连续数值变量，解释变量为户籍变量，当地户籍为 0，非当地户籍为 1。

控制变量分为三组，第一组为调查个体对环境的评价和环境意识。根据河流水体现状给水体打分，满分 100 分，分值越高，表示对水环境越满意，为连续型数值变量。环境意识的衡量通过询问居民"水体改善后，是否能提高生活质量"实现，肯定回答表示环境物品在居民的效用函数中赋值为 1，否定为 0。第二组为居民与水体的关系，问题分别为"是否每日经过河流"、"是否步行到河流"、"去河边的频率是否大于每月 2 次"。肯定回答赋值为 1，否定为 0。另外一个控制变量代表居民在河流附近居住的时间，为连续数值变量。第三组为调查个体的人口和社会经济状况，包括年龄、收入和受教育程度。年龄和收入是连续型数值变量。教育变量在调查时分为 6 类，分别为小学及以下、初中、三校及高中、大专及大学、研究生及以上和其他，分别赋值 1～6。在回归分析中，根据样本结构，高中及以上赋值为 1，高中以下为 0。变量定义见表 4-10。

表 4-10　变量定义解释

解释变量	符　号	变量定义和单位
户　籍	Resi	虚拟变量，上海户籍 = 1，非上海户籍 = 0
经过或看到河流的情况	See	虚拟变量
到河边的交通方式	Walk	虚拟变量，步行 = 1，其他 = 0
去河边休闲的频率	Visit	虚拟变量，一个月去 2 次以上 = 1，其他 = 0
对水体现状满意程度的打分	Score	连续变量，1～100 分
水体改善对生活的改善情况	Improve	虚拟变量，显著改善 = 1，其他 = 0

续表

解释变量	符　号	变量定义和单位
收入/千元	Lnincome	连续变量，每户月收入的对数值
教　育	Highsch	虚拟变量，高中以上教育=1，其他=0
居住期/年	Year	连续变量，居民在沿河区域的居住期
年龄/岁	Age	连续变量，年龄

(2) 分析模型

分析户籍人口和非户籍人口在环境意识和评价、居民和河流的关系、居民社会经济状况和居民对河流的支付意愿的差异，不控制其他混杂因素，卡方检验分析结果见表4-11。

表4-11　户籍与非户籍人口基本特征的统计分析

样　本	总　体	
分　组	户　籍	非户籍
河流生态恢复的支付意愿**/元	42.9 (129.7)	18.9 (40.9)
环境意识与环境评价		
对水体现状的打分	56.3 (22.7)	53.6 (23.0)
水体改善对生活有显著改善*/%	61.40	38.60
水体改善对生活没有改善的样本比例***/%	46.48	53.52
居民与水体的关系/%		
到河边休闲的频率大于一个月两次的样本/%	64.58	35.42
每日经过河流的样本的比例***/%	73.62	26.38
步行到河流的样本比例/%	65.51	34.49
在沿河区域居住的时间***/年	18.8 (17.5)	18.9 (21.2)
社会经济状况		
家庭收入/元	8 869 (10 588)	7 441 (8 018)
高等教育的样本比例***/%	68.79	31.21
年龄**/岁	40.1 (16.5)	37.7 (16.9)

（　）内为标准差

控制其他变量，考察户籍特征对河流生态恢复的影响，采用 Tobit 模型。据国际文献报道，CVM 研究中零支付意愿比例范围为 20% ~ 35%（Green et al.,

1998；张翼飞等，2012）。国内这一比例变化幅度更大，约为 2.8% ~ 59%（张翼飞，2008）。而相关研究显示，除了收入是原因之一，居民对我国环境治理缺乏信心、对公共支出不透明的不满意等是其不愿意支付的主要原因。因此，对待此类删失样本（censored sample），如果用 OLS 估计，则估计值是有偏和不一致的。

Tobit 模型（Tobin，1958）可以有效处理该类样本。该模型假设存在一个不可观测的代理变量 y_i^*，可观察 y_i 被定义为当 y_i^* 大于零时等于 y_i^*，小于等于零时，y_i 为零。

$$y_i = \begin{cases} y_i^*, & \text{if } y_i^* > 0 \\ 0, & \text{if } y_i^* \leqslant 0 \end{cases} \tag{4-7}$$

$$y_i^* = \beta \chi_i + u_i, \quad u_i \sim N(0, \sigma^2) \tag{4-8}$$

式中，β 为回归系数；χ_i 为自变量；u_i 为扰动项；σ^2 为方差。

（3）结果分析

1）户籍和非户籍样本基本特征的卡方检验。

将总体样本利用卡方检验揭示户籍组和非户籍组居民环境意识、与水体的关系、社会经济状况及对河流生态恢复的支付意愿的差异，结果如表 4-11 所示。

A 支付意愿：户籍组的支付意愿的均值为 42.9 元，而非户籍组的支付意愿均值仅为 18.9 元。通过卡方检验显示，河流生态恢复的支付意愿在户籍分组间存在显著差异，户籍组明显高于非户籍居民。

B 环境感知与评价：以百分为满分，让居民对水体作出满意程度的评价。两个城市户籍与非户籍人口的评价分数均值相近，非户籍居民给出的评价略高。卡方检验显示，户籍分组间没有显著差异。

C 环境意识：问卷中调查了居民对水体改善是否能显著提高生活质量的态度。在认为"水体恢复不能改善生活"的样本中，非户籍居民比例显著高于户籍居民。在认为"将明显改善生活"的样本中，卡方检验显示户籍分组间有显著差异，户籍组比例显著高于非户籍组。这显示出水环境在非户籍居民生活中重要程度较低。

D 居民与水体的关系：户籍分组在"每日经过河流"的样本比例上存在显著差异，户籍组显著高于非户籍组，表明户籍人口在河流附近居住较多。到河边休闲的频率、步行到河流的比例及在河流附近区域的居住期在户籍分组间没有显著性差异。

E 社会经济状况：受过高等教育的比例和年龄在户籍与非户籍组间呈现显著

差异。收入在组间没有显著性差异。户籍居民比非户籍居民教育程度高，非户籍居民比户籍居民年轻，这也符合上海市第六次人口普查的结果（上海市统计局，2011）。

2）Tobit 模型结果分析。

应用 Tobit 模型分析，结果见表 4-12。模型 I 是两个城市的总样本，设置户籍虚拟变量（Resi）和其他变量，在控制其他变量前提下，检验户籍变量的显著性。模型 II 和模型 III 分别是上海市和南京市两地的样本，与模型 I 相似，同样设置了户籍的虚拟变量，以检验两地样本中户籍因素及其他因素是否呈现一致性和差异性。模型 IV 与模型 V 分别是户籍样本和非户籍样本的分析，旨在分析两组样本中支付意愿影响因素的异同。

表 4-12　Tobit 模型回归结果

区域	总样本	上海市样本	南京市样本	户籍样本	非户籍样本
模型	模型 I	模型 II	模型 III	模型 IV	模型 V
Resi	-0.481 *	-0.546 *	-0.706 [a]	—	—
	(0.276)	(0.327)	(0.476)		
环境评价与环境意识					
Score	0.008 91	0.015 7 **	0.013 1	0.023 6 **	0.003 00
	(0.005 68)	(0.007 72)	(0.010 1)	(0.011 2)	(0.006 53)
Improve	1.482 ***	1.377 ***	1.722 ***	0.861 *	1.838 ***
	(0.272)	(0.297)	(0.490)	(0.493)	(0.329)
居民与水体关系					
See	0.889 ***	0.809 **	1.740 ***	0.435	1.243 ***
	(0.262)	(0.330)	(0.582)	(0.518)	(0.305)
Visit	-0.0961	0.131	-0.261	0.771	-0.518
	(0.277)	(0.310)	(0.537)	(0.553)	(0.315)
Walk	0.794 ***	0.665 **	1.446 **	0.258	0.808 **
	(0.282)	(0.301)	(0.582)	(0.540)	(0.324)
Year	0.369	-0.0658	1.047 **	1.300 **	-0.196
	(0.268)	(0.282)	(0.521)	(0.520)	(0.318)
人口与社会经济变量					
lnincome	1.262 ***	0.667 ***	2.085 ***	1.591 ***	1.179 ***
	(0.185)	(0.203)	(0.342)	(0.381)	(0.209)

区域	总样本	上海市样本	南京市样本	户籍样本	非户籍样本
模型	模型 Ⅰ	模型 Ⅱ	模型 Ⅲ	模型 Ⅳ	模型 Ⅴ
Schoolhigh	0.984 ***	1.067 ***	0.891	1.503 **	0.600
	(0.327)	(0.370)	(0.567)	(0.602)	(0.387)
Age	−0.0303 ***	−0.0471 ***	−0.0167	−0.0453 **	−0.0219 **
	(0.00941)	(0.0111)	(0.0164)	(0.0190)	(0.0107)
Constant	−11.94 ***	−6.241 ***	−20.92 ***	−16.29 ***	−10.52 ***
	(1.746)	(2.006)	(3.147)	(3.587)	(1.961)
Observations	648	350	295	205	443

a 表示 $P > t = 0.139$

A 户籍变量：户籍变量"Resi"在总样本模型中符号为负，在 10% 置信水平上显著。模型 Ⅱ 中户籍变量也呈现显著为负，南京市样本模型 Ⅲ 中 $P > t$ 值为 0.139，在 15% 置信水平上显著。说明与户籍人口相比，非户籍居民的支付意愿显著较低。这与前期上海市的研究结果相符，也与面访时居民回馈的信息一致。产生这一现象的原因可归结为两个方面：一是非户籍居民由于难以完成本地化与社会融合这一过程，其环境行为与心理上尚未完成"城市化"，因而对待河流治理时的态度与户籍人口表现不同；二是根据已有研究，农村人口的环境治理支付意愿明显低于城市人口，而非户籍人口中农村人口占据相当比例，这部分群体进入城市之后依旧保持原有的行为习惯。

B 控制变量的影响：环境感知变量、居民与水体关系等变量的结果。①环境感知变量："Score"变量代表居民对评估河流的满意程度，分值越高，代表对评价水体的满意程度越高。模型 Ⅰ ~ Ⅲ 回归结果显示，上海市样本此变量在统计上显著，符号为正。南京市模型中不显著。之前的样本统计数据显示，上海市样本此变量平均值为 65，南京市为 43。表明与上海市居民相比，南京市居民对水体现状更为不满意。调查中也发现，在上海市样本中，居民反映河流经过近年尤其是世界博览会前的综合治理，水环境有了显著改善，尽管目前还不是很满意，但是相信随着政府的投入，河流环境将会有更大的改观。而南京市样本中居民对水体现状非常不满意，而且认为是不可能治理好的。因此对计量结果的可能解释是，上海市样本中对水体评价较好的居民反映出对政府治理污染的信心较高，从而更愿意支付。而南京市被访居民由于对政府进行河流治理没有信心，支付意愿与河流评价没有显著关系。②环境意识变量：模型中设置"Improve"虚拟变量，表示居民是否认为河流修复后将显著改善生活质量。模型 Ⅰ ~ Ⅲ 中此变量在 1%

置信水平上显著，显示了居民环境意识越强，支付意愿越高。③居民与水体的关系变量：方程中设置了虚拟变量"See"代表"在居所看到河流"，"Visit"代表"每月去河边休闲的频率至少1次"，"Transp"代表"步行到河边"。模型Ⅰ～Ⅲ回归结果显示，在住所能看见河流的居民支付意愿在统计上显著高于不能看见河流的居民，说明河流与居民生活关系越紧密，支付意愿越高。代表步行到河边的变量在统计上显著，说明步行到河边的居民比采用其他交通方式的居民支付意愿高。由此可见，环境物品在消费上的可及性和便利性也是影响其消费的重要因素。休闲频率变量不显著，支付意愿与是否经常去河边没有显著关系，说明河流生态服务的价值中除了使用价值，其他非直接使用的价值也是不可忽视的一部分。④收入与教育等社会经济变量：收入变量在模型Ⅰ～Ⅲ中统计上显著，上海市样本中有较高教育背景的居民比教育水平较低的居民支付意愿高，年龄越大支付意愿越低。这与前期研究结果相符。南京市样本中受教育程度和年龄不显著。

C 户籍样本与非户籍模型的回归结果比较：本研究将两地的总样本按户籍分组，分别回归。由模型Ⅳ与模型Ⅴ比较，户籍居民与非户籍居民在收入、年龄与环境意识三个变量上对支付意愿的影响相同，统计上显著，且影响方向相同。收入越高，支付意愿越高；年龄越大，支付意愿越低；认为水体恢复对生活显著提高的受访者支付意愿较高。

对河流满意程度的变量"Score"在户籍模型Ⅳ中显著为正，而在非户籍模型Ⅴ中不显著。显示相对于户籍居民，非户籍居民对水体的满意程度并不显著影响支付意愿。可能的解释是户籍居民比非户籍居民对河流的历史变迁、水体现状与治理情况更为了解。非户籍居民对所居住城市公共环境和公共事务由于不关心或信息渠道有限造成信息缺失。

表征"居民与水体的关系"的三个变量在模型Ⅳ与模型Ⅴ的回归结果中有显著差别。在非户籍组中"每天看到河流"和"步行到河边"两个变量都显著，而在当地户籍组中三个变量都不显著。说明非户籍居民对河流修复的支付意愿取决于居民和河流的紧密关系，经常能看到河流和住在沿河步行区域内的非户籍居民倾向于多支付。而户籍组的居民支付意愿与此无显著关系。由此可见，非户籍居民对与自身生活紧密联系的公共物品比较关心。

4.5.6 小结

非户籍人口虽然已进入城市工作或生活，但在文化、生活方式、价值观、心理上尚未实现社会融合，未完全完成城市化过程，因而在对待环境公共物品上与当地居民表现出较大的差异。造成这种现象的原因是多方面的，但是户籍制度以及附加在户籍制度上的就业、教育、医疗差异是妨碍非户籍人口实现社会融合的重要原因。

本节的分析证明了以下假设,即与户籍组居民相比,非户籍组居民对城市河流生态修复的支付意愿较低,与河流的关系不密切。应用 Tobit 模型回归分析了上海市和南京市两城市调查数据,结果显示,户籍因素是影响支付意愿的重要因素。这与前期以上海市河流为研究对象的研究结果相一致。同时,本研究还有如下发现,即与户籍组样本相比,非户籍组居民对河流等城市公共环境的状况了解较少,并且"经常看到河流"和"居住在河边步行区域内"等因素显著增加了非户籍组居民对河流生态修复的支付意愿,显示出非户籍组居民对与自身利益相关的城市公共环境较为关注。

本研究中在非户籍人口中并未区分城镇人口和农村人口,而根据已有研究(Xin,2001;李骏等,2011),这两类人口在城市内部的社会分割中存在明显差异。城市间流动人口和农村城市间流动人口有显著差异。进一步的细分将有助于更好地揭示城市内部在户籍制度约束下的环境行为与态度的差异性特征。限于问卷形式和调查数量,影响非户籍居民生态环境支付意愿的变量设置有限。且由于上海市等城市非户籍人口比重迅速增加,该类人群与当地人群之间的交互关系趋于多样化和复杂化。非户籍人口既带有流出地区的社会文化背景烙印,同时在大城市又不断地受到流入城市文化与价值观的影响,对大城市非户籍居民与城市生态环境之间关系的探讨还有待进一步深入。

4.6 家庭结构对支付意愿的影响研究
——基于杭州市内河环境调查

4.6.1 引言

计划生育制度作为我国的基本国策,执行三十多年以来,为我国控制人口增长,实现生活水平的持续提高发挥了积极的作用。同时,对家庭结构也带来了明显的影响。其中"4-2-1"这一特殊的家庭结构成为我国尤其是城市地区主要的家庭结构。

不同的家庭结构由于其休闲方式、休闲时间及经济水平的不同、对城市河流的环境意识和环境态度不同,导致其对城市河流的休闲需求特征也呈现显著的差异。本节将重点讨论与其他家庭相比,"4-2-1"家庭对社区水体环境的休闲行为与环境态度是否呈现显著差异,以及通过怎样的机制产生影响。

1）与其他家庭结构的家庭相比，"4-2-1"结构的家庭表现为家中老人和儿童空闲时间多、家庭抚养负担沉重等特点。因此对免费的公共物品的消费需求相对而言会有所增加。同时，老年人和儿童由于生理条件的限制，对公共物品的空间可达性要求比较高，所以邻近社区的公共物品的供给可能对老年人和儿童的生活质量产生更为显著的影响，而社区周边河流及其周围休闲空间的环境质量可能成为影响既有老人又有儿童的这一类家庭生活满意度的重要因素。

2）二十多年的独生子女政策使得中国的家庭结构发生了很大的变动，"4-2-1"结构的家庭数量较之以往有了明显的提升（宋健，2000，2010）。同时，该类家庭引发的养老育儿问题已演变为一个重要的社会问题。在这方面，虽然人口学领域对此有所研究，内容主要涉及老年人生活满意度的研究及养老模式的选择（郭志刚，2007，2008；刘晶，2009；陆杰华等，2008）等，而对该类家庭结构的成员与城市公共环境的关系关注不够，与社区水体环境的关系未有提及。而社区水环境作为老年人主要的活动场所之一，其环境质量是影响老年人生活满意度的重要因素。

已有研究结果表明：收入、教育、户籍等因素是影响支付意愿差异的重要因素，但是对于不同家庭结构对支付意愿的影响还未有研究，尤其是"4-2-1"家庭中对水环境等公共环境的改善意愿呈现怎样的差异性特征，还没有被很好地揭示。需要说明的是，基于以上分析，本节有如下假设，即有老人和儿童的家庭与没有老人和儿童的家庭在河流生态的支付意愿上存在显著差异。

4.6.2 研究设计与数据来源

(1) 研究区域自然与社会情况

杭州市地处长三角南翼、杭州湾西端，是浙江省省会和经济、文化及科教中心，市内河流众多。本次调研区域位于杭州市拱墅区，从20世纪下半叶开始，拱墅区境内集聚了杭州钢铁厂、半山发电厂、中石化炼油厂等众多国营大中型工业企业。拱墅区作为杭州市的工业重地，运河两岸工厂林立，流经此地的运河段在20世纪急剧工业化发展中污染严重。伴随着杭州市运河工程的修复，在推进运河综保工程的同时，拱墅区全面开展了污水治理和河道整治项目，总投资超过87亿元。截至2010年8月底，拱墅区在两年半的时间里，关停并转企业303家，并着手推动另外196家企业的关停并转，新增绿化175万 m^2。在建设"生活品质之城"的进程中，拱墅区加快生态区建设，将区域的环境整治、工业企业搬迁、截污纳管、河道整治和绿化建设等协调推进。

由于拱墅区地处城郊结合部，河道整治面临着很大的困难，拱墅区是杭州市的老工业城区，辖区内工矿、危化企业对水环境的影响较大。辖区内分布着众多"城中村"，沿河环境脏乱，基础配套设施也相对滞后。由于多数运河支流没有铺设专用污水管道，附近居民及工厂的生活、生产污水不经处理便直接排入河道，水质全部在劣Ⅴ类以下，对运河水质造成了严重污染。

本次调研主体为蚕花巷河，是京杭大运河的支流，在运河整治进程中展开较晚。在 2010 年上半年调研时，调研区域直接排污现象还很普遍，从 2010 年 10 月开始，该区域的河流整治正式动工，河流沿岸的棚户区和小店铺开始拆迁。问卷调研主要在三个区域展开。调研区域一集中在拱北小区，此段河流一侧为拱北小区，一侧为废弃的工业和低矮的棚户区，调查对象主要是拱北小区居民和小区店铺的服务人员。调研区域二的水体两侧为工厂和小商贩店铺，附近有学校和经营市场，调查对象主要是学生、个体经营者和外来务工人员。调研区域三的大部分房屋是自建房，居住了大量的城市扩建中农转非的居民和外来租户，调查对象主要是农转非的居民和租房居住的务工者。

（2）问卷设计及调查

问卷主要包括两个部分：①以图片和文字向居民说明河流的环境状况和问卷的研究目的；②问题部分，包括水体生态环境、生活与河流的关系、水环境质量和个人收入改变组合选择、家庭和个人基本情况等内容。本次调查的核心问题借鉴 CVM 经常采用的投标博弈（Davis，1963）方法，对个体在水环境质量和收入改变组合中进行选择，即首先问受访问者是否愿意减少 100 元以换得水环境的质量改善，如果接受，则该部分问题结束，如果拒绝，则接着询问是否愿意接受50 元的收入损失。投标值借鉴以往研究结果（张翼飞，2008），选择 100、50、20、10、1 元 5 个数值。

问卷中核心问题如下：

为了了解您对此河流水环境改善与生活质量提高的关系，请在以下关于水环境质量和收入改变的组合中进行选择

　　1　请在以下关于水环境质量和收入改变的组合选择一项（选 A 请继续；选 B 请做第 5 题）

　　　　A 家庭月收入不变；水环境维持现状，部分河段黑臭

　　　　B 家庭月收入减少 100 元；水环境治理达标

　　2　请在以下关于水环境质量和收入改变的组合选择一项（选 A 请继续；选 B 请做第 5 题）

A 家庭月收入不变；水环境维持现状，部分河段黑臭

B 家庭月收入减少 50 元；水环境治理达标。

在前期进行的河流 CVM 研究中，采取开放式问卷、支付卡问卷、单边界问卷等，但居民普遍对"支付多少钱"这样直接的问题呈现抗拒心理，而且由于其他非收入约束的原因，如对资金使用的不信任、对河流治理缺乏信心，调查的有效性都受到影响。本研究借鉴投标博弈法，构建收入减少和河流改善的不同消费集，让受访者从中选择，这样的问题形式可以帮助居民更好地理解公共物品和私人物品的取舍问题，从而提高调查数据的有效性。有别于投标博弈从较低值开始询问，本书采取从最高值开始。多次的调研经验显示，较低值开始的问题，受访者易产生厌烦情绪，从而拒绝完成问卷，而从较高值开始可以逐步诱导受访者完成问卷。

本次调查采用面访形式，调查人员由研究生和高年级本科学生组成，在研究区域内随机抽样。发放问卷 1000 份，回收 829 份，回收率 82.9%。

4.6.3 数据统计与分析

(1) 总样本特征

受访者和家庭人口信息见表 4-13，受访者 52.6% 是女性，平均年龄 40.1 岁，42% 是家庭主要收入者。36.4% 的家庭有儿童，34.7% 的家庭有 60 岁以上老人，既有老人又有孩子的家庭占 14.08%。超过 50% 家庭居住在河边区域少于 5 年，17.8% 的家庭在此区域居住超过 20 年。家庭收入在每月 3000 元以下的超过 40%，7000 元以上的家庭占 17.2%。

调查中居民与河流关系状况见表 4-13，在对水体现状满意程度调查中，超过 80% 的居民对水体表示不满意或非常不满意，这与水体黑臭、垃圾漂浮的环境现状相符。对人与水体关系的调查显示，约 50% 的居民每天在居所就可以看到河流，约 75% 的居民每天都经过河流。这说明居民对河流是比较熟悉和了解的，他们的评价有效性较强。关于人们利用水体的方式和频率，超过 80% 的居民选择步行到河边，平均用时约 5~6min。每天去河边的居民近 40%。超过 60% 的居民每周至少去一次。可见，该河流是大多数居民的主要休闲场所。在居民环境态度问题上，有 99.5% 的居民认为河流治理干净后，会增加来河边休闲的频率，可见大多数居民认同河流水环境的重要性。

表 4-13　调查样本特征描述

项　　目		均值方差或比例/%	项　　目		均值方差或比例/%
性别（女）		52.6	受访者是家庭主要收入者		42
受访者年龄/岁		40.1（15.5）	平均居住年限/年		10.8（14.5）
能在居所看到河流		49.6	步行到河边		86.2
经过河边		74.7	水体改善后会增加去河边休闲		99.5
在河边区域居住的时间/年	<5	51.7	家庭月收入	3 000 元以下	41.2
	>10	29.7		3 000~5 000 元	27.4
	>20	17.8		7 000 元以上	17.2
家庭结构	有儿童的家庭	36.4	教育状况	大专以上	31.1
	家中有老年人的家庭	34.7		高中以上	51.6
	有老人及儿童的家庭	14.08			
对水体现状的评价	1=非常满意	0.78	到河边休闲的频率/次	每天都去	37.60
	2=比较满意	17.18		一周 1~3	24.55
	3=不太满意	41.99		一个月 1~2	10.98
	4=非常不满意	40.05		从来不去	20.16

（2）支付意愿分布

　　居民愿意支付的情况如图 4-6 所示。在给出的备选选项中，支付意愿呈现 U 形分布形态。居民不支付的比例为 27.26%，与前期研究相符。在支付意愿大于零的样本中，对 4 个数值的选择比例为 12.27%~19.77%，选择 100 元的比例最

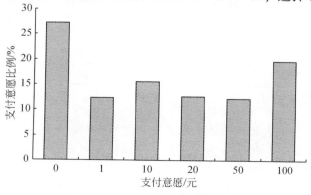

图 4-6　居民支付意愿分布

高，为 19.77%，依次为选择 10 元的占 15.63%，20 元的占 12.66%，1 元的占 12.40%，选择 50 元的占 12.27%。在 0～100 五个选项中，中位数为 10 元。不包括 0 选项，中位数为 20 元。若将这 5 个选项数字当作连续数据，则平均数为 20 元。与在国内相似经济发展水平地区开展的河流 CVM 研究结果相似（张翼飞，2007，2008）。

4.6.4　有老人和孩子的家庭与对照家庭的主要统计值比较

分析有老人和孩子的家庭和其他家庭在环境评价、居民和河流的关系、居民社会经济状况和居民对河流的支付意愿的差异，不控制其他混杂因素，分类变量用卡方检验，连续变量用 T 检验。描述性分析结果见表 4-14。

表 4-14　不同家庭结构基本特征的 T 检验（卡方检验）

特　征	均值（方差）或比例	
分　组	有老人和孩子的家庭	其他家庭
河流生态恢复的支付意愿/元	33.89（3.82）	29.51（1.46）
环境意识与环境评价		
对水体现状满意的比例/%	17.43	18.05
居民与水体的关系		
到河边休闲的频率大于一个月两次的样本比例/%	35.78	37.89
居民与水体的关系		
每日经过河流的样本的比例/%	72.48	75.04
步行到河流的样本比例/%	82.57	86.77
在沿河区域居住的时间 *** /年	14.86（1.75）	10.16（0.54）
社会经济状况		
低收入家庭的比例/%	40.37	41.35
高等教育的样本比例 ** /%	22.02	32.63

（　）内为方差

结果显示：有老人和孩子的家庭的支付意愿比对照家庭均值高，但是在统计上不显著；对环境满意情况在组间无显著差异；在河流附近区域的居住期在家庭结构分组间有显著性差异，有老人和孩子的家庭居住时间显著比对照家庭时间长；通过高等教育的比例在组间呈显著差异，有老人和孩子的家庭的受调查者受高等教育的比例显著低于对照组；收入情况在组间无显著差异；到河边休闲的频率、步行到河流的比例在组间无显著差异。

4.6.5 基本模型及变量说明

本节将运用线性回归模型实证分析人口（家庭）结构与支付意愿的关系。已有研究表明，个体的支付意愿是受家庭结构、经济因素、个体与河流的关系等因素的共同作用。基本模型如下：

WTP = F（家庭人口结构，经济变量，居民与河流的关系）

本节重点研究有老人和孩子的家庭对水体改善支付意愿与其他家庭的差异。模型变量中设置了有无老人、有无儿童以及老人与儿童的交叉项。控制变量主要是两大类，一类是家庭经济因素，参考相关文献，设置家庭收入、受教育程度、居住期 3 个变量；另一类是人与水体之间关系的变量，如是否经过河流、到河边休闲的频率以及到达河流的交通方式。由于支付意愿是以家庭为单位，性别未纳入方程。变量定义见表 4-15。

表 4-15 解释变量定义

解释变量	符号	变量定义和单位
去河边休闲的频率	Freq	虚拟变量，每天去=1，其他=0
对水体现状的满意程度	Satis	虚拟变量，满意与非常满意=1，其他=0
日常经过河流的情况	Passby	虚拟变量，经过=1；其他=0
是否步行到河边	Walk	虚拟变量，步行=1，其他=0
低收入组	Income_ 1	虚拟变量，收入在3000以上=1，其他=0
高收入组	Income_ 2	虚拟变量，收入在7000以上=1，其他=0
受教育程度	Educ	虚拟变量，大专以上教育=1，其他=0
居住期/年	Year	连续变量，居民在沿河区域的居住期
家庭有老人	Old	虚拟变量，家中有老人=1，其他=0
家庭有儿童	Child	虚拟变量，家中有儿童=1，其他=0

4.6.6 回归结果分析

对数据 OLS 回归，结果见表 4-16。从表 4-16 中可以看到，家庭结构变量中有老人，有儿童，同时有儿童和老人对支付意愿的影响显著；经济因素中未受高等教育和低收入组对支付意愿影响显著，高收入组和房产对支付意愿影响不显著；个体与河流关系中每日经过河流和居住年限对支付意愿影响显著；对河流感知，住房可看到河流，到河边休息的频率，到河边散步对支付意愿影响不显著。

表 4-16 回归结果

项　目	WTP	系　数	标准差
家庭结构	Old	−7.745 **	(3.629)
	Child	−7.962 **	(3.456)
	Child * old	19.45 ***	(5.685)
社会经济因素	Edunum	18.72 ***	(3.209)
	Income_ 1	−9.682 ***	(2.996)
	Income_ 2	4.695	(3.907)
个体与河流关系	Satis	4.224	(3.421)
	Passby	10.66 ***	(3.074)
	Freq	−1.790	(2.883)
	Walk	0.749	(3.957)
	Year	−0.259 ***	(0.0966)
Constant		24.21 ***	(5.043)
Observations		727	—
R-squared		0.150	—

回归结果显示仅有老人的家庭和仅有儿童的家庭显著，但符号为负。这表明在一个家庭中老人和儿童的加入会影响到家庭对社区河流治理的支付意愿，即不愿意为了高质量的休闲环境支付费用。而儿童与老人的交叉项回归结果显著，且符号为正，即既有老人又有孩子的家庭不仅对社区河流的休闲需求比较高，且对于高质量的环境有较强的支付意愿。一个可能的解释是，在河边逗留的时间长短，而这恰巧是最能影响支付意愿的因素。在经济发达的城市，社会竞争激烈，中青年的工作时间普遍加长，休闲的时间成本高昂，陪伴老人或孩子在社区河流休闲逗留的时间较短，对水环境质量的敏感度降低，因此表现为对水环境的治理支付意愿不高。而有老人和孩子的家庭，老人有了孩子的相伴，在河边休闲嬉戏的时间比较充裕，逗留的时间比较长，从而更关注水体的质量。并且有老人的家庭，老人对家务的分担使得中青年人的时间相对宽裕，也将延长中青年在河流区域休闲的时间。

104

月收入低于 3000 元的家庭相对其他较高收入组支付意愿明显较低，符合经济理论预期；大专以上教育背景的居民的支付意愿比较低教育背景的家庭支付意愿明显较高，结果与已发表的文献结果相符（张翼飞，2008）。

结果显示，每日经过河流的居民支付意愿比不经过的居民显著高。说明居民对与生活联系紧密的物品重视程度较高。居住时间变量显著，居住时间长的居民倾向于少支付。去河边的频率、是否步行以及对河流的感知等变量不显著。对河流水环境现状不满意的居民与满意的居民其支付意愿没有显著性差异。调查中很多居民对河流现状表现出极大的不满，尤其是一些老年居民，他们以前就生活在当地，回忆起小时候河流中嬉戏等情景，他们认为恶劣的水环境是由于周边开设的一些商店和企业的排污造成，并认为政府在河流治理环节没有给予足够的重视和关注，才导致河流的污染现状。因此，虽然他们表现出极大的不满，但他们中的大部分人认为应该由政府承担河流清理和整治的费用，而不应该是个人承担，因此在支付意愿上没有明显的变化。

4.6.7　小结

本节对竞争激烈、生活成本和时间成本高昂的大城市"4-2-1"家庭对社区水环境等公共物品的消费需求和改善的支付意愿开展了研究，调查了杭州市蚕花巷河流周围居民家庭对社区河流生态恢复的支付意愿。在 829 份有效问卷数据分析基础上，实证研究结果表明，仅有孩子或老人的家庭支付意愿低于对照组，而同时有儿童和老人的家庭其支付意愿明显高于其对照组其他家庭，显示出这类家庭对社区河流的偏好高于其他家庭。可能的解释是，这类家庭由于老人和孩子相伴，使得在河流边休闲的时间较长，从而更关心河流环境质量。其他控制变量中低收入组比对照组支付意愿明显低，受到高等教育的居民家庭比对照组支付意愿明显高，每日经过河流的居民家庭支付意愿明显增加，在河边居住越长的家庭支付意愿明显降低；到河边的交通方式、休闲频率及对水体现状的满意度等变量不显著。

本节结果揭示了作为我国特殊基本国策的计划生育制度造成的特有家庭结构对河流支付意愿的影响，进一步验证了 CVM 在我国应用的特殊性。

4.7　支付意愿与有效需求的偏离分析

CVM 的产生起源于生态服务的外部性造成需求信息难以在传统市场上获得，CVM 利用假想市场调查居民对景观水体提供的生态服务支付意愿，目的是得到传统市场无法揭示的需求信息，从而实现有效供给。

支付意愿是指人们为了获得他们认为值得的结果而愿意支付的最大货币量，或是当人们为了避免他们不希望的结果而愿意支付的最大货币量（Mitchell，1989）。支付意愿来自一个基本的经济学命题，即个人偏好满意度产生个人福利。经济学家将该前提视为一种约定，大部分经济学理论都基于该假定。用支付意愿来表征消费者的有效需求暗含两个基本假设：①个人的有效需求与其支付意愿是相等的；②社会的总需求等于个人需求之和。消费者对私人物品的支付意愿可表征其需求强度，个人支付意愿的加总可代表社会整体需求。在完全竞争市场对称信息假定下，个人对于私人物品的支付意愿与其有效需求相等，私人物品的需求总量等于所有消费者的需求之和。此时支付意愿是获取有效需求的完美途径。在传统市场中，价格、支付意愿与有效需求三者往往表现为等价。

然而，从前面结果可以看出，CVM 调查中获得的居民对生态服务的支付意愿除受经济理论一般预期的因素如收入、生态环境对居民生活的重要程度（与其他商品的替代关系）影响外，同时又受我国或区域特有其他因素的显著影响，如经济转型阶段的收入差距加速、户籍变量所代表的我国特有的城乡二元结构、计划生育政策带来的特殊家庭结构、地区发展差距、对居住时间所代表的我国近二十年经济发展和环境恶化的路径以及对政府相关管理部门的信任程度等。

那么问题的关键是，通过 CVM 调查的对公共物品的个体支付意愿是否是个体需求强度的良好表征？

结合我国收入差距、城乡二元结构、环境供给与管理模式、环境历史成因的四个社会经济变量分析四个方面的问题。

1）收入差距对支付意愿的影响。计量结果中收入二次项系数为负，表明收入越高，支付意愿增加的边际效应降低。到达一定收入水平后，收入影响为负，表明在城市经济总量一定情况下，收入差距的加大会降低居民对生态服务的支付意愿。

2）户籍因素对支付意愿的影响。户籍变量的系数反映在其他条件不变情况下，非户籍人口比户籍人口支付意愿低。户籍与收入的交互项系数显著为负，显示随着收入增加，户籍因素造成的差异在缩小。回归结果表明户籍制度对非户籍人口带来的歧视与不确定性扭曲了这部分人群对公共物品的真实需求，表现为支付意愿偏低。城乡二元结构与当前我国面临的高度城市化进程使城市生态环境的需求与供给面临特殊的挑战。

3）环境公共物品管理模式与供给机制对支付意愿的影响。CVM 应用与所研究区域公共财政的支出与管理、环境物品的供给模式、环境部门的管理模式紧密相关。采用对政府相关部门的信任程度为代理变量，系数为负，说明随着信任程度降低，支付意愿降低。这表明居民对生态环境的有效需求因受政治体制等相关因素影响而表现为支付意愿相对有效需求偏低。在调查中出现高学历、高收入的居民因对环保部门的不信任而表现为较低的支付意愿，甚至不愿支付的现象印证了计量结果。

4）环境问题历史成因对支付意愿的影响。居民在河边居住年数变量作为代理变量，系数为负，说明老居民支付意愿低，这与实际调查相符。由于中国城市的水体污染大多是由于工业企业而不是居民的大量排污造成，老居民目睹了河流从清澈到污染的退化，他们认为应由政府和排污单位负责治理，因此造成支付意愿的低估。

根据 CVM 实证数据的计量分析结果可以得出如下结论，CVM 研究获知的个体支付意愿尽管作为个体需求强度的代理变量，但特殊的社会因素导致支付意愿的表达扭曲，不能完全反映个体的真实需求强度。若在环境公共政策中直接采用个体支付意愿的数据，将造成系统的偏差，影响决策的科学性，违背采用 CVM 研究的初衷。只有经过系统纠偏后的数据才能应用于生态服务的有效供给决策。

4.8　本章小结

107

本章基于对研究对象（河流生态服务）的自然属性、公共物品的特性和所处区域的社会经济特征的充分理论分析，借鉴国内外研究成果，进行了河流生态服务支付意愿的影响因素研究，在分析一般影响因素基础上，围绕我国户籍制度和计划生育制度做了专题探讨。

结果表明，影响私人物品需求的因素同样影响城市生态环境的需求，如收入、生态环境对居民生活的重要程度（与其他商品的替代关系）。同时，环境公共物品的需求又受我国和研究区域其他特殊的因素影响，随收入提高，支付意愿增加，而收入的差距加大，总支付意愿降低。

户籍制度作为我国人口管理的特殊制度安排，使得人口与地理区域紧密相连，是反映我国与西方国家特殊社会结构的重要指标；同时由于自然条件的差异、不均衡发展战略的政策倾斜，使得城乡之间、地区之间的经济水平差距加大，尤其对于研究区域，这一点尤为突出。大城市的集聚效应，使得人口突破户籍的束缚，向都市汇集。在调查的样本中，非户籍人口约占四分之一，包括常住人口和流动人口，他们对于城市生态环境的需求显示出与当地人口的显著差异。

计划生育政策对我国人口及家庭结构造成了显著影响，以家庭为单位核算的支付意愿因家庭结构的不同呈现差异，研究结果显示，家庭中有老人和孩子同住的"4-2-1"家庭支付意愿高于对照组；教育水平、家庭人口数、对政府信任程度、生态环境对居民生活的重要程度与支付意愿显著正相关。

　　本研究结果既符合消费理论的一般预期，也充分反映了我国转型经济阶段的社会特殊性，同时也验证了 CVM 具备一定的有效性。本章最后提出了我国经济转型阶段的社会结构、制度安排等造成了 CVM 支付意愿和真实需求之间的偏离，应用 CVM 结果应考虑这一效应。

第 5 章 零支付意愿的经济学分析

5.1 引　言

在 CVM 的案例研究中，存在一定比例的受访者不愿意支付。按经济学的一般规律解释，不愿意支付的原因主要是由于收入约束。但是，也有相当比例的零支付意愿隐藏着一些深层次的社会因素，如特定社会结构、制度安排、管理模式等，扭曲了居民的支付意愿，并非居民对生态服务的真实需求为零。显然，前者的数据是真实有效的，而后者则需加以仔细甄别分析，否则将直接影响到生态服务估值的准确性，进而危及以此为基础的生态环境经济政策制定和治理决策的科学性和有效性。

与国外研究结果相比，国内 CVM 研究中不愿意支付的比例范围较大，而且，我国零支付意愿的原因也更为复杂。我国地域广阔、自然条件多样，加上各地区发展战略的不同，决定了各地区社会条件、发展阶段、文化意识存在较大差异。根据理论预期，CVM 调研中不愿意支付的原因中必然存在我国特殊的影响因素。

在支付意愿的估计中，零支付意愿的处理直接影响结果的估计值。尽管不少学者在进行 CVM 调查中都关注了这一问题，但目前仍缺乏对该问题的专门性研究和探讨。鉴于此，本章在前期 CVM 调查基础上设计问卷，通过三个方面进行了零支付原因的专题研究。首先针对 2006 年支付卡问卷 PC2，采用经济计量的方法，揭示居民支付为零的影响因素。然后，为验证计量结果，再次设计了专门问卷 PC3 等进行居民不支付原因的调查，以验证和拓展第一部分的计量结果。最后，为揭示区域内不同城市居民支付与否的特征及原因分布，在上海市、南京市和杭州市进行了平行调查，以揭示这一问题的区域一般性和城市特殊性。

5.2　相关文献回顾

在 CVM 研究中，存在一定比例的零支付意愿，国际上较为公认的范围是 20%～35%（Green，1998）。但是在发展中国家的研究中，却呈现特殊性。在杨开忠等（2002）关于大气生态系统价值评估研究中 33.6% 的人选择了零支付意愿，其中认为应由政府和污染制造者来偿付是其主要原因。此外，在国内的调查中，零支付意愿的比例浮动比较大：梁勇等（2005）关于银川市居民对改善城市水环境支付意愿的研究中，零支付意愿只有 2.8%，远低于国际公认的范围（Green，1998）；梁爽等（2005）关于密云水库研究中零支付意愿的比例高达59%。其他的国内案例见表 5-1。由表 5-1 可见，在我国零支付意愿的比例为 2%~59%，与国外经验研究的范围相比波动性大。

　　在众多的 CVM 研究中，法国学者 Amigues 等（2002）对 Garonne 河的研究中关于零支付意愿做了相对详细的论述，认为不愿意支付的主要原因由高到低分别是：高税收，低收入；公用资源的浪费；对过去错误的赔偿；对资金使用的疑问。虽然表达方式可能不同，但是税收和收入一直是排在第一位的，与经济学的一般规律相符。因为收入限制，所以不愿对环境服务进行购买。西方发达国家对零支付意愿的研究不多，但零支付意愿的产生还是较符合经济规律的，因而在 CVM 结果的估计中是有效的。表 5-1 总结的我国 CVM 调查中零支付意愿的原因主要有：收入约束、应由政府负责、认为环境变化对自己影响小、认为生态保护的受益人不是自己、担心款项不能用到实处、对支付意愿调查不感兴趣、认为生态恢复达不到预期效果、抗议性回答等。

表 5-1　国内 CVM 研究案例中零支付意愿的原因分析

研究对象	作者及发表时间	零支付意愿比例/%	原因分析
额济纳旗生态系统恢复的总经济价值评估	徐中民等（2002）	7.99	47 人收入低，但有人愿意以其他方式代替出钱；5 人抗议性回答；2 人认为生态环境恢复不能取得期望效应；2 人对生态环境问题不感兴趣；1 人认为当前的环境状况变化对其生活影响很小
额济纳旗生态系统服务恢复价值评估方法的比较与应用	徐中民等（2003）	二分式 7.43 开放式 5.73	21 人家庭收入低；9 人抗议性支付（生态恢复是政府的事，而且得不到期望效益）；2 人对生态环境问题不感兴趣；2 人认为环境状况变化对自己影响很小
黑河流域张掖市生态系统服务恢复价值评估研究——连续型和离散型条件价值评估方法的比较应用	张志强等（2004）	9.83	19 人家庭收入低；8 人认为生态恢复计划是政府的事，而且得不到期望效益；5 人认为环境变化对自己的影响较小；3 人不感兴趣
城市河流生态系统服务的 CVM 估值及其偏差分析	杨凯和赵军（2005）	34.32	支付能力不足 57.76%；未正确理解问卷尤其是核心估价问题的目的 19.88%；支付意愿明显高于其收入水平 11.80%

续表

研究对象	作者及发表时间	零支付意愿比例/%	原因分析
黑河流域张掖地区生态系统服务恢复的条件价值评估	张志强等（2004）	12.91	61 人家庭收入低；22 人属抗议性，其中 16 人认为应由国家出资而不应由个人和家庭掏钱；1 人对生态恢复不感兴趣；1 人对这种支付意愿调查不感兴趣
关于意愿调查价值评估法在我国环境领域应用的可行性探讨——以北京市居民支付意愿研究为例	杨开忠等（2002）	33.6	应由政府和污染制造者来偿付
上海城市内河生态系统服务的条件价值评估	赵军等（2004）	23	无收入或收入较低，家庭经济负担重；抗议性回答；认为整治环境的投资应由政府出资（反映了被调查者的免费搭车心理）
城市水源地农户环境保护支付意愿及其影响因素分析——以首都水源地密云为例	梁爽等（2005）	59	农户家庭收入水平低；人均耕地和林地面积小；农户环境保护意识不强
改善北京市大气环境质量中居民支付意愿的影响因素分析	李莹等（2002）	33.6	32.8%认为应由政府部门支付；29%样本认为应由造成污染的单位和个人支付；23.9%样本收入偏低无法支付；10.2%样本认为北京大气污染问题不严重；4.1%样本认为是其他原因
空气污染损害价值的 WTP、WTA 对比研究	李金平等（2006）	42.2	58.1%样本认为由污染者承担；43.4%样本认为应由政府承担；35.9%样本收入低（可多选）
条件价值法在澳门固体废弃物管理经济价值评估中的比较研究	金建君和王志石（2006）	19.44	31 人为家庭经济拮据，另外 18 人为抗议性支付（11 人认为固体废弃物管理的费用应由政府承担，7 人喜欢现有的固体废弃物管理方案）
辽东地区公益林保护的公众支付意愿调查及影响因素分析	李喜霞和吕杰（2006）	32.0	59%受污家庭收入低，因而无法支付；13%样本认为应该由政府承担；10%样本认为自己没有感到受益，与自己无关；5%样本由于担心补偿款项不能被用到实处而不愿支付为；3%样本认为自己是森林资源的建设者，应由城里人出钱

研究对象	作者及发表时间	零支付意愿比例/%	原因分析
敦煌旅游资源非使用价值评估	郭剑英和王乃昂（2005）	32.38	25.9%样本认为自己的收入水平低；4.4%样本认为自己对敦煌市旅游资源保护不感兴趣；3.2%样本认为自己不想再享用敦煌市旅游资源；37.3%样本认为此种支付应由国家或旅游企业出资；7.6%的人对此种支付意愿调查不感兴趣；21.5%的人选择其他原因，主要包括门票价格太贵或认为此支付应包含在门票中

可见，在我国零支付意愿的比例较大，原因多样。而在支付意愿的估计中，零支付意愿的处理将直接影响结果的估计值。因此，需要辨别哪些样本是由于收入约束导致，哪些只是特定社会结构、制度安排、管理模式的产物，并非真实表达了对生态服务的需求为零。

5.3　上海市内河 CVM 问卷中零支付意愿的经济分析

5.3.1　数据来源及描述性统计

本节数据来源是 PC2，样本数 496，其中零支付意愿比例为 26.0%。为获得对样本中零支付意愿样本特征的总体了解，对收入、教育、沿河居住期、户籍、性别和对政府信任程度按支付与不支付分类比较，以了解在这些主要指标间的差异。比较结果见表 5-2 ~ 表 5-5。从表 5-2 ~ 表 5-5 可以得出对不愿意支付的样本的粗略特征。

1）相比愿意支付的样本，零支付意愿的样本人群从平均值和中位数看都呈现收入低、教育程度低、居住年限长等特征，与前期计量分析的结果相符。

2）户籍分组中，零支付意愿的样本人群中非户籍比例高于愿意支付的样本，支付意愿为正的样本则相反。性别分组中，不愿意支付的样本中男性比例大于女性，支付意愿为正组中比例相近，反映女性比男性更倾向于支付。

3）按对政府相关管理部门的信任程度分组，不愿意支付样本中信任政府的比例低于愿意支付的样本，不信任的比例则相反。这反映了对政府的信任程度降低可能是导致零支付意愿的因素之一。

4）愿意支付的样本中，认为水体生态恢复对生活有显著提高的比例高于零支付意愿的样本;认为对生活没有提高的比例低于零支付意愿的样本。这反映了居民的环境意识、环境物品的消费比重可能是导致零支付意愿的因素之一。

表 5-2　PC2 调查样本特征统计表一

支付意愿	收入/元		教育程度/年		沿河居住时间/年	
	均　值	中位数	均　值	中位数	均　值	中位数
WTP=0	4 862	3 000	12	12	15	7
WTP=1	5 000	6 530	16	14	12	8
总　体	5 000	6 093	13	12	13	8

表 5-3　PC2 调查样本特征统计表二

支付意愿	户　籍				性　别			
	上海市户籍		非上海市户籍		男　性		女　性	
	样本数	比例/%	样本数	比例/%	样本数	比例/%	样本数	比例/%
WTP=0	67	67.44	42	32.56	75	58.14	54	41.86
WTP=1	295	80.38	72	19.62	179	48.77	188	51.23

表 5-4　PC2 调查样本特征统计表三

支付意愿	对环境保护相关管理的信任程度					
	信　任		一　般		不信任	
	样本数	比例/%	样本数	比例/%	样本数	比例/%
WTP=0	29	23.02	86	68.25	11	8.73
WTP=1	175	48.21	176	48.48	12	3.31

表 5-5　PC2 调查样本特征统计表四

支付意愿	水体生态恢复对生活质量的改善程度					
	显著改善		一般改善		没有改善	
	样本数	比例/%	样本数	比例/%	样本数	比例/%
WTP=0	20	15.50	76	58.91	33	25.58
WTP=1	94	25.61	255	69.48	18	4.90

5.3.2　基本模型及变量说明

利用 CVM 调查 PC2 数据,实证分析可能导致零支付意愿的影响因素。

在 PC2 中有 26.0% 的零支付意愿，为充分考虑样本信息，用二值响应的 Logit 概率模型进行回归分析。式（5-1）表示支付意愿为正的概率，式（5-2）表示 Logit 模型假定支付意愿为正的概率与零支付意愿的概率的比率的对数（对数—机会比率）与回归元 x_i 有线性关系。

$$P_i = E(\text{WTP} > 0 \mid x_i) = \frac{1}{1 + e^{-(\beta_1 + \beta_2 x_i)}} \tag{5-1}$$

$$\log\left(\frac{P_i}{1 - P_i}\right) = \beta_1 + \beta_2 x_i \tag{5-2}$$

式中，$\dfrac{P_i}{1-P_i}$ 是支付意愿为正的机会比率（odds ratio）；β_1，β_2 为回归系数。以被访者的社会经济信息变量为解释变量，进行回归分析。回归方程为

$$\log(P/(1-P)) = \beta_0 + \beta_1 \text{Income} + \beta_2 \text{Inc2} + \beta_3 \text{Educ} + \beta_4 \text{Year} + \beta_5 \text{Gender}$$
$$+ \delta_1 \text{Huji} + \delta_2 \text{Huji} \times \text{Income} + \xi_1 \text{Cogo}\_2 + \xi_2 \text{Cogo}\_3 + \eta_1 \text{Livqh}\_2$$
$$+ \eta_2 \text{Livqh}\_3 + \zeta_1 \text{Freriv}\_2 + \zeta_2 \text{Freriv}\_3 + \gamma_1 \text{Sati}\_2 + \gamma_2 \text{Sati}\_3 + \mu$$

$$\tag{5-3}$$

式中，β_0 为常数项；β_i、δ_i、ξ_i、η_i、ζ_i、γ_i 为回归系数；μ 为随机扰动项。

在对支付意愿进行线性回归成果的基础上，回归元包括人口变量（家庭人口户籍）、社会经济变量（收入、教育程度、沿河居住期）、地理因素变量（距河边步行时间）、环境问题认知变量（对现状水体的满意程度、河流生态恢复是否重要、对相关环保部门的信任程度），并加入收入的平方项和收入与户籍的交互项。变量定义见表5-6。

表 5-6　PC2 问卷 Logit 模型回归结果

变量	方程（1）	方程（2）	方程（3）	方程（4）
Educ	0.099 ** (2.18)	0.098 ** (2.24)	0.094 ** (2.34)	0.108 ** (2.61)
Income	0.158 * (1.84)	0.153 * (1.81)	0.165 ** (2.19)	0.128 * (1.68)
Inc2	−0.002 (−1.45)	−0.002 (−1.46)	−0.003 (−1.92)	−0.002 (−1.41)
Huji	1.000 * (1.95)	1.149 ** (2.32)	1.196 *** (2.66)	1.063 ** (2.35)
Huji×income	−0.085 (−0.98)	−0.092 (−1.08)	−0.077 (−1.01)	−0.070 (−0.94)
Year	−0.016 * (−1.77)	−0.014 * (−1.69)	−0.014 * (−1.72)	0.311 ** (2.29)
Famn	0.258 * (1.74)	0.264 * (1.86)		−0.014 * (−1.75)
Cogo2	−0.886 *** (−3.23)	−1.011 *** (−3.8)	−1.109 *** (−4.35)	−1.102 *** (−4.31)
Cogo3	−1.462 *** (−2.69)	−1.513 *** (−2.86)	−1.437 *** (−2.86)	−1.438 *** (−2.83)
livqh2	−0.332 (−1.01)	−0.264 (−0.84)	—	—

续表

变量	方程（1）	方程（2）	方程（3）	方程（4）
livqh3	−2.045 *** （−4.24）	−1.963 *** （−4.44）	—	—
Miri2	0.046 （0.14）	—	—	—
Miri3	0.559 * （1.81）	—	—	—
Freriv2	−0.420 （−1.35）	—	—	—
Freriv3	−0.640 （−1.64）	—	—	—
Sati2	0.163 （0.63）	—	—	—
Sati3	−0.707 （−1.59）	—	—	—
Gender	−0.857 *** （−3.31）	−0.797 *** （−3.18）	—	—
Cons	−0.257 （−0.3）	−0.52 （−0.418）	−0.566 （−0.94）	−1.410 ** （−1.98）
观察值	475	475	474	474
R^2	0.207 4	0.180 6	0.127 4	0.117 2

（　）内为标准误差

5.3.3　支付概率的计量结果分析

从表 5-6 回归结果可以看到，4 个 Logit 概率模型方程的结果非常稳健。与上节支付意愿的回归结果非常接近，如核心变量教育、收入、户籍、对政府信任程度的系数在四个方程中都显著，并且回归系数接近。不同的是，收入平方项和交互项不显著。从方程中也可以看出如性别、家庭人口数等变量的显著性和到河边的距离、到河边休闲的频率、对水体的满意程度等变量的不显著。

1）收入的影响。四个方程的回归系数为正，在 10% 的统计水平上显著，表明收入对支付意愿为正的概率具有决定作用；二次项为负，但在统计上并不显著，显示收入在达到较高水平后，对概率的边际影响并不呈现下降趋势。

2）户籍的影响。四个方程的回归系数为正，在 5% ~ 10% 的统计水平上显著，显示与非户籍的人群相比，户籍人口倾向于支付；户籍与收入交互项在方程中的回归系数为负，但在统计上不显著，显示户籍制度带来的支付意愿概率差异并不随收入的增加而减少。

3）沿河居住年限影响。该变量在方程中系数为负，在 5% ~ 10% 的统计水平上显著，表明老居民不愿意支付，这与上文对支付意愿的回归结果相同，也与实际调查中的反映相符。老居民认为河流从清洁到现在的污染是政府和企业的责任，因而表现为不愿意支付。

4）对政府环境管理部门的信任程度。为分类变量，该变量在方程中系数为负，在 1% 的统计水平上显著，与上面对支付意愿的回归结果相同，说明对相关管理部门的不信任是 CVM 中零支付意愿的主要因素。

5）河流生态恢复对居民生活的重要程度。为分组变量，按重要、不太重要和不重要分 3 类。方程回归结果显示，以第一组为基准组，第二组与第三组的回归系数都为负，第二组的系数在统计上不显著，第三组在 1% 的统计水平上显著，说明随环境物品在居民效用函数中比重下降，居民零支付意愿的概率增加。

6）到河边的距离、到河边休闲的频率、对水体的满意程度三个指标在方程中的系数为负，但在统计水平上不显著，与前文对支付意愿的回归结果相同。这在一定程度上说明生态服务的地理可及性、便利性并不是零支付意愿的主要原因。

7）家庭因素。①教育水平的影响，回归系数为正，四个方程中一直保持 5% 的显著水平；②家庭人口影响，家庭人口数在 10% 的统计水平上正相关，与预期相符；③性别差异，性别在 1% 的统计水平上差异显著，与女性相比，男性 WTP=0 的概率高。

5.4 上海市内河 CVM 零支付意愿原因分布的调查研究

前一节应用 PC2 调查数据建立了计量模型分析支付意愿为正概率的影响因素，回归结果得到与一般经济理论预期和我国特殊性质一致的影响因素，如收入水平、户籍因素、居住年限、对政府的信任程度等是影响居民支付意愿为正的概率的主要变量。为了进一步验证回归结果，2006 年 12 月开始了第二阶段的 CVM（PC3-1、PC3-2、PC3-3、PC3-4）调查，此阶段的研究目的除了验证"问卷内容依赖性"（第 6 章阐述）外，还有揭示居民零支付意愿原因的分布。故根据问卷内容的相似性，将 PC3-1、PC3-2、PC3-4 问卷组合构成 PC3。

5.4.1 问卷设计

2006 年 12 月份的调查 PC3 在第一阶段以 PC0 ~ PC2 调查为基础，有针对性地对不愿意支付的原因进行调查是该阶段的主要设计目的之一。两阶段的问卷设计上基本相同。

两个阶段问卷核心问题：

为支持市政府对漕河泾水体历时 3 年的生态改造，实现世界博览会前水质达到景观水体Ⅳ类标准，您是否愿意每月出一部分治理费用支持该计划？

　　□愿意　　□不愿意

　　如果您愿意支付，以家庭为单位，未来3年内您愿意每月支付的金额为多少？（元）

　　□1　□3　□5　□10　□20　□30　□40　□50　□75　□100　□150　□200　□300　□其他_____。

第二阶段相对于第一阶段增加了几项内容，如"您不愿意支付的原因"：

　　您不愿意支付的原因是：

　　1 收入低，无能力支付其他费用

　　2 水体生态环境的质量对我的生活影响很小

　　3 水体生态环境的退化是由于企业排污导致，应该责任者承担治理费用

　　4 水体生态环境的治理属于公共服务，应由政府提供

　　5 对我国现行体制下治理环境没有信心

　　6 我不是上海户籍，不稳定的生活状态使我不愿意为水体生态环境的治理付费

　　7 其他。

　　第一阶段的调查是以开放方式询问居民不愿意支付的原因，在第一阶段的调查基础上和前文回归结果分析基础上制定了第二阶段问卷中的原因选项，其设计目的是：①验证收入因素是零支付意愿的主要影响因素；②验证环境意识与环境认知程度是否是零支付意愿的主要影响因素之一；③间接验证上文分析结果中的"老居民由于见证了河流污染的历史，认为主要原因是企业排污、政府管理不作为，从而不愿意支付"；④检验回归变量"对政府的信任程度"的影响；⑤验证户籍的影响。

　　PC1、PC2、PC3 问卷调查信息和零支付意愿的分布如下表 5-7 所示。

表 5-7　PC1、PC2 和 PC3 问卷调查信息

调查阶段	调查编号	调查时间	样本数	零支付意愿比例/%
第一阶段	PC1	2006 年 3 月	426	27.80
	PC2	2006 年 4 月	496	25.81
第二阶段	PC3	2006 年 12 月	540	44.04

第一阶段不愿支付的比例分别为26.0%和27.8%，该比例符合国际经验研究范围和国内相关文献（赵军，2005），但第二阶段不愿支付的比例约为44%，超出20%~35%的国际公认范围，造成这种结果的可能性有：

1）问卷设计问题。由于将"如果不愿意支付其原因是"这样的问题列入问卷，给被调查者造成心理暗示，即选择"不愿意支付"是合理的。因此提高了不愿支付（WTP=0）的比例。

2）调查难度及被访问者的心理。PC4的研究目的是零支付意愿的原因调查和"问卷内容依赖性"的检验，因此问卷较为复杂，调查人员的调查难度加大，被访问者的厌倦心理都可能导致零支付意愿。

5.4.2 零支付意愿原因分布

第二阶段问卷设计时将零支付意愿原因作为核心问题，其六个选项是在第一阶段（2006年4月）调查时总结归纳出的。设计时，每个选项都有一定针对性，大众接受程度比较高（表5-8）。

表5-8 PC3零支付意愿的各原因分布

选项	样本数	频率/%	累积频率/%
1	73	32.74	32.74
2	15	6.73	39.46
3	18	8.07	47.53
4	79	35.43	82.96
5	8	3.59	86.55
6	16	7.17	93.72
7	4	1.79	95.52
多选	1	4.48	100.0
合计	223	—	100.00

由表5-8和图5-1的原因分布，我们较好地检验了前一节的回归结果。

1）认为"水体生态环境的治理属于公共服务，应由政府提供"的人在总体中所占比例最大，为35.4%，加上多选的样本，共计85人，占38.1%。认为"水体生态环境的退化是由于企业排污导致，应由责任者承担治理费用"的人占8.07%，两个原因加总占样本的46.6%。

2）认为"收入低，无能力支付其他费用"的人，加上多选的样本，共计78

人，占 35.0%。

3）其他的原因分布按比重大小依次为："我不是上海户籍，不稳定的生活状态使我不愿意为水体生态环境的治理付费"、"水体生态环境的质量对我的生活影响很小"、"对我国现行体制下治理环境没有信心"。上述结果分别与上文计量结果中的户籍因素、环境改善对生活的重要程度、对政府的信任程度相印证。

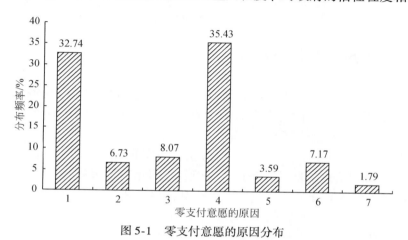

图 5-1　零支付意愿的原因分布

5.5　零支付意愿特征区域一般性和城市特殊性的研究
——基于上海、南京和杭州 3 个城市的 CVM 调查数据

为进一步探讨居民对河流生态恢复是否支付的特性及影响因素，尤其是对长三角区域内是否存在一般性和城市间的差异性进一步分析，在 2010 年 6 ~10 月，开展了上海市、南京市和杭州市的平行调查。研究水体为上海市漕河泾、南京市秦淮河内河支流和杭州市蚕花巷河，问卷内容详见 4.5 节和 10.3 节。

5.5.1　问卷设计及调查

问卷主体包括四部分内容：①揭示居民与被评估水体间相互关系的问题，如"您每日经过漕河泾吗"、"您和您的家人去河边休闲活动的频率如何"、"你和家人是步行去河边吗"和"您及家人在该河流区域居住了多长时间"等问题；②揭示居民对水体环境状态的感知和环境意识等主观方面的问题，如"请您对现状水环境的满意程度打分，满分为 100"和"水环境修复后对您的生活水平是否有显著提高"等问题；③反映社会经济状况的问题，如家庭收入、教育程度、户籍状况和房产状况等；④居民支付与否及不支付的原因分布。

在3个城市分别进行约200份的预调查基础上开展正式调查。在研究区域内随机抽样，总发放问卷数为1380份，其中上海市发放问卷480份，南京市400份，杭州市500份。上海市、南京市和杭州市回收问卷数分别为480份、362份和443份，回收率分别为100%、90.5%和88.6%。

5.5.2　样本数据统计分析

对样本在收入和教育等社会经济指标、"步行到河边"等河流地理特征、"到河边休闲频率"等利用水体特征、对水体现状的评价和河流对生活的重要程度等环境意识与评价指标等进行统计，结果列于表5-9中。

由表5-9可见：①从社会经济状况分析，在家庭收入方面，3个城市样本家庭收入水平均值都超7000元，且比较接近；上海市有高等教育背景的样本比例最高；南京市样本拥有房屋产权的比例最高，超过80%，杭州市最低，仅略超30%，总样本中有超过50%的非户籍人口，杭州市样本中这一比例最高。②从居民对水体的评价分析，总样本平均分低于及格水平，这与河流的水环境现状相符。③从居民环境意识分析，3个城市样本都有约1/4的居民认为水体的改善可以显著提高其生活质量，而认为水体改善不重要的样本中，南京市和杭州市样本比例是上海市的2倍左右，表明上海市样本的整体环境意识较高。④从居民与河流的关系分析，有超过60%的居民经常到河边休闲并采用步行的交通方式，表明多数居民居住在河流附近且对水体相关的休闲服务有一定的需求。上海市与杭州市有约3/4的样本每日会经过评价河流，而南京市只有1/4左右，这与南京市调查区域位于市中心区有关；居民在沿河区域居住的时间平均为15年左右，其中南京市居住时间最长、杭州市较短。

表5-9　上海市、南京市和杭州市样本统计性描述

变量	描述	均值（方差）或比例			
		上海市	南京市	杭州市	总体
支付意愿	您愿为河流生态恢复支付吗?	51.88%	43.92%	38.60%	45.06%
人口学特征					
收入	家庭月收入/元	8 285（6 643）	7 727（6 626）	6 178（5 885）	7 356（6 431）
教育	大学及以上学历的比例/%	61.67	47.04	27.67	45.85

续表

变量	描述	均值（方差）或比例			
		上海市	南京市	杭州市	总体
年龄	平均年龄 /岁	38.1 (15.1)	40.8 (18.4)	36.1 (13)	38.2 (15.6)
性别	女性比例/%	48.64	52.21	52.90	51.10
房产	拥有房产的比例/%	67.71	80.11	31.60	58.75
户平均人口	每户平均人口/人	3.11	3.45	3.69	3.41
工作人口	每户有工作人口/人	1.98	2.10	2.21	2.10
户籍	拥有当地户籍比例/%	74.41	55.03	44.76	55.89
对河流水质的满意度及态度					
满意度	对河流水质的满意度（0～100分，越低越不满意）	64.67 (17.47)	43.38 (23.32)	50.97 (19.82)	53.86 (21.93)
Attitude1	认为水质改善将显著提高生活质量的比例/%	25.79	29.83	21.40	25.45
Attitude3	不认为水质改善能提高生活质量的比例/%	12.79	23.48	23.72	19.54
到河边的方式及居住地理位置					
到河边频率	每月经过河边 2 次以上的比例/%	63.33	64.09	77.20	68.33
每日到河边	每天都经过河边的比例/%	72.59	27.22	79.77	62.15
到河边方式	走路到河边的比例/%	62.92	62.15	80.81	68.87
居住时间	在河流附近居住年限/年	15.38	23.11	11.52	15.88

5.5.3　3 城市居民支付意愿为零的原因分布

在前期对上海地区研究的基础上，结合 3 城市社会经济状况和调查河流周边居民反馈的信息，重点设计调查了居民不愿意支付的原因分布（表 5-10）。其中，有 50% 的居民认为"已经支付过相关税，治理河流是政府的职责"。其次有约 25% 的居民认为"收入低"是其不愿意支付的主要原因。第三个原因是与户籍制度相关，由于一些居民没有当地户籍，因此对所居住城市包括水环境在内的公共事务不关注，这一原因在上海市的分布比例最高。第四个原因是与河流的地理可达性相关，由于居住地离河流较远、即将离开此地和很少去河流休闲，因此不愿意支付。第五个原因与居民对负责河流环境治理的相关管理部门的信任态度有关，大约5%的居民怀疑其捐助河流治理的费用是否能被确保用于河流的治理以及相关管理部门治理河流的能力。同时，有3%～7%的居民认为与前些年相比，河流环境已有显著的改善，不需要进行治理，从而表现为不愿意支付。在这一点上，杭州市样本比例最高，上海市比例最低，体现了不同城市居民对河流环境评价和感知存在一定差异。此外，在杭州市有约3%的居民由于所居住的房子不是自己的产权房，因此对周边的环境不关注，更不愿意捐款。

表5-10　不支持河流水质修复的原因分布　（单位:%）

原因	政府拨款	低收入	非户籍	住得较远	对政府不信任	不关心	河水够干净	其他
上海市	48.40	20.74	12.23	5.32	5.32	4.26	1.60	1.60
南京市	63.36	21.73	4.58	0.76	6.11	3.05	0	0.76
杭州市	47.34	22.37	8.77	7.02	4.39	7.46	1.32	0.88

5.5.4　回归结果分析

构建了3个城市的混合数据模型和3个单城市模型，根据前期上海市的研究成果和居民调查信息，主要设置社会经济变量、居民环境态度和意识、人与水体的关系等几组变量（变量定义详见表5-11）。第一组为人口和社会经济状况变量，主要包括收入、教育、年龄、家庭规模、家庭中工作人口数、房产情况与户籍状况。其中，收入是连续型数值变量；教育变量在调查时分为小学及以下、初中、三校及高中、大专及大学、研究生及以上和其他等6类，分别赋值1～6在回归分析中，根据样本结构，将大专及大学以上的教育程度赋值为1，以下为0。第二组为居民对环境现状的评价和环境意识变量。根据河流水体现状给水体打分，满分100分，分值越高，表示对水环境越满意，为连续型数值变量。环境意识的衡量是通过询问居民"水体改善后，是否能显著提高生活质量"，肯定回答代表环境物品存在于居民的效用函数中，赋值为1，否定回答赋值为0。第三组为表征居民与水体关系的变量，分别为是否每日经过河流、是否步行到河流、去河边的频率是否大于每月2次等变量。对上述问题的肯定回答赋值为1，否定为0。另一个变量是代表居民在河流附近居住的时间，为连续数值变量。第四组为城市变量，为分析在控制上述变量情况下城市间是否存在显著差异，设置代表城市的虚拟变量。

与前期研究相比，方程中增加了一些变量。近 10 年来，上海地区的房产价格涨幅近 10 倍，与工资收入相比，人们拥有的房产已经成为家庭财富的重要决定因素，故在此模型中增加了房产情况的变量；针对调查中家庭收入很难获得准确的数据，因此增加了家庭中工作人口数；与西方相比，我国消费单位主体是家庭，而不是个人，因此增加家庭人口数作为控制变量；居民对河流环境的感知和评价是决定其是否支付的重要因素，因此增加对河流现状的评分。

分析结果见表 5-11。在 3 个城市的混合模型中，户籍状况、每日经过河流、步行至河边、环境评价和感知、环境意识等变量显著影响居民支付的概率，并且影响方向符合预期。这表明，收入越低、年龄越高、家庭规模越大、家庭中工作人数越小、对河流环境状况越不满意、环境意识越差、非步行方式的居民支付意愿为零的概率越高。而教育、性别、房产属性和去河边的频率等变量不显著。代表杭州市的虚拟变量影响显著，符号为负，表明与南京市样本相比，杭州市居民不愿意支付。

各变量在 3 个城市间既存在共同特征，也存在差异。收入变量在南京市和杭州市样本中显著，但是在上海市不显著。从统计数据可知，2010 年上海市平均年收入高于其他两个城市，因此可能的解释是随着收入的提高，环境物品及服务从奢侈品向必需品转变，因此表现为在收入较高的城市，收入对环境物品支付意愿的影响不再显著。

户籍变量在上海方程中显著，非户籍居民支付的概率低，这与前期研究结果相符。而在其他两城市方程中不显著。户籍与教育的交叉项在样本中显著，符号为正，显示非户籍但是具有大专以上学历的居民比教育程度为大专以下的居民更倾向于支付，显示出受教育程度在环境问题中的重要作用。房产属性变量在杭州市样本中显著，符号为正，拥有自住房产的居民更倾向于支付，而在其他两个城市不显著。户籍与房产的交互项在杭州市样本中显著，符号为负，显示在拥有房产的样本中，没有户籍的居民比对照组支付的概率低。

表征与河流的地理关系的变量，如是否每日经过河流在上海市样本中显著，是否步行到河流在上海市和南京市样本中影响显著，符号为正。这表明与河流接触紧密、了解河流状况的居民支付概率高，与前期研究结果相符。而在杭州市样本中影响不显著，解释是杭州市样本中 80% 居民都居住在河边，样本在此特征上差异过小，从而使结果不显著。

表 5-11　3 城市 Logit 模型分析结果

变量	描述	三城市混合 系数	三城市混合 标准偏差	上海市 系数	上海市 标准偏差	南京市 系数	南京市 标准偏差	杭州市 系数	杭州市 标准偏差
Support	虚拟变量,支持水环境治理=1,否则=0								
Log (income)	每户家庭年收入	0.473***	0.113	0.227	-0.206	0.848***	-0.232	0.444**	-0.191
Educ	虚拟变量,大学及以上学历=1,其他=0	0.160	0.161	0.322	-0.371	0.028 2	-0.44	0.247	-0.329
Age	年龄	-0.011 7**	0.005 71	-0.030 3***	-0.011	-0.009	-0.011	0.003 1	-0.01
Gender	虚拟变量,女性=1,男性=0	-0.135	0.135	-0.452*	-0.25	0.040 7	-0.277	-0.043	-0.216
H_size	每户人数	-0.117*	0.069 7	0.026 4	-0.151	-0.037	-0.135	-0.265**	-0.109
N-worker	每户拥有工作的人数	0.167*	0.087 6	0.407**	-0.195	0.071 7	-0.188	0.055 4	-0.136
Property	虚拟变量,拥有房产=1,其他=0	0.141	0.176	0.368	-0.458	-0.39	-0.524	0.828**	-0.394
Huji	虚拟变量,非当地户籍居民=1,其他=0	-0.347**	0.156	-1.267*	-0.739	-0.438	-0.845	0.454	-0.41
Satifaction	对水质量的满意度（0~100分,高分表示满意）	0.007 88**	0.003 41	0.020 0***	-0.007	-0.000 7	0.006 46	0.010 3*	-0.006
Attitude	虚拟变量,水质恢复提高生活质量=1,其他=0	0.834***	0.159	1.337***	-0.325	0.899***	-0.297	0.546**	-0.261
Passing	虚拟变量,每天都经过河边=1,其他=0	0.598***	0.156	0.816***	-0.311	1.051***	-0.362	0.255	-0.275
Visiting	虚拟变量,每月经过河边2次以上=1,其他=0	-0.022	0.16	0.007	-0.296	-0.123	-0.321	-0.159	-0.284
Access	虚拟变量,走路到河边=1,其他=0	0.441***	0.166	0.698**	-0.29	0.847**	-0.354	-0.062	-0.306
Duration	虚拟变量,河边居住10年以上=1,其他=0	0.0231	0.153	0.096 5	-0.278	0.329	-0.312	-0.275	-0.256
Huji×Edu	户籍与教育的交互项	—	—	1.280*	-0.698	0.282	-0.617	-0.529	0.434
Huji×Property	户籍与房产的交互项	—	—	-0.593	-0.708	-0.079	-0.772	-0.880*	-0.514
Shanghai	虚拟变量,若为上海=1,否则=0	0.12	0.195	—		—		—	
Hangzhou	虚拟变量,若为杭州=1,否则=0	-0.447**	0.201	—		—		—	
Constant		-4.874***	1.044	-4.137**	-1.901	-8.041***	-1.875	-4.548***	-1.642
Observations				354		284		406	

在杭州市和上海市样本中，对河流环境现状评分越高的居民支付概率越高，在南京市样本中不显著。这与面访中的情况相符。居民对评估河流的评分在上海市、杭州市和南京市中分别为65、51和43，显示居民普遍对河流现状不满。尤其在南京市，较低的评分与居民对河流不可能被治理好的认识有关。而在上海市和杭州市，尽管对河流现状不是很满意，但是与前些年相比，已经有了明显改善，因此居民普遍对河流进一步的改善抱有信心。

其他变量，如年龄、性别、家庭中工作人口数在上海市样本方程中显著，显示出年龄越大、家庭中女性及工作人口数越多的居民支付的概率越低。其他城市上述变量不显著。家庭规模变量在杭州市样本中显著，家庭人口数越多，支付概率越低。

5.6 居民支付与否的跨时比较

使用2006年和2010年上海市的调查数据，进行纵向比较，以检验居民支付与否的特征与原因随着时间变化是否呈现稳定性。

5.6.1 两样本特征描述及比较

为了解两个样本的总体特征，对家庭人口数、教育、对河流现状的满意程度、户籍、性别按支付与不支付进行了分类比较，结果列于表5-12中。从表5-12可以得出零支付意愿样本的粗略特征。

1）相比愿意支付的样本，零支付意愿样本人群其平均值和中位数都呈现家庭工作总人口少、教育程度低等特征。

2）零支付意愿的样本中非户籍比例高于愿意支付的样本中的比例，支付意愿为正的样本则相反；性别分组中，零支付意愿的样本组中女性比例较大，支付意愿为正的样本组中男性比例较大，反映男性比女性更倾向于支付。

3）对河流现状评分中，零支付意愿样本中评分的均值和中位数都低于愿意支付的样本，反映居民对河流现状不满意可能是导致其零支付意愿的因素之一。

表 5-12　调查样本特征统计

	家庭工作人口数/人		高等教育比例/%	对河流现状评分/分	
	均值	中位数	均值	均值	中位数
WTP=0	1.81	2	74.0	63.42	65
WTP=1	2.13	2	84.0	65.80	70

	户　籍				性　别			
	上海户籍		非上海户籍		男性		女性	
	样本数	比例/%	样本数	比例/%	样本数	比例/%	样本数	比例/%
WTP=0	158	71.2	64	28.8	106	45.9	125	54.1
WTP=1	191	77.3	56	22.7	140	56.5	108	43.5

5.6.2　基本模型及变量说明

　　利用 CVM 调查数据，运用二值响应的 Logit 概率模型可实证分析可能影响零支付意愿的影响因素。与 2006 年研究中设定模型相比，当前模型变量的设置做了如下改进：收入的调查一直是问卷调查中存在偏差较大的变量，鉴于此，以家庭中工作人口数做替代；近 10 年来，上海地区的房产价格涨幅近 10 倍，与工资收入相比，人们拥有的房产已经成为家庭财富的重要决定因素，故在此模型中新增加房产情况的变量；与河边的距离和到河边休闲的交通便利是影响居民生态服务消费特性的重要因素，故增加是否步行到达河边的虚拟变量。变量定义见表5-13。

表 5-13　解释变量定义

解释变量	符　号	变量定义和单位
		2010 年模型中的变量
家庭中工作人口数/人	Workn	连续变量，家庭工作人口数
教　育	Educ	虚拟变量，大专以上教育=1，其他=0
户　籍	Huji	虚拟变量，上海户籍=1；非上海户籍=0
居住期/年	Year	连续变量，居民在沿河区域的居住期
家庭人口数/人	Famn	连续变量，家庭人口数
到河边的交通方式	Walk	虚拟变量，步行=1，其他=0
去河边休闲的频率	Freriv	虚拟变量，一个月去 2 次以上=1，其他=0

续表

解释变量	符　号	变量定义和单位
性　别	Gender	虚拟变量，男性=1，女性=0
在职情况	Work	虚拟变量，在职=1，不在职=0
对水体现状满意度打分	Score	连续变量，1~100 分
所住房屋的产权情况	House	虚拟变量，拥有产权=1，其他=0
2006 模型中变量		
收入/元	Income	连续变量，每户月收入
教　育	Educ	虚拟变量，高等教育及以上=1，其他=0
居民对河流生态恢复改善生活的重要程度认识	Live	有序变量，共分三个等级：重要——live1；一般——live2；不重要——live3
居民步行到河边用时	Minute	虚拟变量，10min 及以下=1，其他=0
对水体环境现状的满意度	Sati	有序变量，分三个等级：满意和基本满意——Sati1；有些不满意——Sati2；非常不满意——Sati3
去河边休闲的频率	Freriv	虚拟变量，经常去=1，其他=0

5.6.3　实证结果分析

对数据进行回归分析，结果见表 5-14。2010 年 Logit 概率模型分析显示，代表收入的家庭人口数、是否受过高等教育、年龄、户籍状况、对河流现状的评分、步行到河边时间、水体改善对生活水平的提高等显著，房屋的产权情况、居住年数、家庭人口数、去河边的频率等不显著。

表 5-14　Logit 模型回归结果

变　量	2010 模型		变　量	2006 模型	
	系　数	标准偏差		系　数	标准偏差
Workn	0.380 **	0.184	Income	0.014	0.028
Educ	0.685 **	0.321	Educ	0.849 ***	0.272
Gender	−0.388	0.246	Gender	−0.706 ***	0.246
Famn	0.011 9	0.145	Famn	0.298 **	0.140
Huji	0.620 *	0.348	Huji	0.523 *	0.292
Age	−0.023 3 **	0.011 1	Live2	−0.523	0.317

续表

变 量	2010 模型		变 量	2006 模型	
	系 数	标准偏差		系 数	标准偏差
Live	1.318 ***	0.316	Live3	−2.44 ***	0.466
Freriv	0.174	0.269	Freriv	−0.444	0.324
Walk	0.852 ***	0.279	Miniute	0.637 **	0.255
Year	0.042 4	0.270	Year	−0.016 **	0.008
Score	0.019 4 ***	0.006 96	Sati2	0.108	0.252
House	0.264	0.317	Sati3	−1.014 **	0.412
Work	0.459	0.323	—	—	—
Constant	−2.370 ***	0.902	Constant	1.124	0.598
Observations		384	Observations	479	

对回归结果的影响因素作进一步的深入分析，发现两次的研究结果均显示户籍状况、对水体满意程度、教育程度、环境意识和到河边的距离五个因素在统计上都显著，表明居民对河流生态服务的支付意愿受以上因素的稳定影响。

上海市由于其在经济发展、就业机会方面的优势，对外地人口形成强大的吸引力。据上海市第六次人口普查数据显示，外来人口已经占上海市总人口的40%。尽管上海市近年来在消除户籍因素造成的福利差异上取得了很大进展，但是自1958年实施的户籍制度，在我国社会政治、经济、文化方面的影响在短时间无论从制度上还是人们的意识中都很难消除。因此，从2006年和2010年的研究结果看，在户籍方面呈现稳定性。

2006年CVM调查数据中，对水体现状按满意程度分级。结果显示，对水体越不满意的居民其支付的概率越低。在2010年调研中，采取打分的方式调查对水体现状的满意度，结果显示，居民给出的分值越低，对现状环境越不满意，支付的概率越低，反之则越高，这与面访的信息吻合。2006～2010年，尤其是2010年世界博览会的召开，使得上海市对河流的治理和日常管理加强，改善了水体环境。一些居民认识到政府在河流治理中的成效，同时由于目前总体还存在异味、黑臭的现象，希望河流能进一步得到治理，从而表现出支付愿意。

教育和环境意识在两次调查中的显著性表明，环境物品的消费不同于市场物品，教育以及形成的环境意识是影响其需求的主要因素。到河边的距离这一反映居民消费河流生态服务可及性和便利性的变量在两次的模型中都在统计上显著，揭示了环境物品地理特性是影响其消费的重要因素之一。

同时，两次研究结果也呈现一定的差异。

1）收入与家庭工作人数的影响。在问卷调查中，调查人员反馈，居民不愿意披露家庭的收入信息，并且回馈的月收入也主要是工资收入。近些年在上海市等城市，随着房地产的迅速发展，居民住房的市场增值，家庭总收入和家庭月工资的差异很大。因此，调查获得的收入数据已经不能代表家庭实际收入。2006年模型中收入变量不显著，虽然与一般经济理论相违背，但是符合调查区域的社会经济特征及调查中的实际情况。鉴于此，在 2010 年的调查问卷的设计中，增加了"家庭总工作人口数"的问题。尽管随着经济的发展和个人财富的迅速增加，以前传统的"双职工"的状态已经有所改变，但是家庭中工作人数的增加，虽然不能绝对代表家庭财富，但可以部分反映家庭收入的风险程度，是家庭开支的主要决定因素之一。从 2010 年数据的模型结果可以看出，对于环境物品的消费，家庭中总工作人口数是决定居民是否支付的主要因素之一。

2）居住年限的影响。沿河居住年限在 2006 年数据中与支付意愿呈现显著负相关，老居民认为河流从清洁到当前的污染是政府和企业的责任，因而表现为不愿意支付。而随着房地产业近几年的迅速发展和人口流动规模的增加，调查区域的人口结构也呈现一定的变化。故而居住年限在 2010 年数据中没有显著影响。此外，样本中老居民比例的差异也可能是导致这一差异的原因之一。

3）其他变量的影响。与 2006 年模型相比，2010 年的问卷设计中增加了如"是否产权房"等代表居民社会经济状况的问题，在模型中也相应增加了上述变量。模型显示，房屋产权属性变量并不显著。可能的解释为，居民不愿意披露诸如房产、收入等个人信息，从而房产信息的准确度受到影响。

5.7　本 章 小 结

与成熟市场化国家相比，CVM 在我国的应用往往出现较大比例的零支付意愿，那么究竟是收入约束还是其他制度性因素造成不支付进而对支付意愿 的估值造成显著影响。本研究通过 2006 ~2010 年在上海市及长三角地区的 3 个城市开展的平行研究，以获取居民对河流生态恢复支付与否的特征及原因分析。

1）上海地区研究结果。居民零支付意愿的原因中"水体生态环境的治理属于公共物品，应由政府提供"是主要原因，"收入限制"排第二位。依据 Logit 概率模型回归结果，居民在沿河区域居住年限与支付意愿为正的概率负相关，与面访信息一致。老居民见证了河流从清洁到污染历史过程，认为是政府和企业的责任；随着对政府环境职能部门的信任程度降低，零支付意愿的概率增加；非上海籍居民相比上海户籍居民零支付意愿的概率明显增加；收入、教育程度、居民认为生态恢复的重要程度、去河边休闲的频率与支付意愿为正的概率正相关。上述结果显示在我国居民零支付意愿的原因中除了收入限制外，深层次的原因是特殊的制度安排、环境管理模式及经济发展模式。

2）上海市相隔 4 年的两次研究结果对比。验证了户籍状况、对水体满意程度、教育程度、环境意识和到河边的距离 5 个因素的稳定影响。同时，收入和居住年限变量不显著。这说明随着城市的快速发展，经济人口社会结构的变化，居民对河流生态恢复的态度也呈现一定的变化。

3）3 个城市的平行研究结果。研究显示区域内呈现一致性而城市间呈现差异性。不支付的原因中，3 个城市中约 50% 的居民认为河流治理是政府的事情，其中南京市比例最高，上海市与杭州市相似；20% 左右不支付的原因是收入低，3 个城市基本一致；8% 的样本因为非户籍而不愿意支付，该现象上海市比例最高，超过 10%，南京市比例最低，不足 5%；约 5% 的居民是认为河流环境与生活无关，这一原因南京市比例最低。

建立 3 个城市的平行支付意愿 Logit 概率模型，结果显示，收入水平、环境意识、对河流环境的评价、到河边的距离等变量显著影响支付的概率。环境意识低、对河流不熟悉、距离河流较远、对河流环境现状不满意的居民倾向于拒绝支付。上海市样本中非户籍、老年人、女性倾向于拒绝支付。杭州市样本中家庭人口多、无房产的居民支付概率低。与杭州市样本相比，南京市样本支付的概率较高，其他两个城市无显著性差异。

第 6 章　CVM 中支付意愿"问卷内容依赖性"的实证研究

6.1　引　　言

CVM 采用问卷调查的方式，构建假想市场为非市场物品的价值评估提供了技术可能。但同时，其"假想市场"的性质使其广受争议。CVM 经验研究（Carson，2001）结果表明，同一种物品的支付意愿并不唯一，而是取决于调查方案、问卷内容、问题顺序、诱导技术及测度指标等因素，称之为 CVM 的问卷"内容依赖性"，具体有"顺序效应"、"范围效应"、"嵌入效应"和"诱导技术差异"等（Veisten，2007）。

那么支付意愿的正确估值究竟是多少？这给支付意愿的实际应用带来困难，同时给人为操纵提供了空间。

相比国外大量的经验研究（Venkatachalam，2004），国内关于此方面的经验研究普遍缺乏。鉴于此，本章在综合国际国内研究成果基础上，以漕河泾为研究对象，以该河流的生态恢复为假想市场，在第一阶段（2006 年 2~4 月）调查基础上，于 2006 年 12 月和 2008 年 3 月又进行了第二阶段和第三阶段的 CVM 调查。对 CVM "问卷内容依赖性"开展多重平行问卷的经验研究，分析比较问卷顺序、评估物品数量等问卷内容的改变对支付意愿造成的差异，并进行统计检验，以探讨"顺序效应"、"范围效应"、"嵌入效应"等是否在我国的 CVM 研究中存在，并结合调查面访中的信息，分析原因。

6.2　相关文献回顾

经验研究结果指出，当 CVM 调查方案或问卷形式改变时，支付意愿不同，具体表现为"顺序效应（sequencing effects）"、"范围的不敏感（scope insensitivity）"、"嵌入效应（embedding effect）"等"异常"现象。

6.2.1　"顺序效应"、"嵌入效应"与"部分–整体效应"

经验研究结果显示，支付意愿的大小取决于待评估物品的可选集合（Bateman，

2002）、排列顺序、预算分配（Veisten，2007）等因素。具体表现为，最先被询问的物品的支付意愿较大，称为"顺序效应"；同一物品在作为单独物品和作为嵌套物品被评估时支付意愿大小不同，称为"嵌入效应"；分块物品的估值加总大于整体物品的估值，甚至超出收入，称为"部分－整体效应"。Kahneman 和 Knestch（1992）的研究发现，同一物品单独被评估时和作为一系列中的部分被评估时，二者的支付意愿数值差距可达 25 倍。

对上述效应的解释主要有收入与替代效应（Hoehn，1991；Carson，2001），指在收入约束下，消费者往往以第一种物品去替代系列中的其他物品，从而表现为对其他物品的支付额度较低。但 CVM 的反对者提出，公共物品的支付意愿往往占收入的比重很小，并且支付期限非常短，因此收入效应预期很小；另一方面，由于如清洁的大气环境等公共物品的替代物很少，预期替代效应也非常小。因此，收入与替代效应不能合理解释"顺序效应"等现象（Hoehn，1991）。此外学者提出对物品的熟悉程度和 CVM 设计实施不当也会导致顺序效应的出现。

6.2.2 "范围的不敏感"

根据新古典经济理论的核心假设——消费者满足理性和最大化（非餍足 non-satiation）行为假设（Samuelson，1948），个人倾向于更多的物品而不是更少。CVM 经验研究结果表明，随着被调查物品数量和尺度变化，支付意愿无明显变化，称之为"范围的不敏感"。但也有研究结果显示，该现象并不是普遍存在的，例如，Carson（1997）曾做了 22 项相关研究，其中仅 4 项显示范围的不敏感；Veisten（2004）也指出，即使是评估不同范围濒危物种的保护计划时，一般的受访者也大多表现出范围的敏感性。

对此的解释主要有：①设计和实施缺陷，个体不理解范围及数量的变动或描述的情景不可信（Kahneman and Knestch，1992）；②餍足（satiation）（Varian，1992），额外数量的物品不能带来边际效用（Bateman et al.，2002）；③收入限制；④暖流效应（warm glow of giving）（Kahneman and Knestch，1992），对公共物品的支付仅仅是购买道德的满足感，其行为方式更像是从伦理角度考虑的市民而不是从效用最大化考虑的消费者；⑤CVM 方法的局限性，公共环境物品的估值太复杂，不适宜 CVM（Hanley，1995）；⑥社会心理学的解释，对环境物品越熟悉、越喜爱，则对部分物品的支付意愿越可能高于整体环境物品（Loomis，1990）；⑦违背理论。

国外对于该领域有大量的实证研究，但由于 CVM 研究的人力、时间等成本高昂，国内在该领域的研究还未见报道。

6.3 研究方案设计

参考国外的应用实例（Bateman, 2001），在 2006 年 4 月 CVM 个案研究的基础上，设计 CVM 的调查多重方案，通过对不同范围（单条河流与区域水体境）的平行组调查，进行对比研究。

评估对象为上海市景观河流，假想市场为河流生态恢复。设计了多重调查方案，如表 6-1 所示，表 6-1 中 A 表示漕河泾单体；B 表示蒲汇塘；C 表示上澳塘；D 表示包括河流 A、河流 B、河流 C 在内的区域水体。

表 6-1　调查方案

问卷代码	评估对象及顺序	研究目的
PC3-1	A	基准组
PC3-2	D, A, B, C	WTP（A）$_I$ 与 WTP（D）$_I$ 比较检验 "范围不敏感"；WTP（A）$_I$ 与 WTP（A）$_{II}$ 比较检验 "嵌入效应"
PC3-3	A, D	WTP（A）$_{II}$ 与 WTP（A）$_{III}$、WTP（D）$_{II}$ 与 WTP（D）$_{III}$ 比较检验 "顺序效应"
PC3-4	A, B, C, D	与 PC3-2 共同检验 "部分—整体效应"

1）方案 I。单体河流 A 的生态恢复，直接采用张翼飞（2007a）研究中的调查方案和研究结果，将此研究结果作为对照组。

2）方案 II。选取包括河流 A、河流 B、河流 C 在内的区域水体 D 为评估对象，地理尺度上 D=A+B+C。在问卷设计顺序中，先调查区域水体 D，后调查单体河流 A、B 和 C。目的是对比方案 I 中居民对河流 A 的支付意愿和方案 II 中居民对区域河流 D 的支付意愿，从而检验 "范围不敏感"；对比方案 I 和方案 II 中居民对河流 A 的支付意愿验证来检验 "嵌入效应"，探讨生态服务的替代性是否存在以及替代程度如何。

3）方案 III。问卷设计顺序中，先调查河流 A，后调查区域水体 D。调查与研究的其他条件设定与方案 II 相同。目的是分别对比方案 II 和方案 III 中居民对单体河流 A 和区域水体 D 的支付意愿，以检验 "顺序效应"。

4）方案 IV。调查与研究的其他条件设定与方案 I 相同。在问卷设计顺序中，先调查河流 A，其次调查河流 B，再次调查河流 C，最后调查区域水体 D。目的是与方案 II 一起验证 "部分–整体效应"，揭示收入分配差异、替代效应以及生态服务可及性带来的差异。

6.4 支付意愿估计与比较

2006 年 12 月进行了四组共 720 份调查问卷，由于在问卷中有一项问题是列出居民不愿意支付的原因，从而对居民选择不支付起到了暗示作用，因此零支付意愿比例达 44%。

6.4.1 支付意愿的估计

计算问卷各评估对象支付意愿的均值和中位数，以便对整个数据有总体认识。计算结果列于表 6-2 和表 6-3 中。单体河流水体 A 的支付意愿为 13.2~25.7 元，相差 1 倍左右。区域水体 D 的支付意愿为 13.4~34.3 元，相差 1.5 倍左右。

表 6-2　漕河泾（水体 A）支付意愿估计比较表

评估对象	支付意愿均值	中位数	有效样本数	零支付意愿比例/%	标准差	范围（最大，最小）
PC3-1	17.5	10	96	4.12	23.50	(0, 100)
PC3-2	13.2	5	92（77）*	20.6	17.55	(0, 100)
PC3-2	22.9	10	96	5.1	35.34	(0, 200)
PC3-4	25.7	10	106	1.87	37.33	(0, 200)

* 括号内为样本数，92 为将问卷中区域支付而单体不支付的样本设置为 0

表 6-3　区域水体（水体 D）支付意愿估计比较表

评估对象	支付意愿均值	中位数	有效样本数	零支付意愿比例/%	标准差	范围（最大，最小）
PC3-2	13.4	0	97	54.84	30.84	(0, 150)
PC3-3	18.4	10	93	32.3	22.27	(0, 100)
PC3-4	34.3	20	95	2.11	58.20	(0, 300)

6.4.2 数据简单分析和统计

方案 Ⅱ（调查问卷 PC3-2）评估对象是单体河流 A 和区域水体 D，并对支付 A 而不支付 D 的原因进行调查。表 6-4 给出了区域水体 D 的支付意愿与河流 A 支付意愿的比值 [WTP（D）/WTP（A）]。对二者进行分析，以期获得居民对生态服务这类特殊物品随着尺度变化、消费需求的变化和 CVM 问卷评估物品数量增加对支付意愿的可能影响。

表 6-4 PC3-2 区域水体 D 与单体河流 A 支付意愿比值分布

WTP（D）/WTP（A）	分布数量	频率/%	累积频率/%	非零频率/%	非零累积频率/%
0	51	54.84	54.84	—	—
0.20	1	1.08	55.91	2.38	2.38
0.25	1	1.08	56.99	2.38	4.76
0.30	1	1.08	58.06	2.38	7.14
0.40	1	1.08	59.14	2.38	9.52
0.50	3	3.23	62.37	7.14	16.67
0.60	1	1.08	63.44	2.38	19.05
0.67	1	1.08	64.52	2.38	21.43
1.00	25	26.88	91.40	59.52	80.95
1.50	1	1.08	92.47	2.38	83.33
1.67	1	1.08	93.55	2.38	85.71
2.00	4	4.30	97.85	9.52	95.24
4.00	1	1.08	98.92	2.38	97.62
15.00	1	1.08	100.00	2.38	100.00

计算区域水体 D 与单体河流 A 的支付意愿比例，不考虑区域的零支付意愿，共 42 个样本，区域水体 D 与单体河流 A 支付意愿的比值均值为 1.41，最小值为 0.20，最大值为 15.00。25 个样本对单体河流 A 和区域水体 D 的支付意愿相等，占 59.5%。9 人对区域水体 D 的支付小于单体河流 A，占 21.4%。比例最低为 0.20，最高为 0.67，均值为 0.43，中位数 0.5，其中比例为 0.5 的最多，占 50.0%。8 人对区域水体的支付大于单体河流 A，占 19.0%，最小值为 1.5，最大值为 15，均值为 3.77，中位数为 2.00。

考虑区域的零支付意愿，共 93 个样本。由表 6-4 可知，最低比例为 0，最高 15.00，均值为 0.64。支付单体河流 A 但不愿支付区域水体的样本 51 个，占 54.84%。这一样本的特性分析见表 6-5。结果显示，比值为零的样本在收入、教育的均值和中位数都比其他组低，反映了在问卷设计中，评估物品的增多会对受访者起到暗示收入分配的作用，从而体现为低收入的人群对排序在后的评估物品倾向于少支付或不支付。

问卷对愿意支付水体 A 却不愿为区域水体 D 支付的原因进行了调查，问题为：

愿意出资治理漕河泾，却不愿意出资治理包含蒲汇塘和上澳塘等其他水体在内的区域水环的原因：

1 蒲汇塘和上澳塘等其他水体与我居住的地理位置相距较远，水体质量对我的生活基本无影响。

2 排除地理距离的差异，经过生态治理，漕河泾提供的景观服务功能已经能满足我的需求，不需要区域内所有河流都治理。这几条河流提供的生态服务是可以完全替代的。

3 其他。

根据问卷的数据进行分析，目的在于获知居民愿意支付单体河流 A，却不愿意支付区域水体 D 的原因分布。其原因分布调查结果如表 6-6 所示。

表 6-5 PC3-2 区域水体 D 与单体河流 A 的样本特性对比

比 例	收入/[元/(户·年)]			教育/[元/(户·年)]		
	样本数	均值	中位数	样本数	均值	中位数
0	49	4 898	3 500	50	13.5	16
0~1	8	13 750	9 000	9	16.33	16
=1	24	6 270	5 000	25	13.84	16
>1	7	5 000	7 000	8	13.60	14

表 6-6 PC3-3 愿意支付 A 不支付 D 的原因分布

原 因	分布数量	频率/%	累积频率/%
1	30	68.18	68.18
2	6	13.64	81.82
3	6	15.91	97.73
1, 2	1	2.27	100.00
合计	44	100.0	—

由表 6-6 可知，回答了愿意/不愿意支付原因的总样本为 44 个，其中原因 1 有 30 个，占 68.2%，说明环境物品的地理分布对消费者的需求和支付意愿影响较大，同时也反映出居民对生态服务的价值认知和评价中，使用价值所占比重较大，而非使用价值的理解和接受程度比重较小；原因 2 有 6 个，占 13.6%，表明居民认为生态服务在某种程度上是可以互相替代的。

方案Ⅲ问卷设计内容与 PC3-2 相同，不同的是顺序上区域水体 D 在先，而单体河流 A 在后。计算 PC3-3 区域水体 D 与单体河流 A 的支付意愿比值，其结果列于表 6-7 中。

表 6-7　PC3-3 区域水体 D 与单体河流 A 支付意愿比值分布

WTP (D) /WTP (A)	分布数量	频率/%	累积频率/%
0.50	3	4.11	4.11
0.75	1	1.37	5.48
1.00	51	69.86	75.34
1.33	1	1.37	76.71
1.50	1	1.37	78.08
1.67	5	6.85	84.93
2.00	4	5.48	90.41
2.50	1	1.37	91.78
3.00	1	1.37	93.15
5.00	4	5.48	98.63
10.00	1	1.37	100.00
合 计	73	100.00	—

由表 6-7 可见，共 73 个样本，区域水体 D 与单体河流 A 的支付意愿的比值均值为 1.48，中位数为 1。最小值为 0.50，最大值为 10.00；51 个样本对单体河流 A 和区域水体 D 的支付意愿相等，占 69.86%；4 人对区域水体 D 的支付小于单体河流 A，占 5.48%，比例最低为 0.5，最高为 0.75，均值为 0.51，中位数 0.5；18 人对区域水体的支付大于单体，占 24.66%，最小值为 1.5，最大值为 10，均值为 3.03，中位数为 2。

PC3-3 区域调查样本为 92，单体样本为 73，河流 D 与河流 A 支付意愿比值。将区域有效样本中单体无数据的样本都设置为 0。分析河流 D 与河流 A 支付意愿比值在不同区间的收入和教育特性，如表 6-8 所示，结果表明：单体河流 A 与区域水体 D 支付意愿的比值随收入水平、教育水平的增加而上升。

表 6-8　PC3-3 单体与区域支付意愿的比例表

WTP (A) /WTP (D)	收入/[元/(户·年)]				教育/[元/(户·年)]			
	有效样本数	均值	中位数	范围（最大，最小）	有效样本数	均值	中位数	范围（最大，最小）
= 0	16	3 312	2 500	(500, 12 500)	17	12	11.5	(3, 19)
0~1	4	4 250	3 750	(2 500, 7 000)	4	13	12	(12, 16)
= 1	48	5 812	5 000	(1 500, 22 500)	51	13.9	16	(6, 19)
>1	18	5 500	5 000	(1 500, 9 000)	18	14.1	16	(9, 19)

6.5 "问卷内容依赖性"效应检验

6.5.1 "范围不敏感"检验

根据传统经济理论，经济行为人对偏好物品的支付意愿随物品数量的增加而增加，由于地理尺度上 D＝A＋B＋C，则应有：

$$\text{WTP(A)}_{方案\,I} < \text{WTP(D)}_{方案\,II} \tag{6-1}$$

然而，文献（Kahneman and Knestch, 1992）却揭示部分 CVM 调查中存在相反效应，即"范围不敏感性"。对方案 I 单体河流 A 与方案 II 中区域河流 D 支付意愿结果的比较，可验证"范围不敏感"是否存在。对问卷 PC3-1 单体河流与问卷 PC3-3 中包含单体河流在内的区域水体的支付意愿的比较结果见表 6-9。由表 6-9 可知，居民在问卷 PC3-1 中对单体河流的支付意愿和问卷 PC3-2 中的包含单体河流在内的区域水体的支付意愿没有明显差异，t 检验的结果为：$P > |t| = 0.658$，验证了两者之间没有显著性差异。这说明：与私人物品相比，居民对生态服务的需求和消费在数量和尺度上并不敏感，显著验证了"范围不敏感"现象的存在。

上述结果与调查中获得的感性认识相符，即居民在支付时对于河流的物理范围并不敏感，反映了居民对 CVM 调查中支付意愿的表达有可能是基于"道德上的满足感"（Kahneman and Knetsch，1992；Devousges et al. , 1996）。

表 6-9　PC3-1 单体河流 A 与 PC3-2 区域河流 D 支付意愿差异分析

统计值	支付意愿均值	中位数	样本数	零支付意愿比例%	非负均值	范围（最小，最大）
单体 A（PC3-1）	17.5	10	97	41.2	17.2	(0，100)
区域 D（PC3-2）	18.4	10	93	32.3	17.8	(0，100)

6.5.2 "嵌入效应"检验

分别对方案 I 单条河流 A 的独立评估与方案 II 中河流 A 作为区域整体河流 D 的一部分进行评估，比较两次结果可验证"嵌入效应"。

在调查中，问卷 PC3-2 首先提问的是区域水体，样本数有 92 人。当提问到水体 A 时，有 16 人拒绝回答，被认为支付意愿为零。比较问卷 PC3-1 与问卷

PC3-2 中单体河流 A 的支付意愿分布及差异, 如表 6-10 所示。由表 6-10 可见, 河流 A 单独评估和作为区域水体的一部分评估, 均值和中位数显示明显差异: 作为部分被评估时, 数值显著低于被单独评估, 即 WTP (A)$_Ⅱ$ 显著小于 WTP (A)$_Ⅰ$。由 t 检验结果显示, $P > |t| = 0.0797$, 在 10% 显著水平上拒绝两者相等的原假设。上述结果验证了国外实证研究报道的 "嵌入效应" 在本案研究中的存在。

表 6-10　PC3-1 与 PC3-2 中单体河流 A 的支付意愿差异

单体 A	支付意愿均值	中位数	样本数	零支付意愿比例%	范围 (最小, 最大)
PC3-1	17.5	10	96	41.2	(0, 300)
PC3-2	13.2	5	92	20.6	(0, 100)
绝对差异	4.3	5			
相对差异	24.6%	50%			

6.5.3　"顺序效应" 检验

居民的支付意愿随调查问卷中被评估物品的询问顺序而改变, 称之为 "顺序效应"。随着国际上研究的深入, 发现支付意愿与问卷的可选集 (Bateman et al., 2001) 紧密相关, 这包括问卷中包含被评估物品的数量、顺序、类型。

设计二组问卷进行调查: 问卷 PC3-3 按照水体规模自小到大的询问顺序依次为河流 A 和包含河流 A、B 和 C 的区域水体 D。根据理论预期, 对区域水体 D 的支付意愿将取决于居民对河流 A 的替代物品和互补物品——河流 B 与 C 的价值评估。这种问卷形式在询问居民对区域水体的支付意愿时, 暗示居民的收入将分配在 A、B、C 上; 而问卷 PC3-2 则采取相反顺序, 其询问顺序依次为区域水体 D 和河流 A。

问卷 PC3-2 的回收结果显示, 区域河流的支付样本有 92 个, 而单体河流的支付样本只有为 77 个。根据面访调查了解到的信息, 有三种情况: 一是认为支付区域河流和支付单体河流的意愿相等, 而不愿意重新回答; 二是受访者可能对具体河流缺乏认知, 从而无法回答; 最后一种可能是因问卷过长造成受访者有厌倦心理而导致居民对单体河流的支付意愿为零。为此, 将区域河流支付意愿大于零而单体河流不回答的样本设置为零, 比较两组差异, 验证顺序效应的存在与否。

问卷 PC3-3 中问题的询问顺序为单体河流在先而区域河流在后, 导致居民对区域河流的回答有效样本少，有效样本数只有问卷 PC3-2 的 50% 左右，且对区域河流支付为零的比例也比问卷 PC3-2 高。分析其原因，根据面访中受访问者提供的信息，主要有两种：一种可能是河流 A 在地理位置上接近受访者居住区，居民倾向于为熟悉的、具体的生态服务支付一定的费用，而不愿意为更大尺度的生态服务支付；后一种可能是问卷过长，受访者的厌倦心理导致无效样本。说明调查问卷的问题设计顺序对调查样本的获得也有显著影响，尤其在收入约束下，居民在假想市场中面对可能的消费束，也会表现出收入在消费品中分配的影响。因此，将问卷 PC3-3 中对单体河流支付意愿大于零而区域河流不回应的样本中的支付意愿设置为零。

问卷 PC3-2 与 PC3-3 中单体河流 A 的支付意愿比较的结果列于表 6-11 中。由表 6-11 可见，两种样本的均值和中位数都有明显差异，t 检验结果为：$P > |t| = 0.0088$，在 1% 显著水平上拒绝两者相等的原假设，WTP（A）$_{III}$ 显著大于 WTP（A）$_{II}$。问卷 PC3-2 与 PC3-3 中区域河流 D 的支付意愿的分布比较结果也列于 6-11 中。由表 6-11 可见，两种样本的均值和中位数都有明显差异，问卷 PC3-2 结果明显高于问卷 PC3-3，t 检验结果为：$P > |t| = 0.0921$，表明在 10% 显著水平上拒绝两者相等的原假设，WTP（D）$_{II}$ 显著大于 WTP（D）$_{III}$。

综上所述，同一评估对象在不同顺序问卷中有不同支付意愿，评估顺序在先的支付意愿显著高于顺序在后的，验证了本案研究中确实存在国外实证研究报道的 "顺序效应"（Veisten，2007）。

表 6-11   单体河流 A 和区域水体 D 在 PC3-2 与 PC3-3 中的支付意愿差异

统计值	支付意愿均值	中位数	样本数	支付意愿均值	中位数	样本数
河　流		单体河流 A			区域河流 D	
PC3	22.9	10	98	18.6	10	93
PC3-2	13.2	5	92	13.4	0	93
绝对差异	9.7	5		5.2	10	
相对差异	42.3%	50.0%		28.0%	100%	

6.5.4　"部分–整体效应"

在私人物品消费中，广泛存在商品间的替代效应；而对生态服务这一特殊公共物品在各部分之间是否也存在替代效应，有待检验。若 CVM 中替代效应存在，则对区域水体 D 生态恢复的支付意愿必然小于水体 A、水体 B 与水体 C 的加总，

即出现部分–整体效应，亦即

$$\text{WTP(D)}_{方案\,II\,(IV)} < \text{WTP(A)}_{方案\,II\,(IV)} + \text{WTP(B)}_{方案\,II\,(IV)} + \text{WTP(C)}_{方案\,II\,(IV)}$$

$$(6\text{-}2)$$

在问卷 PC3-2 调查中，区域水体的问题排在前，而单体在后。从样本数量看出，随着问询的内容和顺序加长，样本数在迅速减少。分析其可能原因：问卷太长，导致的厌烦心理，从而拒绝回答；考虑到收入约束，从而不愿意再支付；地理位置导致后两条单体河流距离较远，从而不愿意支付；河流生态服务，尤其是非直接使用的价值存在替代性都是可能的原因。因此，分两种情况分析，一是将不回答的作为无效样本；二是将区域愿意支付、单体缺乏数据的样本，都设为零支付意愿扩充总体。比较分析结果见表 6-12。从表 6-12 可以看出，均值在两种样本中的三单体支付意愿总和都大于对区域水体的评估。在扩大样本后，由于零支付意愿比例超过 50%，但即使这么高的零支付比例，均值仍然呈现三单体加总大于区域。上述结果说明本案研究中存在显著的"部分–整体效应"。

表 6-12　PC3-2 区域水体 D 与三单体支付意愿加总（A+B+C）的比较

评估对象	原样本			扩大样本		
	支付意愿均值	中位数	样本数	支付意愿均值	中位数	样本数
区域 D（估计值）	18.6	10	92	18.6	10	92
单体 A	15.8	10	77	13.2	5	92
单体 B	11.9	10	43	5.5	0	92
单体 C	12.2	10	43	5.6	0	92
计算值（A+B+C）	39.9	30		24.3	5	
差　额	−21.3	−20		−5.7	5	

问卷 PC3-4 与问卷 PC3-2 的问题顺序相反，先问单体，后问区域。支付意愿加总与单体的支付意愿主要统计结果列于表 6-13 中。表 6-13 中的数据表明：问卷 PC3-4 中三单体的支付意愿加总都呈大于区域水体的性质，也表现出"部分–整体效应"。

表 6-13　PC3-4 区域水体与三单体支付意愿加总的比较

评估对象	支付意愿均值	中位数	样本数	零支付意愿比例%	范围（最小，最大）
区域 D（估计值）	34.3	20	95	2.1	(0, 300)
单体 A	25.7	10	107	1.9	(0, 200)
单体 B	21.7	10	59	6.8	(0, 200)

续表

评估对象	支付意愿均值	中位数	样本数	零支付意愿比例%	范围（最小，最大）
单体 C	21.3	10	59	6.8	(0, 200)
计算值（A+B+C）	68.7	30			
差 额	-34.4	-10			(-400, 210)

6.6　本章结论与讨论

本章设计四重 CVM 调查问卷，假想市场都为河流生态恢复，诱导技术都采用支付卡，调查人员和调查区域均相同；而在评估物品、数量、问题顺序上各不相同，通过相互间的对比分析，以验证在其他条件相似的情况下问卷设计内容的不同是否会导致对同一物品的支付意愿有显著性差异。

研究结果显示：①单体河流和包含该河流的区域水体的支付意愿 t 检验显示没有显著性差异，呈现明显的"范围不敏感"，表明生态服务这类特殊商品的支付意愿随着物理尺度的变化并无明显改变；②河流单体被评估和在一个总体中评估，其支付意愿均值与分布 t 检验显示有显著性差异，后者小于前者，表现为"嵌入效应"；③对区域水体和单体水体分别按不同顺序开展 CVM 问卷调查，结果表明，调查在先的评估水体的支付意愿显著大于调查在后的，显示出显著的"顺序差异"；④三个单水体支付意愿的加总大于区域的评估价值，检验出明显的"部分-整体效应"。上述结果与国际文献报道相一致。

对上述现象的解释主要有收入效应和替代效应，问卷中评估物品的增多会对受访问者的收入分配起到暗示作用，从而表现出对排序在后的评估物品倾向于少支付或不支付。不同河流之间的替代作用也可能是居民只支付一条河流而不愿意支付其他河流的生态恢复项目的原因。而居民对单独水体和区域水体的范围不敏感，可能是 CVM 研究中，居民对河流生态恢复的支付意愿仅仅是出自于为公共环境关心的"道德的满足感"。

由于 CVM 采取调查方式获取数据，影响其结果的因素非常多。社会性实验由于无法采取像自然科学完全受控实验的研究方法，因此研究结果受到多种因素的影响，且多种因素往往互为作用，造成非常复杂的综合影响，其影响的方向难以确定。本章研究中，限于人力、经费条件，样本数与第一阶段的调查相比较少，并且由于同期发放四种问卷，问卷较长、内容复杂，给调查人员和受访者带来理解困难和因此导致的厌倦心理，零支付意愿原因调查对受访者的暗示作用，都使得有效样本和零支付意愿比例过高，因此对结果造成一定的偏差影响。尽管本案的研究目的是在于四份问卷的相对差异，探究受访问者面对同一被评估物品在不同假想市场和可能消费束的反应差异，而不是支付意愿的绝对值的研究。但是如果样本量增加，会进一步增加结果的代表性。

本章在该方面的研究借鉴了国外研究经验，采取的是类似自然科学领域中受控实验的研究方法——在保持其他变量稳定的情况下，改变待研究变量，从结果的差异获知该变量的影响。但是，由于社会科学研究中无法实现实验室的理想模拟状况，故研究结果会受到多种因素、复合因素的影响。因此，本章仅在有限资源的条件下，对该领域进行了探索，期望能为我国 CVM 在该领域的经验研究增加一些实证经验和数据。

最后，还要指出的是，由于"问卷内容依赖性"的存在，给 CVM 研究成果在公共政策或决策中的应用增加了难度，单次的 CVM 研究结果不能直接应用到以此为绝对定量基础的公共政策的制定中。政策制定者在应用 CVM 研究结果时，必须要考虑 CVM 研究的特定方案和实施场景。

第7章 CVM 时间稳定性研究

7.1 引　言

CVM 时间稳定性检验是进行 CVM 可靠性检验的重要方法之一。可靠性指方法的可重复性和稳定性，意指在重复实验中，如果被评估的物品未发生实质变化，则应该得到相同的结果，反之若评估物品已发生实质性改变，则评估结果也应相应改变（Loomis，1990）。

试验-复试（Hanley et al.，1997）是检验 CVM 时间稳定性的方法之一，在采用同样调查手段，对同样的受访者在不同时间再次调查，或以同一目标人群中的两个不同样本组进行调查是国际上相关研究采取的检验方法，具体方法有两个：①间隔一定时间，采用同样的调查手段对同样的受访者再次调查，检验先后两次调查结果的一致性，以此衡量 CVM 的可靠性。一般是考察同一受访者不同时间回答的相关度。研究发现，同一受访者在不同时间的回答相关系数为 0.15 ~ 0.19，显示出显著的相关性。②采用同样的调查手段，在两个不同时间段调查同一目标人群中两个不同的样本组，看结果是否保持时间上的稳定性（Carson，2001）。

Kealy（1990）对时间差距为两周的、分别采取开放式问卷和二分法问卷的两次研究进行了比较，研究结果显示没有显著性差异。1995 年 Kealy 再次对相隔 5 个月的两次调查进行了比较研究，结果同样显示稳定性。Carson 和 Mitchell（1993）相隔三年分别做了美国全国 CVM 水质改善的支付意愿调查，发现去除物价因素之后，两次调查结果的差异不足 1 美元。Hengjin Dong（2003）在发展中国家针对居民对健康保险的支付意愿进行了相隔 4 ~ 5 周的研究，结果显示复试结果低于初试，但具有良好稳定性。大多数的可靠性检验结果显示 CVM 可以得出可靠的支付意愿结果（Venkatachalam，2004）。在间隔时间的长短探讨上，McConnell（1998）指出间隔时间两周到两年的研究显示 CVM 呈现良好的时间稳定性；同时，对于更长的时间间隔，认为人们的偏好稳定是不切实际的。

在检验数值的一致性上，进行 Spearman 和 Pearson 相关系数计算、T 检验、Kruskal-Wallis 检验是检验均值和中值数值统计一致性的主要方法（Altman，1996）。在检验支付意愿函数模型的稳定性中，采用计算似然比（LR）和邹至庄

（Chow）检验是常用的方法，另一种方法是用不同时段的数据构建混合数据，设置时间哑变量，检验时间变量是否显著影响支付意愿值（Downing et al.，1996）。近年来，随着国际上 CVM 经验研究数据的积累，研究者开始进行长时段的稳定性研究，Roy Brouwer（2008）利用三年时间序列的面板数据计量回归，以时间哑变量的显著性来判断 CVM 研究的时间稳定性。

由于 CVM 调查的人力、时间和经济成本高昂，重复试验在国内相对较少。张翼飞（2007）对两次 CVM 进行了均值和中位数的简单比较，许丽忠等（2007）对相差半年的两次 CVM 调查进行了支付意愿的均值等统计值比较和影响因素的再现分析，赵敏华（2006）对支付意愿函数在地区间的可靠性进行了国内创新的探索。董雪旺等（2012）比较了相隔一年的支付意愿均值等统计量，上述研究结果均呈现时间上的稳定性。在技术上，采用比较均值和影响因素的再现性方法。

目前，国内关于 CVM 时间稳定性的案例研究较少，研究中采用的技术和指标过于单一，且不同时间间隔对稳定性的研究还未有报道。而随着生态系统服务价值评估的研究成果逐渐在经济发展实践中应用。科研领域急需深入而广泛地开展对 CVM 时间稳定性的研究以促进研究结果在公共政策中的科学应用。

本章在借鉴国外研究方法和前期调查的基础上，采用同样的调查手段、在不同时间段调查同一目标人群，对比间隔一个月和两年的三次 CVM 调查，采取统计值比较、均值 T 检验、影响因素的重现性比较、混合模型时间变量显著性检验等方法检验结果是否保持时间上的稳定性，并对比了不同时间间隔对稳定性的影响。

7.2 CVM 调查情况及问卷情况

2006 年 3 月（PC1）、4 月（PC2）和 2008 年 3 月（PC3）对漕河泾水体生态修复进行了三次 CVM 调查。三次调查的调查区域和调查问卷相同，调查人员教育背景相近。三次调查不同之处在于：①PC2 的 16 名调查人员从 PC1 的 43 名调查人员中选出；②PC1 的调查区域略大于 PC2 和 PC3；③PC3 调查人员较少，问卷数较少。具体比较见表 7-1。

采取支付卡法分析估值问题，即要求被访问者在一系列的投标值中选取答案。

为支持市政府对漕河泾水体历时 3 年的生态改造，实现世界博览会前水质达到景观水体Ⅳ类标准，您是否愿意每月出一部分治理费用支持

该计划？

　　□愿意；□不愿意

　　如果您愿意支付，以家庭为单位，未来三年内您愿意支付的每月金额为多少？（元）

　　□1　□3　□5　□10　□20　□30　□40　□50　□75　□100
　　□150　□200　□300　□其他

表 7-1　三次 CVM 调查的基本情况

问卷代码	调查时间	诱导技术	调查区域	调查人员数	有效样本数	调查方式
PC1	2006-03	支付卡	沿岸徐汇段和闵行段	43	426	面访
PC2	2006-04	支付卡	沿岸徐汇段	16	496	面访
PC3	2008-03	支付卡	沿岸徐汇段	4	200	面访

7.3　调查信息与样本特征比较

146

　　为获知三次调查数据的分布和离散程度，对三次调查样本的主要社会经济指标、人口指标、环境评价和环境意识等进行了统计分析。由表 7-2 可以看出，相隔一个月的两次调查的样本特征呈现一致性，具体表现为：①基本的社会经济变量在均值上相近，离散程度基本相同，如收入平均高于 6000 元，受过高等教育以上的比例在 50%；②上海户籍的居民占 70%～80%；居民与水体关系的变量（如在河边居住时间和距离河边步行时间）基本一致，平均居住 15 年，约 50%的居民步行到河边的时间为 10min 及以内。③环境评价和环境意识的变量（如对水体的满意程度和对环保部门的信任程度）基本相当，约 50%的样本对水体满意，约 10%的居民对水体很不满意，40%的居民对环保部门将资金用于环境治理是信任的，不足 10%的居民持不信任态度。④这两次调查各有约 20%的居民认为河流生态恢复对生活质量的提高非常重要。两次调查略有不同的是，认为河流生态服务对提高生活质量不重要的居民比例略有差异，PC1 认为不重要的比例高于 PC2。

　　从调查方式、问卷内容、实施情况、样本结构和统计量等的分析可知，PC1 与 PC2 没有显著性差异，可以认为这一个月中居民的地理分布、社会经济状况、人口学特征、环境认知程度、环境意识及环境消费观念未发生显著变化。

　　与 2006 年的两次调查相比，PC3 的样本收入、教育程度和年龄均值类似，当地户籍比例较高，距离河流较近，对河流的满意程度较低。PC3 中未进行对政府信任度的调查，居住年限的回答样本仅有 33 人，均值为 4.3 年。总体而言，两年时间间隔中，调查区域的社会经济情况存在一定差异。

表 7-2　3 次调查主要指标的统计描述与比较

指标		统计量或描述	PC1	PC2	PC3
社会经济特征	月收入/元	均值（方差）	6 350 (5 217)	6 093 (5 067)	6 205 (522 3)
	教育/年	均值（方差）	13.5 (4.14)	13.2 (3.40)	14.0 (3.81)
	高等教育比例/%	比例	53.0	47.9	58.1
	年龄/岁	均值（方差）	39 (15.7)	42 (14.6)	38 (13.4)
	上海户籍比例/%	比例	79.9	71.2	83.5
环境评价与环境意识					
对调查水体的满意程度/%		满意的比例	46.0	48.8	33.0
		非常不满意的比例	11.0	9.5	14.5
河流生态恢复对生活的重要程度/%		认为河流修复对生活重要的样本比例	20.4	23.0	17.5
		认为河流修复对生活不重要的样本比例	30.5	10.3	19.5
对环保部门的信任程度/%		持信任态度的样本比例	38.0	41.1	—
		持不信任态度的样本比例	8.0	6.1	—
居民与水体的关系					
居住时间/年		均值（方差）	15(16.91)	13(14.23)	—
距河边距离/%		步行 10min 及以下比例	48.8	53.6	67.5

147

7.4　相隔一个月的 CVM 时间稳定性研究

7.4.1　PC1 与 PC2 调查情况比较

PC1 和 PC2 问卷内容完全相同，调查人员相似，PC2 的调查人员 16 人从 PC1 的 40 名调查人员中选取。略有不同的是，由于调查人员多，PC1 的调查人员调查区域略大于 PC2。这两次调查，其调查区域相同，调查问卷相似，调查人员都为高校环境工程系三年级本科生。两次调查不同点在于样本取样地区范围有14.7%的差异，调查人员调查经验略有差别。根据两次面访的回馈信息和理论预期可以推测，随取样地区的扩大，由于地理位置的差异，一些居民对评估河流可能不熟悉，支付意愿中主要是对非直接使用价值和非使用价值的评估，见表7-3。

表7-3　PC1和PC2调查情况比较

比较项	调查区域	调查人员	取样与有效样本数	调查时间	调查方式	问卷内容
相同特征	都为漕河泾沿岸	环境系三年级本科生	随机抽样，都大于400	2006年	面访	完全相同，均采用支付卡诱导技术，且投标值相同
不同特征	PC1调查区域略大于PC2，约14.7%	PC1调查人员40人，PC2调查人员从PC1选出，更有调查经验	PC1样本数426，PC2样本数496	PC1在3月进行，PC2在4月进行，相隔一个月	面访	

7.4.2　样本结构特征比较

从表7-2得出，两样本在收入、教育、户籍状态及年龄方面呈现较好的一致性。为更准确地分析两组样本特征的一致性程度，下面对各指标分组比较结构上是否一致（表7-4）。

可以看出，两样本只在河流生态恢复对生活的重要程度的认识上有差异，PC1认为不重要的比例高于PC2。而在人口学特征，如性别结构、年龄结构、户籍人口比例分布上相似；在收入结构、教育程度等社会经济指标分布上趋于一致；在地理分布上，如离河距离、居住时间上分布吻合；在环境认知和对环保部门的信任程度上分布类似。

综上所述，通过对调查的方式、问卷内容、实施的情况、样本的结构、统计量的比较，我们可以认为两次调查及所获数据没有显著性差异，因此没有任何现象显示在这一个月中，居民的地理分布、社会经济状况、人口学特征、环境认知程度、环境意识、环境消费观念发生了显著变化。

表 7-4 PC1 与 PC2 样本结构特征比较

个人特征	类别	PC2 人数	PC2 比例/%	PC1 比例/%
性　别	男	194	53.14	51.2
	女	220	46.86	48.8
户　籍	上海	333	79.86	71.2
	非上海	84	20.14	28.8
年龄/岁	18~30	151	35.53	23.8
	31~40	95	22.35	26.4
	41~50	71	16.71	21.6
	51~60	48	11.29	14.3
	60 以上	60	14.12	13.5
月收入/元	<2 000	36	10.17	16.0
	2 001~4 000	95	26.84	20.4
	4 001~8 000	151	42.66	43.7
	8 001~12 000	34	9.6	12.3
	>12 000	38	10.73	7.6
教育程度	小学及以下	10	2.36	4.8
	初中	85	20.09	15.1
	高中及三校	104	24.59	31.5
	大专本科	209	49.41	42.7
	研究生	15	3.55	5.2
临河居住年限/年	<5	180	43.17	41.8
	5~10	71	17.03	23.4
	10~20	66	15.83	17.0
	>20	100	23.98	16.8
距河边步行时间/min	<5	86	23.31	28.4
	5~20	94	25.47	25.2
	10~15	55	14.91	19.3
	15~20	58	15.72	13.7
	>20	76	20.6	13.4

个人特征	类别	PC2 人数	PC2 比例/%	PC1 比例/%
对调查水体的 满意程度	满意	196	46.01	48.8
	不太满意	183	42.96	41.7
	很不满意	47	11.03	9.5
河流生态恢复 对生活的 重要程度	重要	81	20.4	23
	一般	195	49.12	66.7
	不重要	121	30.48	10.3
对环保部门的 信任程度	信任	161	37.97	41.1
	一般	229	54.01	52.8
	不信任	34	8.02	6.1

7.4.3 支付意愿分布的比较

PC1 共发放 490 份问卷，回收 426 份，回收率 89.6%。其中，愿意支付的样本数为 308 人，占总量的 72.3%。支付意愿主要集中在 1、3、5、10、20 和 50 元，其中，10 元的支付意愿比例最大，占正支付样本的 25.5%；20 元以下的支付意愿占 83.5%；50 元以下的支付意愿占 95.4%。

PC2 共发放 496 份问卷，回收率 100%。其中，愿意支付的样本数为 367 人，占总量的 74.0%。支付意愿主要集中在 1、3、5、10、20 元，其中，5 元的比例最大，占正支付样本的 27.5%；其次是 10 元的比例，占支付样本的 21.2%，20 元以下的支付意愿占 83.7%，50 元以下的支付意愿占 95.1%。

由图 7-1 和图 7-2 可以看出，PC1 与 PC2 在支付意愿分布和累积频率分布上基本一致，略有差别，在较低投标数值上（即 3、5、10 元）PC2 的比例略高于 PC1，在较高投标数值上（即 10、20、30、50 元）PC2 的分布略低。

7.4.4 支付意愿主要统计值的比较

支付意愿的均值和中位数及其变化程度是描述支付意愿数据的重要指标。对 PC1 和 PC2 中支付意愿的均值和中位数进行统计分析，并应用非配对 T 检验进行均值差异统计性检验。由表 7-5 可以看出，两次调查的正支付样本中位数有差异，但总体样本的中位数相同；二者的均值差异很小，总体样本差异为 0.1 元，

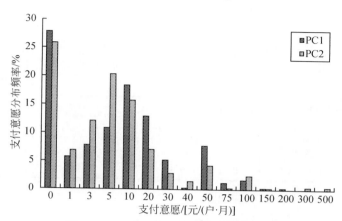

图 7-1　PC1 与 PC2 支付意愿分布的对比

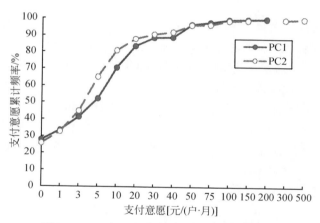

图 7-2　PC1 与 PC2 支付意愿累积频率的对比

正支付样本为 0.6 元；T 检验的结果表明，不能拒绝二者相等的原假设。

　　支付意愿的分布特征、均值与中值统计量的比较结果和 T 检验结果表明：时间间隔为一个月、以同一目标人群为对象的两次 CVM 调查的支付意愿结果没有显著性差异，重现性良好。

表 7-5　PC1 与 PC2 的支付意愿均值和中位数比较

支付意愿	指标	PC1	PC2	绝对差	相对差	T 检验
WTP=0	比例/%	27.83	25.81	2.02	7.26	—

支付意愿	指标	PC1	PC2	绝对差	相对差	T 检验
WTP>0	均值/元	19.63	18.95	0.60	3.06	$t=0.315$，$P=0.753$
	中位数/元	10	5	5	50.00	
	95% 置信区间	(16.9, 22.3)	(14.2, 23.7)	—	—	
总体	均值/元	14.20	14.10	0.10	0.70	$t=0.049$，$P=0.961$
	中位数/元	5	5	0	—	
	95% 置信区间	(12.0, 16.3)	(10.4, 17.7)	—	—	

7.4.5 支付意愿影响因素的重现性分析

应用对数线性计量模型和 Logit 概率模型分析支付意愿及其概率影响因素。基于前期研究成果，选取的主要影响因素为收入、教育、户籍、沿河居住时间和对政府信任程度。根据理论推断，如果时间间隔为一个月的两次调查符合时间稳定性，那么主要影响因素必然重现。

借鉴前期研究成果，回归变量选取经多重方程检验的 5 个主要变量，包括常规人口变量（户籍）、社会经济变量（收入、教育程度、沿河居住期）、环境问题认知变量（对相关环保部门的信任程度）以及收入的平方项和收入与户籍的交互项，变量定义见表 4-6。

回归方程为：

$$\log(\text{WTP}) = \beta_0 + \beta_1 \text{Income} + \beta_2 \text{Inc}^2 + \beta_3 \text{Educ} + \beta_4 \text{Year} + \delta_1 \text{Huji}$$
$$+ \delta_2 \text{Huji} \times \text{Income} + \xi_1 \text{Cogo2} + \xi_2 \text{Cogo3} + \mu \qquad (7\text{-}1)$$

$$\log[P/(1-P)] = \beta_0 + \beta_1 \text{Income} + \beta_2 \text{Inc}^2 + \beta_3 \text{Educ} + \beta_4 \text{Year} + \delta_1 \text{Huji}$$
$$+ \delta_2 \text{Huji} \times \text{Income} + \xi_1 \text{Cogo2} + \xi_2 \text{Cogo3} + \mu \qquad (7\text{-}2)$$

式中，β_0 为常数项；β_i、δ_i、ξ_i、η_i、ζ_i 为回归系数；μ 为随机扰动项；WTP 为支付意愿；Income 为收入；Inc^2 为收入平方；Educ 为受教育年数；Year 为居民在河流周边居住的时间；Huji 为户籍；Cogo 为居民对政府相关环境保护部门的信任度；P 为支付为正的概率。

线性回归结果表明，教育水平、收入水平、对政府的信任程度显著影响支付意愿，符合预期；沿河居住期、户籍变量虽然符合预期，但不显著影响支付意愿。Logit 概率模型结果表明，收入水平、户籍、对政府的信任程度显著影响支付意愿，影响方向与对 PC2 相同；教育程度和居住期虽然影响方向一致，但对支付意愿的影响不显著（表7-6）。

表7-6 支付意愿影响因素回归分析

变 量	对数线性方程			Logit 模型		
	PC1	PC2	两期混合数据	PC1	PC2	两期混合数据
Educ	0.040 **	0.103 ***	0.063 8 ***	0.034	0.094 **	0.049 0 *
	(2.040)	(5.340)	(0.013 4)	(0.940)	(2.340)	(0.025 2)
Income	0.115 **	0.143 ***	0.150 ***	0.509 **	0.165 **	0.247 ***
	(2.030)	(4.390)	(0.028 8)	(2.820)	(2.190)	(0.070 2)
Inc^2	−0.002	−0.002 ***	−0.002 41 ***	−0.001	−0.003	−0.002 55 **
	(−1.250)	(−3.520)	(0.000 635)	(−0.450)	(−1.92)	(0.001 20)
Huji	−0.007	0.541 ***	0.423 **	1.714 **	1.196 ***	1.170 ***
	(−0.020)	(2.660)	(0.181)	(2.080)	(2.660)	(0.387)
Huji×income	−0.040	−0.049 *	−0.052 1 **	−0.441 **	−0.077	−0.150 **
	(0.700)	(−1.700)	(0.026 4)	(−2.340)	(−1.010)	(0.073 3)
Year	−0.006	−0.008 **	−0.008 14 ***	−0.339	−0.014 *	−0.012 3 **
	(−1.290)	(−1.980)	(0.003 01)	(−1.230)	(−1.720)	(0.005 42)
Cogo2	−0.434 ***	−0.607 ***	−0.514 ***	−0.701 **	−1.109 ***	−0.850 ***
	(−2.72)	(−5.58)	(0.091 4)	(−2.3)	(−4.35)	(0.187)
Cogo3	−0.675 **	−0.728 ***	−0.690 ***	−1.618 ***	−1.437 ***	−1.297 ***
	(−2.270)	(−2.780)	(0.192)	(−3.250)	(−2.860)	(0.336)
Dummy_ time	—	—	−0.096 1	—	—	0.139
			(0.088 8)			(0.170)
Cons	−0.902 *	−0.143	0.496 **	−0.455	−0.566	−0.442
	(1.820)	(−0.490)	(0.249)	(0.460)	(−0.940)	(0.485)
观察数 Ods	326	474	813	326	474	813
R^2	0.141 4	0.260 6	0.180	0.101 2	0.127 4	0.086 9

注：对数线性方程括号内为 t 值，Logit 回归括号内为 z 值

对支付意愿及其概率影响因素在时间间隔为一个月的两次 CVM 调查的重现性研究中，发现绝大多数指标的重现性良好，如收入、教育、对政府的信任程度和户籍等，符合理论预期，但也存在个别指标，如沿河居住期的重现性较差。由于 CVM 调查结果的影响因素很多，多种因素复合在一起，有的互相加强，有的互相削减，影响方向难以确定。在本研究中，两次调查的人员略有差异，PC2 调

查人员从 PC1 中产生，从而使 PC2 的调查人员相对有调查经验且人数较少，故 PC2 由于调查人员自身差异造成的支付意愿差异较小，这可能是 PC1 数据相比 PC2 偏差较大的原因之一。

7.4.6 混合数据时间虚拟变量的显著性检验

用不同时期的 CVM 调查数据混合构建跨时横截面数据，设置时间虚拟变量，通过检验该变量在统计上是否显著来分析 CVM 时间稳定性。

1）数据来源与描述性统计。用 PC1 和 PC2 构造跨时混合数据，样本数为 922，零支付比例为 26.7%。通过比较混合数据和 PC2 数据在主要变量上的统计值差异（表 7-7）可以看出，混合数据与 PC2 在收入、教育、沿河居住期上的均值、中值和变异系数没有显著性差异；在支付意愿上，均值相差 0.05 元，相对差仅 0.4%；二者中位数相等，主要连续变量的均值、变异系数接近。

表 7-7　混合数据主要变量的统计描述

变　量	两时期混合数据				PC2			
	均值	方差	变异系数	中位数	均值	方差	变异系数	中位数
支付意愿	14.11	33.67	2.39	5	14.06	40.98	2.91	5
收　入	6.20	5.13	0.83	5	6.09	5.07	0.83	5
教　育	13.55	3.75	0.28	12	13.28	3.39	0.25	12
沿河居住期	13.79	15.55	1.13	7	12.72	14.23	1.120	8

2）计量模型与结果分析。用 PC1 和 PC2 构造跨时混合数据模型，回归模型在式（7-1）和式（7-2）中加入表示时间差异的虚拟变量 Dummy_ time。其中，PC2 的 Dummy_ time 赋值为 1，PC1 的 Dummy_ time 赋值为 0。若相隔一个月的两次 CVM 调查没有结构性差异，则根据理论推断时间虚拟变量必将在统计上不显著。由回归统计结果（表 7-6）可以看出：①核心变量时间虚拟变量 Dummy_ time 系数在两个方程中都不显著，表明 PC1 与 PC2 的调查结果没有结构性差异，说明 CVM 调查结果具有时间稳定性；②由于混合数据可以加大样本容量，当因变量和某些自变量保持不随时间而变的关系时，有助于获取更精确的估计量和更有效的检验统计量。回归结果显示，收入、教育、户籍、对政府信任程度和居住年限等变量影响显著；收入变量在两个方程中都在 1% 的置信水平上显著为正；收入平方项在 1% ~5% 的置信水平上显著为负；教育在 1% ~5% 的置信水平上显著为正；居住期在 1% ~5% 的置信水平上显著为负；户籍虚拟变量在 1% ~

5% 的置信水平上显著为负；户籍与收入的交互项在 5% 置信水平上显著为负；代表对政府相关管理部门信任程度的变量在两个方程中都在 1% 的置信水平上显著为负，表示随着信任度的降低，支付意愿显著减少。

7.5 时间间隔对时间稳定性影响的研究

为研究较长时间尺度间隔下的 CVM 的稳定性，设计了相隔两年的 CVM 调查。在 2008 年进行了第三次调查 PC3，共发放问卷 200 份，其中，愿意支付样本数为 156 人，占总量的 78.0%。支付意愿主要集中在 5、10、20、50 元。其中，20 元的比例最大，占正支付样本的 22.5%；35 元以下占 83.5%；50 元以下占 95.5%。其支付意愿分布见图 7-3，累计频率分布见图 7-4。

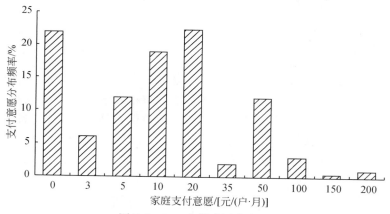

图 7-3　PC3 支付意愿分布图

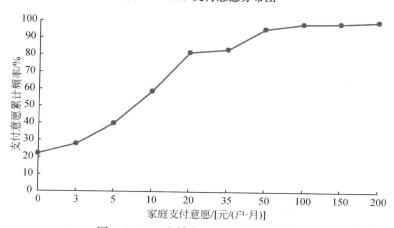

图 7-4　PC3 支付意愿累积频率分布图

与 PC1、PC2 相比，PC3 支付意愿的分布上移，愿意支付的比例略有增加；支付比例最大的数额由 10 元上升到 20 元，5 元及以下的比例由 PC2 的 53% 降低到 PC3 的 40%，75% 的支付意愿由 PC2 的 10 元及以下增加到 PC3 的 20 元及以下。经计算，PC3 的支付意愿均值为 19.2 元，根据上海市逐年消费价格指数计算，2006～2008 年的 CPI 平减指数为 1.0685，因此以 2006 年为基准年计算，PC3 的支付意愿均值为 18.00 元，与 PC1 相比增加了 26.8%。三次 CVM 调查的支付意愿统计情况见表7-8。

表 7-8　三次 CVM 调查的支付意愿统计值

问卷代码	调查时间	有效样本数	愿意支付的比例/%	支付意愿均值/元	支付意愿中位数/元
PC1	2006-03	426	72.3	14.2	5
PC2	2006-04	496	74.0	14.1	5
PC3	2008-03	200	78.0	18.0	10

随着经济社会的快速发展，居民对环境物品的消费日趋重视。2008 年研究得出的支付意愿分布和主要统计值符合预期。与相隔 1 个月的两次研究结果相比，两年间隔的 CVM 结果数量级尽管呈现一致，但数值略有变化。McConnell 等认为，由于社会经济条件可能在两年以上的时间间隔发生变化，因此时间稳定性难以保证，与本研究结果基本一致。

7.6　本章结论与讨论

本章以 2006 年 3 月、4 月和 2008 年 3 月对上海漕河泾水体生态修复进行的三次 CVM 调查为对象，开展 CVM 的时间稳定性研究。三次调查的调查方式和问卷内容相同，调查样本同属于一个总体。对比支付意愿结果，得出如下结论：

1) 设计了相隔一个月的两次调查，对比了样本的结构特征、主要人口特征、社会经济特征、环境相关特征，都显示在这一个月内样本在上述方面没有显著差异。支付意愿的中位数相同，均值仅差 0.1 元，T 检验的结果均值无显著性差异，重现性良好；除沿河居住期指标外，收入、教育、对政府的信任程度、户籍等指标的重现性良好；时间虚拟变量在混合数据方程中不显著，说明两次调查没有结构性差异。因此，时间间隔一个月的两次 CVM 调查具有时间稳定性。

2) 比较相隔两年的调查结果显示，支付意愿分布相似，数值上移。主要统计值尽管无数量级上的差异，但均值由 14.2 元增加到 18.0 元，相差 3.8 元，中位数由 5 元增加到 10 元，显示出 CVM 方法在两年间隔中既呈现相对稳定性，也呈现一定的差异。

由于 CVM 调查中存在许多不可预测的因素，故许多随机因素的组合影响难以进行确定性分析。完全重复实验成本高昂，且关于 CVM 时间稳定性研究国内文献鲜有报道，故这一领域需要开展更多的应用实例研究以积累经验数据。

第 8 章 CVM 不同诱导技术应用的比较研究

8.1 引 言

诱导技术是 CVM 研究中的重要内容，不同的诱导技术使得受访者面临的假想市场不同，从而对潜在偏好的揭示也呈现显著性差异。相比国外大量的经验研究（Venkatachalam，2004），国内关于此方面的经验研究普遍缺乏。一些学者对诱导技术的差异进行了有益的探索，采用不同诱导技术进行了比较研究（徐中民等，2003；张志强等，2004；赵军，2005；陈琳等，2006；张翼飞，2008）。

本章以漕河泾为研究对象，以该河流的生态恢复为假想市场，比较支付卡法、单边界二分法、开放式、1.5 边界和多重选择性问卷的差异，并与相关国内研究相比较，对 CVM 不同诱导技术在我国的应用条件和原则进行了探讨。

8.2 相关文献回顾

诱导技术是 CVM 研究中的核心内容，根据文献资料主要有下列四种技术：① 投标博弈法（bidding game）；②支付卡法（payment card，PC）；③开放式问卷（open-ended，OE）；④二分法（dichotomous choice approach，DC），包括单边界二分法（one-bounded or take-it-or-leave -it）、双边界二分法（double-bounded or take-it-or-leave-it-with follow up）和多边界二分法（multi-bounded）（Loomis，1990；Venkatachalam，2004）。

投标博弈法指被访者针对任一投标值做出回答，直到获得最大支付意愿为止。1963 年，Davis 使用重复投标问卷第一次实际应用 CVM 方法对狩猎的收益进行了评估。该方法主要有两大优点：一是由于采取模拟市场的方式，受访者可以研究自己对非市场物品的偏好（Cummings et al.，1986）；二是可以得到最大的支付意愿。同时，该方法存在成本高昂和起点偏差等问题（Venkatachalam，2004）。

支付卡问卷由 Michell 和 Carson（1984）引入。尽管该方法具有能获得最大支付意愿和形式简便等优势，但是存在范围偏差和中心偏差（Michell and Carson，1989）。开放式问卷直接询问最大价值，其特点是回答方便，不存在起点偏差，适合于获取价值评估的下限等保守估计的研究（Walsh et al.，1984）；但是由于理解困难导致大量的抗议回答和无反应，容易产生异常大的数值（Desvonsges et al.，1993）。

Heberlein（1979）第一次采用封闭式问卷，设计了单边界问卷评估了非市场物品的价值。Bishop（1988）对支付卡法、重复投标问卷和封闭式问卷进行了比较，结果显示根据重复投标问卷和支付卡问卷计算出的支付意愿没有显著差别，但都大于封闭式问卷。在单边界问卷的基础上，Carson 和 Hanemann（1985）首次提出使用双边界问卷来评估环境资源的价值。Hanemann（1991）比较了双边界和单边界问卷，并提出双边界模型在统计上更加有效和精确，是一种优于单边界问卷的方法。美国海洋与大气管理局（NOAA）主持的"蓝带小组"，建议在应用中使用封闭式问卷代替开放式问卷。

经验研究结果显示，采用不同诱导技术将得到不同的支付意愿，且多表现为二分法比开放式问卷的支付意愿值高。据统计，两者的比值为 1 ~ 72.9（Schulze，1996），被作为 CVM 违背"收敛有效性"的主要论据。但 CVM 的拥护者认为（Hanemann，1999），对诱导形式的依赖性在经济学领域中普遍存在，由于个人的认知需求不同，因此不同技术的评估结果不可能收敛。CVM 采用何种技术取决于物品性质、调查成本、目标样本性质和统计技术。

针对不同诱导技术效应研究，2004 年张志强等使用单边界问卷和双边界问卷对张掖地区的生态恢复价值进行了评估，结果显示两种方法得到的支付意愿相近，但远大于 2002 年使用支付卡法所得的结果。2005 年，赵军使用支付卡法和单边界问卷对上海张家浜城市内河生态恢复价值的支付意愿进行了估计，结果表明使用单边界问卷所得的结果要远高于支付卡法，分别为 128.9 元/（月·户）和 19.5 元/（月·户），两者比值 6.61：1。陈琳等（2006a）采用支付卡式和二分式两种问卷格式，对北京市居民保护濒危野生动物的支付意愿进行了研究，两者比值为 4.57：1；蔡春光等（2007）对比了单双界二分法对空气污染造成的健康损害价值，比值为 1.13：1。由于应用案例研究的不足，对该领域尚无确定性的研究结论，CVM 在我国的应用需要大量的应用案例研究验证。

8.3 问卷设计与调查反馈特征比较分析

开放式问卷直接询问被访者的支付意愿，支付卡问卷在一定范围的一系列数额中让受访者选择自己的最大支付意愿；二分法选择问卷在一定数额范围内随机给出一个具体值，询问受访者是否愿意支付，受访者只需回答"是"或"否"。

问卷核心问题为：

1）开放式问卷。

    为支持对漕河泾地区的这项生态改造计划，您愿意支付_____元？

2）支付卡问卷。

    如果您愿意支付，以家庭为单位，未来3年内您愿意支付的每月金额为多少（元）？

    □1　□3　□5　□10　□20　□30　□40　□50　□75
    □100　□150　□200　□300　□其他

3）单边界二分式问卷。

    如果未来3年需要您每月从您家中的收入中拿出 A_i[①] 元支持对漕河泾地区的这项生态改造计划的话，您是否同意？

    □同意　　□不同意

4）双边界二分法。在单边界问题后，如果回答是肯定的，则继续增加投标值。

    您是否同意支付 A_{i+1} 元支持对漕河泾地区的这项生态改造计划？
    □同意　　□不同意
    如果单边界问题回答是否定的，则继续减少投标值为 A_{i-1}，
    您是否同意支付 A_{i-1} 元支持对漕河泾地区的这项生态改造计划？
    □同意　　□不同意

5）1.5边界二分法。在单边界问题后，如果回答是否定的，则继续询问是否愿意支付大于零的数额。

    您是否同意支付大于零的数额支持对漕河泾地区的这项生态改造计划？
    □同意　　□不同意

[①] A_i在一系列数据中随机抽取的数值，本案研究中采取的数值是在前期支付卡调查基础上确定，与支付卡问卷相同，分别为1、3、5、10、20、30、40、50、75、100、150、200、300

8.4 支付卡与单、双边界技术应用的比较

8.4.1 样本特征描述

二分法问卷 DC1 和支付卡问卷 PC2 样本特征的描述见表 8-1 和表 8-2。由表 8-1 主要样本的统计值可以看出，DC1 与 PC2 在教育、沿河居住期等统计指标基本相同。收入方面 DC1 均值高于 PC2 约 12%，考虑到收入水平的上涨和通货膨胀率，符合预期。

表 8-1 DC1 与 PC2 主要指标的统计描述

指 标	DC1				PC2			
	均值	标准差	中值	变异系数	均值	标准差	中值	变异系数
收入/[元/(月·户)]	6 982	8 664	4 000	1.241	6 093	5 067	5 000	0.832
教育/年	13.69	3.56	16	0.260	13.28	3.389	12	0.253 1
沿河居住期/年	14.46	16.19	7	1.119	12.72	14.23	8	1.120

为进一步分析样本的结构性差异，按主要指标进行分类。由表 8-2 可以看出，DC1 与 PC2 样本相比，其性别比例接近，非户籍人口比例略高，年龄结构上，年轻人比例较高，老年人比例低，中年人比例接近；教育结构上，小学、初中程度接近比例，高中比例低，而研究生以上比例略高；收入比例相近；在居住期上，两个样本都呈现小于 5 年的比例最高，超过 40%，DC1 样本超过 20 年的比例较高，5~10 年较低；对水体的满意程度，DC1 样本中对水体满意的比例略低于 PC2，不满意的比例接近；在居民对环境物品的消费态度上，认为一般的比例接近，重要的比例 DC1 样本略低，不重要的比例略高。整体而言高学历比例增加，非户籍人口增加。总体看两个样本在按各指标分类的结构上没有显著差别。

表 8-2 DC1 样本特征及与 PC2 的比较

指 标		DC1	DC1	PC2
个人特征	类 别	人 数	比例/%	比例/%
性 别	男	417	50.79	51.2
	女	404	49.21	48.8

指　标		DC1	DC1	PC2
个人特征	类别	人　数	比例/%	比例/%
户　籍	上　海	532	64.8	71.2
	非上海	289	35.2	28.8
年龄/岁	18~30	336	41.0	23.8
	31~40	193	23.5	26.4
	41~50	131	16.0	21.6
	51~60	88	10.7	14.3
	>60	72	8.8	13.5
教育程度	小学及以下	37	4.5	4.8
	初　中	124	15.1	15.1
	高中及三校	189	23.0	31.5
	大专本科	373	45.4	42.7
	研究生及以上	99	12.0	5.2
收　入	<2 000	152	19.0	16.0
	2 001~8 000	534	66.7	64.1
	>8 000	115	14.4	19.9
临河居住年限/年	<5	243	46.0	41.8
	6~10	79	15.0	7.6
	11~20	56	10.6	17.0
	>20	150	28.4	16.8
对调查水体的满意程度	满意	273	33.0	48.8
	不太满意	467	56.4	41.7
	很不满意	88	10.6	9.5
河流生态恢复对生活的重要程度	重　要	135	16.3	23
	一　般	522	63.0	66.7
	不重要	172	20.8	10.3

162

8.4.2　支付卡法与二分法参数估计结果的比较

由于支付卡问卷的简便易行和易于理解，我国学者在早期大多采用该方法。

二分法由于符合激励相容的原理，从而成为推荐使用的方法。

支付卡问卷属于连续型问卷，在支付意愿的估计中一般采取两种方法，国内大多数学者采用求均值的计算方法直接用样本均值作为总体估计，另一种方法是构建线性回归模型，进行参数估计。双边界及单边界等问卷形式属于离散数据问卷，受访问者的回答给出了支付意愿数值存在的区间，而不是具体数值。因此，采用区间估计模型进行参数估计，估计模型及结果见表 8-3。

根据回归模型进行支付意愿的估计，结果见表 8-4。考虑到从 2006 年至 2008 年的消费指数的上涨，2008 年至 2006 年的平减指数为 1.068 531[①]，得到二分法问卷单边界估计值为 58.0 元，双边界估计值为 41.3 元，与支付卡结果的比值分别为 4.96 和 3.53。符合国际上报道的 1~6 倍的经验结果（Carson，2001），与国内相关研究相比，范围相似（表 8-5）。与研究对象同为上海市内河的（杨凯和赵军，2004）研究相比，比例较低。

表 8-3 二分法问卷估计模型回归结果

变量名	变量定义	回归方程	
		双边界	单边界
Satis	虚拟变量，满意=1；不满意=0	−1.139 (4.306)	3.760 (8.105)
Live	虚拟变量，对生活质量有提高=1；其他=0	19.76 *** (4.903)	27.39 *** (10.39)
Gender	虚拟变量，女性=1；男性=0	−8.259 ** (3.883)	−18.97 ** (7.603)
Famnum	家庭人口数/人	−2.022 (2.268)	−3.125 (4.420)
Worknum	家庭工作人口数/人	2.275 (2.940)	3.962 (5.677)
Age1	虚拟变量，年龄 40 以下=1；40 岁以上=0	16.08 *** (5.237)	26.92 ** (10.45)
Edunum	教育年数/年	7.149 *** (2.068)	11.53 *** (4.072)
Incfamnum	家庭收入	0.000 235 (0.000 254)	0.000 644 (0.000 489)
Resi	虚拟变量，外地户籍=1，本地=0	−1.183 (4.890)	−2.153 (9.225)
Year	居住时间/年	0.217 (0.146)	0.439 (0.278)
Propoty	虚拟变量，产权房=1；非产权房=0	−1.686 (4.675)	−4.708 (8.728)
Frequence	虚拟变量，去河边休闲多于 1 个月 1 次=1；其他=0	22.53 *** (4.315)	28.83 *** (8.054)

163

① 中华人民共和国统计网 http://www.stats.gov.cn/，按"上海市居民消费价格指数"，经计算，2008 年至 2006 年平减指数为 1.06 853

变量符号	变量定义	回归方程	
		双边界	单边界
Distance	虚拟变量，到河边步行=1；其他方式=0	2.557 (4.348)	0.341 (8.186)
Constant	常数项	−13.91 (11.11)	−25.09 (23.79)
Insigma	方程	3.926 *** (0.030 9)	4.244 *** (0.053 2)
Observations	样本数	785	529

表 8-4　支付卡与二分法支付意愿的比较

调研时间	问卷编码	样本数	诱导技术	均值（参数估计）	置信区间
03/2008	DC1-1	529	单边界二分法	61.98 (0.95)	(60.12, 63.85)
	DC1-2	785	双边界二分法	44.13 (0.81)	(42.54, 45.74)
04/2006	PC3	498	支付卡	11.7 (2.51)	

注：DC1 的数据处理按照单边界和双边界分别进行，为标志清楚，分别记作 DC1-1 和 DC1-2；表中数据分别以当年价格计

表 8-5　与其他国内研究成果的比较

比例	漕河泾 （张翼飞，2008）	张家浜 （赵军等，2003）	黑河流域 （张志强等，2003）	濒危野生动物 （陈琳等，2006a）
DC1/PC2	4.96 (3.53)	6.81	3.53	4.57

8.5　二分法不同边界问卷的应用比较

在单边界二分法问卷设计中，居民要求对给定的支付意愿回答"是"或"否"，如果居民支付意愿 WTP_i 大于给定的值 τ_j，则模型中回答"是"的概率为 $Pr(\tau_j)$，反之概率为 $1−Pr(WTP_i \geqslant \tau_j)$。与连续性开放式技术相比，Carson 等（1993）指出单边界二分法由于能够最小化激励不相容问题从而减少了策略性行为，增加了结果的有效性。但是由于该类数据在区间 $[−\infty, \tau_j]$ 和 $[\tau_j, +\infty]$ 是删失（censored）的。Cameron 等（1987，1991）及 Hanemann（1991）提出用区间数据模型处理这类删失数据。同时，为增进模型的估计精度，Carson（1987）提出在问卷中单边界的问题回答选项中增加"不知道"选项。而 Hite（2002）进一步指出在单边界问题"是"、"否"或"不知道"后再加上一个"是否愿意支付大于零的数额"，将使"完全删失"（fully censored）数据变成

"部分删失"（part censored）数据，从而增加模型估计的精确性，对于回答是"否–是"（No-Yes）的数据区间为 $[0, \tau_j]$。这类问卷被称之为"single-boundary and followup"，本文中称之为"1.5 边界问卷"。双边界问卷在单边界问卷基础上，如果第一个给定的值 τ_j 回答是肯定的，则继续问第二个给定的值 τ_{j+1}，如果是否定的回答，则数据落在区间 $[\tau_j, \tau_{j+1}]$（表8-6）。

由于离散型问卷中设置于不同边界，使得受访问者支付意愿的区间范围不同，由单边界、1.5 边界到双边界，区间逐渐变小，估计结果见表8-8。

表8-6 二分法不同边界问卷的数值区间

边界设置	核心问题描述	回答	WTP 数值区间
单边界	对给定的值投标值 τ_j 是否同意	是	$[\tau_j, +\infty]$
		否	$[-\infty, \tau_j]$
1.5 边界	对给定的投标值 τ_j 是否同意，如果不同意，则是否同意支付大于零的金额	是	$[\tau_j, +\infty]$
		否–是	$[0, \tau_j]$
		否–否	$[-\infty, 0]$
双边界	对给定的投标值 τ_j 是否同意，如果同意，则是否同意 τ_{j+1}，如果不同意，是否同意 τ_{j-1}。	是–是	$[\tau_{j+1}, +\infty]$
		是–否	$[\tau_j, \tau_{j+1}]$
		否–是	$[\tau_{j-1}, \tau_j]$
		否–否	$[-\infty, \tau_{j-1}]$

8.6 5 种技术应用的综合比较

综合比较开放式、支付卡法、不同边界二分法 5 种问卷技术在上海市内河生态恢复居民支付意愿中的应用结果，发现开放式和支付卡问卷属于连续数据问卷，可应用线性回归模型进行参数估计（参数模型详见第 3 章、第 10 章）。二分法问卷形式属于离散数据问卷，受访问者的回答给出了支付意愿数值存在的区间，而不是具体数值。因此，采用区间估计模型进行参数估计，具体结果见表8-7。

综合比较 5 种问卷结果，从开放式问卷到双边界问卷，支付意愿估计值分布从 5 元左右到 41 元左右。由于对支付意愿的理解困难和出价的困难，开放式问卷的零支付意愿比例最高，接近 50%，因此其支付意愿估计结果最低，仅为 5 元左右，支付卡问卷和 1.5 边界问卷零支付率为 20% ~25%，二分法问卷估计值为 24 ~41 元。

双边界二分法与支付卡和开放式的支付意愿均值比值分别为 3.53 和 8.74；

1.5 边界二分法与支付卡和开放式的支付意愿均值比值为 2.31 和 5.35。而根据 Cameron（2002）的研究，双边界与支付卡的支付意愿比值为 2.7~4.4，而双边界与开放式的支付意愿比值为 1.1~5（表 8-8）。该结果基本符合国际文献报道。

表 8-7　应用不同诱导技术评估河流生态恢复居民支付意愿

调查年份	问卷代码	评估技术	有效样本数	愿意支付比例（或接受一个以上投标值）/%	样本均值	均值估计（方差）	支付意愿均值估计（以2006年价格计）
2010	OE1	开放式	385	56.9	20.5（58.6）	5.05（1.82）	4.93
2006	PC2	支付卡问卷	474	74.2	14.0（41.0）	11.7（2.51）	11.7
2011	HDC1	单边界	819	59.4	—	31.0（0.56）	29.8
2011	HDC1	1.5边界	819	69.2	—	27.0（0.47）	25.9
2008	DC1	双边界	783	69.4	—	44.13（0.81）	41.3

注：2011 单边界对给定的一个投标值不接受的比例为 59.4%，2008 年双边界调查中对给定的两投标值都不接受的比例为 69.4%

表 8-8　5 种诱导技术结果的比值分布

比例	DC（双边界）/PC	DC（双边界）/OE	DC（1.5边界）/PC	DC（1.5边界）/OE	PC/OE
上海市漕河泾	3.53	8.38	2.21	5.25	2.37

8.7　本章结论与讨论

本章在参考国内外经验研究基础上，设计了多重调查问卷，分别选择支付卡法、双边界二分法、开放式和 1.5 边界二分法在 2006 年 4 月、2008 年 3 月、2010 年 6 月和 2011 年 11 月分四个阶段进行了上海市河流 CVM 调查。结果显示，采用不同的诱导技术导致问卷的执行、居民的参与反馈和支付意愿存在一定差异。

1）执行难度上，开放式难度最大，居民由于不理解或无从选择支付意愿导致调研配合程度差，零支付比例高。支付卡法和二分法执行难度较低。

2）比较支付意愿参数估计值结果显示，开放式、支付卡、单边界二分法、双边界二分法和 1.5 边界二分法参数估计值分别为 5.05、11.7、31.0、44.1、27.0 元。开放式支付意愿估计值最低。

对于差异的原因探讨，国际文献的解释为，OE 存在搭便车的策略性偏差，或者面对一个非常困难的问题时，易被低估（Brown et al.，1996）。二分法被认为是激励相容的，Hanemann（1994，1999）指出消费者对二分法随机投标额的离散反映符合消费者效用最大化，从而被认为符合"激励相容"性质，而成为目前推荐的诱导模式。本研究中两者的差异除了技术方法本身的原因外，调查区域内居民出于对环境问题的关注和对调查人员的尊重，"奉承"（yea-saying bias）效应较为明显，对随机给定的支付数值倾向于回答"是"。对环境治理不太熟悉的居民，由于认为随机给定的支付数值可能是以成本为基础的合理值，倾向于回答"是"。

第9章 河流生态退化的受偿意愿研究
——兼与支付意愿的比较

9.1 引　言

CVM 的广泛应用伴随着对其方法有效性和可靠性的质疑和讨论，其中争论焦点之一就是对同一环境物品的支付意愿和受偿意愿之间的差异。按照福利经济学基本理论（Freeman，1993），这两个价值测度的指标都是用来衡量同一环境物品的变化带来的福利变化，因此预期两者差距很小。但在 CVM 的大量应用研究报道中，二者呈现了非预期的较大差异（Coursey，1987；Shogren，1994），这成为 CVM 有效性受到质疑的主要依据之一。

相比支付意愿，受偿意愿往往更适合发展中国家的 CVM 调查。国际上对受偿意愿及与 WTP 的比较研究已经有 30 多年的历史，但在我国由于社会文化和制度等方面的差异，居民对受偿意愿的概念理解及政府补偿可行性的质疑，使得受偿意愿的研究在国内相对滞后。

赵军（2005）在硕士论文中结合 CVM 应用实例开展了受偿意愿研究；刘雪林等（2007）研究了退耕还草还林的生态服务受偿意愿；张翼飞（2008b）研究了上海城市内河生态修复一次性补偿意愿；赵斐斐（2011）研究了填海工程对湿地影响的受偿意愿；李芬等（2009）探讨了鄱阳湖区农民在政府实施"退田还湖"的生态恢复措施的经济补偿；蔡银莺等（2011）研究了农民放弃使用部分化学产品带来减产损失给予生态环境补偿的意愿；王昌海等（2012）分析了湿地居民绿色水稻生态受偿意愿值。

在对受偿意愿与支付意愿的比较研究中，赵军（2005）对河流治理、李金平等（2006）对空气污染、杨光梅等（2006）对禁牧政策、刘亚萍等（2008）对风景区、张翼飞（2008a）对河流生态恢复、黄丽君等（2011）对森林资源、范晓赟等（2012）对池塘养殖、徐大伟等（2012）对辽河干流源头、西爱萍等（2012）对农业保险都做了有益探讨。

本章从支付意愿与受偿意愿的福利经济学理论出发，在总结国际上对该问题理论和实证研究成果基础上，应用 CVM 调查居民对上海市景观内河生态功能恢复的支付意愿和受偿意愿，比较支付意愿与受偿意愿的实证差异。通过经济计量分析，探讨差异的一般经济原因和中国的特殊原因。同时通过 2012 年苏州城市内河补偿效益的评估，分析补偿效益在社会群体间的分配。

9.2　概念与经济学原理

支付意愿与受偿意愿的概念来自 Hicks（1941，1943）定义的两种希克斯消费者剩余测度指标，即补偿变差（compensation variation，CV）和等效变差（equivalent variation，EV）（Freeman，1993），最早来源于对私人商品价格变化给消费者带来的福利变化的测度。

9.2.1　市场商品价格变动的支付意愿与受偿意愿

U^0 和 U^1 表示两条无差异曲线。商品 X_1 的价格从 P_1' 降至 P_1''，个人根据效用最大化原则，改变消费组合 A 点到 B 点，初始效用水平 U^0 升至效用水平 U^1。为衡量价格下降给个人带来的福利变化，如图 9-1 所示，可以采取两种尺度。

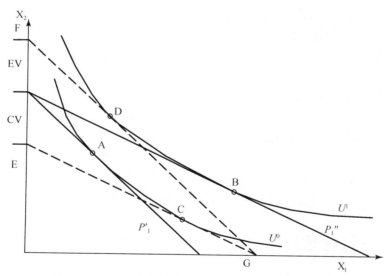

图 9-1　福利改变的测量尺度——补偿变差和等效变差

注：据 Freeman，1993

1）补偿变差。表示为使个人福利在 B 点和 A 点之间保持不变，消费者需要支付的货币量（即 WTP）。将新价格预算线 P_1' 平行下移至与 U^0 相切的虚线 EG，切点为 C，个人在 C 点的福利水平与 A 点相同。P_1' 与 EG 在 Y 轴的垂直距离等于 CV，用支出函数 e 表示如下（Freeman，1993）

$$\text{WTP} = \text{CV} = e(P_1', \ P_2, \ U^0) - e(P_1'', \ P_2, \ U^0) \tag{9-1}$$

2）等效变差：衡量当商品 X_1 的价格变化，收入变化多少会产生同等的效用变化。将初始预算线 P_1' 平行上移至与 U^1 相切的虚线 FG，切点为 D，消费者在 D 点达到新的效用水平 U^1。P_1' 与 FG 在 Y 轴的垂直距离等于 EV，用支出函数 e 表示如下（Freeman，1993）

$$\text{WTA} = \text{EV} = e(P_1', \ P_2, \ U^1) - e(P_1'', \ P_2, \ U^1) \tag{9-2}$$

从上述分析可以看出，CV 与 EV 都是衡量价格改变给消费者带来的福利改变，不同的是 CV 以价格变化前的原效用 U^0 为基准，而 EV 以价格变化后的效用 U^1 为基准。前者以福利恒定为基准，能够精确计量个人福利；而后者以收入恒定为基准，虽然更易量度，但仅能近似衡量（Carson，2001）。

9.2.2　CVM 中的支付意愿与受偿意愿

CVM 以消费者效用恒定的福利经济理论为基础，构造环境物品假想市场，通过调查支付意愿或受偿意愿衡量消费者对环境物品改善或损失的福利改变。在个人效用函数中纳入环境等非市场物品，构造间接效用函数和支出函数（忽略随机因素）。

面对环境改善消费者愿意支付的货币量为

$$\text{WTP} = \text{CV} = e[\,q^1, \ V^0(p, \ q^0, \ y, \ \varepsilon)\,] - e[\,q^0, \ V^0(p, \ q^0, \ y, \ \varepsilon)\,] \tag{9-3}$$

面对环境退化消费者愿意接受补偿的货币量为

$$\text{WTA} = \text{EV} = e[\,q^1, \ V^1(p, \ q^1, \ y, \ \varepsilon)\,] - e[\,q^0, \ V^1(p, \ q^1, \ y, \ \varepsilon)\,] \tag{9-4}$$

式中，环境质量从 q^0 改善至 q^1，p 代表私人商品价格，y 为收入，ε 为个人偏好，V^0 与 V^1 为对应 q^0 和 q^1 时的间接效用函数，e 为支出函数。

9.3　支付意愿与受偿意愿差异的研究进展和经济学解释

根据经济学理论，无论是补偿变差还是等效变差都是衡量由于同一物品供应的改变造成的希克斯消费者剩余。因此无论是支付意愿还是受偿意愿都可以诱导出个人对物品或服务水平变化的偏好。Willig（1976）已经证明，对于价格变动，补偿变差和等效变差之间的差异很小，差异取决于商品需求的收入弹性以及作为收入一部分的消费者剩余；这些差异可能小于对需求函数参数进行估计时所带来的误差，且在大多数情况下几乎可以忽略。Randall 和 Stoll（1980）将 Willig 的公式从价格变动修改到更适应于公共物品的数量变动，研究同样得出在仅考虑收入效应时，补偿变差和等效变差相当接近。

Hammack 和 Brown（1974）首次开展了该领域的研究，他们对调查的禁猎水鸟的受偿意愿与支付意愿进行了对比研究，结果发现二者差异达到 4 倍。大量 CVM 的实证研究报道了受偿意愿与支付意愿之间存在不可忽视的差异，且受偿意愿大于支付意愿，平均倍数为 2～10 倍（Veisten，2006）。Horowitz 和 McConnell（2003）综合研究了 45 份调查后得出平均比例为 7.17，最低 0.74，最大 112.67。受偿意愿与支付意愿之间的差异被 CVM 的批评者认为是 CVM 理论无效的重要依据。因此，伴随着 CVM 的大量应用，对差异的研究在国际上尤其是西方国家开展广泛。对受偿意愿与支付意愿之间的差异的主要解释有：①收入效应和替代效应。支付意愿受收入约束，而受偿意愿不受收入限制，收入弹性越小，差异越小。替代效应指若替代物越少，差异越大，如面对独一无二的自然景观，可能索取无限的货币补偿；而有紧密替代物的私人物品，其受偿意愿与支付意愿收敛（Shogren，1994）。②损失规避。人们厌恶损失，认为出售意味着损失，购买意味着得益，这也符合消费边际效应递减规律。③谨慎消费。由于没有充足时间和机会收集关于环境物品的信息，从而表现为不确定性下购买和出售谨慎。④适应性心理。由于不愿意接受比现状更差的状况从而索要较高赔偿。⑤捐赠效应。商品的价值取决于相对参照位置的改变。⑥CVM 中调查与执行不当（Carmon，2000；Horowitz，2002；Thornas，2005；Carson，2005）。

由于我国制度安排、经济发展阶段特征、自然资源和环境物品的所有权结构不同，居民在没有产权的情况下，出现对受偿意愿的理解困难和实施的质疑。与支付意愿的研究相比，受偿意愿的案例相对较少。近年来随着我国学者对 CVM 有效性与可靠性的研究，受偿意愿与支付意愿差异研究案例也呈现显著增加。李金平等（2006）对空气污染损害评估的研究结果显示受偿意愿与支付意愿的比值为 3.8；对上海市浦东区张家浜的研究结果（赵军等，2007）显示，受偿意愿与支付意愿平均比值为 7.02，中点值比值为 6.18；李国平等（2012）对煤炭矿区生态恢复的研究显示这一比值为 36.69；巩芳等（2011）对内蒙古草原生态补偿的研究结果为84.2；高汉琦等（2011）对多情景下耕地生态效益的研究结果为 4.8；徐大伟等（2012）对辽河流域的研究结果显示比值为 1.57～1.78；范晓赟等（2012）对上海市池塘农业生态系统文化服务的研究结果显示这一比值为 5；西爱琴等（2012）等对农业保险的研究结果显示这一比值为 90.74。综上所述，受偿意愿与支付意愿的比值范围较大，为 1.57～84.2。

受偿意愿与支付意愿较大差异的存在，产生了在价值评估中选用哪个指标更

171

为合理的问题。不同指标的选取将对以 CVM 结果为基础的环境公共政策和治理决策的制定和实施产生重大影响。

9.4 河流生态恢复支付意愿与受偿意愿差异研究
——以上海市河流为例

本次研究以上海市城市景观内河——漕河泾港为例，以河流生态恢复、实现水质从现状的《地表水环境质量标准》（GB 3838—2002）Ⅴ类 ~劣Ⅴ类达到Ⅳ类景观水体标准为模拟市场，应用 CVM 方法，在调查居民未来三年内每月的支付意愿同时，调查了漕河泾附近居民的一次性支付意愿和一次性受偿意愿，发放正式调查问卷 496 份（张翼飞等，2007a）。

9.4.1 问卷设计与执行

问卷核心问题。支付意愿问题：

生态改造工程需要大量资金，除市政投入外，可能需要其他融资渠道，如果您支持对漕河泾地区的这项生态改造计划的话，您是否愿意出一部分治理费用支持该计划？

□愿意　　　□不愿意

如果需要您采取一次性支付的形式，那么你愿意支付的金额是__（元）。

受偿意愿问题：

生态环境的治理是政府应该承担的公共服务，漕河泾生态改造工程属于政府计划内的公共支出，款项来自政府财政，而居民的税收是国家财政收入的重要组成部分。如果由于其他原因改造工程取消，水质维持现状，那么如果水质未如期改善，您认为是否应该得到赔偿？

□是　　　　　□否

您希望获得多少补偿来弥补这一影响?＿＿＿＿＿＿＿（请填写金额）

本章分析所用数据来自 2006 年 4 月进行的 CVM 调查（PC2）。总样问卷数 496 份，回收率 100%。调查区域是沿漕河泾区域。取样采用随机抽样，调查方式为面访，调查的基本信息见第三章。

9.4.2 数据来源与简单描述

样本特征的描述见表9-1。由表9-1可知，一次性的支付意愿与一次性的受偿意愿变异系数较大，表示数据的离散程度较大，且受偿意愿的变异系数大于支付意愿。由于居民对受偿意愿问题存在理解困难或质疑，故在调查中受偿意愿的获得比较困难。因此，受偿意愿的变异系数大于支付意愿符合理论预期和面访的实际信息。

表9-1 受偿意愿、支付意愿与主要连续变量的统计描述

变　量	支付意愿	受偿意愿	收入/[元/(月·户)]	教育水平/年	居住年限/年
均　值	179.9	3 561	6 093	13.28	12.72
标准差	705.3	29 230	5 067	3.39	14.23
变异系数	3.9	8.2	0.83	0.25	1.12
中　值	50.0	200	5 000	12.00	8.00

9.4.3 支付意愿和受偿意愿的分布比较

正式调查共发放496份问卷，回收率100%。对于一次性支付意愿的问题100%的受访者作了回答，支付意愿为零的样本数为134，非零样本数为362，占73.0%。受偿意愿的调查中，178人由于理解困难或对补偿质疑等原因而未回答，有效样本318，占总样本64.1%。根据统计结果，支付意愿的平均值为180元，中位数为50元，受偿意愿平均值为3561元，中位数为200元，其分布比较见图9-2。由图9-2可见，受偿意愿普遍大于支付意愿，一次性支付意愿值集中在10～100元，占非零样本的59.6%；受偿意愿分布较为分散，10～100元有34.6%，100～500元有30.8%，500～5000元有24.8%。

受偿意愿与支付意愿比值（WTA/WTP）的有效样本数为362，均值为10.4，中位数为1.0，非零最小值为0.02，最大值为500。WTA/WTP范围主要集中在1～5。WTA/WTP为1的样本数为100，占27.6%；WTA/WTP大于1小于等于5的样本数为97，占26.8%，详见图9-3。相比于国际调查结果（Randall and Stoll, 1980；Horowitz and McConnell, 2003），根据国内文献的梳理，国内研究结果显示这一比值为1.57～84.2。本调查WTA/WTP分布较分散，平均比值偏大，而中值比值偏小，反映我国应用CVM具有一定的特殊性。本次研究结果与其他研究的对比见表9-2。

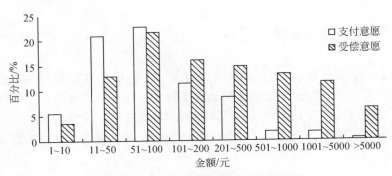

图 9-2　支付意愿与受偿意愿分布比较图

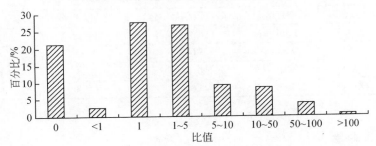

图 9-3　WTA/WTP 分布图

表 9-2　WTA/WTP 与相关研究成果比较

WTA/WTP	漕河泾生态恢复 （张翼飞，2008c）	张家浜生态恢复 （赵军等，2007）	澳门空气污染 （李金平和王志石，2006）	国　际
均　值	10.4	7.02	3.8	2~10（1~6）
中位数	1	6.18	—	—

9.4.4　受偿意愿的影响因素分析——与支付意愿的对比

应用多元线形对数模型，以支付意愿和受偿意愿的对数值为被解释变量，而解释变量的选取参考国际国内相关研究成果并结合地区特征（Zhang et al.，2007），主要包括社会经济变量（收入、教育程度和沿河居住期）、环境问题认知变量（河流生态恢复对生活的重要程度和对相关环保部门的信任程度）、反映中国二元结构的户籍变量，并加入收入与户籍的交互项。变量定义解释见表4-6，回归方程见式（9-5），回归结果见表9-3。

$$\ln(\text{WTP } or \text{ WTA}) = \beta_0 + \beta_1 \text{Income} + \beta_2 \text{Educ} + \beta_3 \text{Year} + \delta_1 \text{Huji} + \delta_2 \text{Huji} \times \text{Income} +$$
$$\xi_1 \text{Cogo2} + \xi_2 \text{Cogo3} + \eta_1 \text{Livqh2} + \eta_2 \text{Livqh3} + u \qquad (9\text{-}5)$$

式中，β_0 为常数项，β_1、β_2、β_3、δ_1、δ_2、ξ_1、ξ_2、η_1、η_2 为回归系数，μ 为随机扰动项。

表 9-3　支付意愿、受偿意愿与两者差异对社会经济信息变量回归分析表

变　量	方程（1）	方程（2）	方程（3）
回归元	ln（WTP）	ln（WTA）	ln（WTA−WTP）
Educ	0.121 *** （5.16）	0.081 ** （2.04）	0.114 ** （2.19）
Income	0.100 *** （2.71）	0.173 ** （2.35）	0.253 （2.62）
Inc2	−0.001 （−1.36）	0.000 （0.000）	0.000 （0.19）
Huji	0.240 （0.95）	0.089 （0.18）	0.714 （1.11）
Huji×Income	−0.033 （−1.02）	−0.107 （−1.41）	−0.217 ** （−2.21）
Year	0.000 （−0.08）	0.001 （0.13）	0.002 （0.22）
Cogo2	−0.290 ** （−2.33）	−0.368 * （−1.73）	−0.505 * （−1.79）
Cogo3	−0.510 （−1.58）	0.183 （0.33）	−0.080 （−0.11）
Livqh2	−0.288 ** （−2）	−0.858 *** （−3.55）	−1.179 *** （−3.78）
Livqh3	−0.649 ** （−2.07）	−1.064 ** （−2.06）	−1.223 ** （−1.99）
Cons	2.621 *** （6.71）	4.76 *** （7.09）	4.427 （5.27）
观察值	351	308	207
R^2	0.240 5	0.138 6	0.190 0

回归结果显示，两个计量模型以 1% 的显著性水平通过了总体显著性检验（F 检验），表明居民支付意愿或受偿意愿与所有解释变量存在显著关系；针对单个参数的 T 检验，收入水平、教育程度、对政府信任程度、环境改善对生活的重要程度等变量通过显著检验；户籍、收入与户籍交互项和居住时间等不显著。

补偿意愿的影响因素与支付意愿的影响因素相似，收入水平、教育水平与受偿意愿正相关，环境改善对生活的重要程度与受偿意愿正相关，户籍因素、交互项影响方向相同。但居住期与支付意愿负相关，而与受偿意愿正相关，显示老居民由于长期受污染水体的影响而倾向于要求较高赔偿，这符合理论预期。对政府信任程度 Cogo2 显著为负，表示随着信任程度的降低，居民认为受偿的可能性降低，因此受偿意愿减少，而对政府的信任程度 Cogo3 的系数为正，显示随着对政府相关环境保护部门的极度不信任，索要的赔偿已不符合理性预期，表明在居民对相关部门持不信任态度的地区，居民表述的受偿意愿一般呈现非理性高估。

9.4.5　受偿意愿与支付意愿差异的影响因素分析

应用多元线形对数模型，以受偿意愿与支付意愿的差值为被解释变量，回归

方程

$$\ln(\text{WTA} - \text{WTP}) = \beta_0 + \beta_1 \text{Income} + \beta_2 \text{Educ} + \beta_3 \text{Year} + \delta_1 \text{Huji} + \delta_2 \text{Huji} \times \text{Income} +$$
$$\xi_1 \text{Cogo2} + \xi_2 \text{Cogo3} + \eta_1 \text{Livqh2} + \eta_2 \text{Livqh3} + u \tag{9-6}$$

式中，β_0 为常数项、β_1、β_2、β_3、δ_1、δ_2、ξ_1、ξ_2、η_1、η_2 为回归系数，μ 为随机扰动项。回归结果见表9-3。

回归结果显示，计量模型以 1% 的显著性水平通过了总体显著性检验（F 检验），表明居民受偿意愿与支付意愿的差值与所有解释变量存在显著关系；针对单个参数的 T 检验，收入水平、教育程度、收入与户籍交互项、对政府信任程度、环境改善对生活的重要程度等变量通过显著性检验；户籍和居住时间等不显著。

1）收入的影响。收入与受偿意愿与支付意愿的差值正相关。因此可以预期，随着收入的提高，受偿意愿与支付意愿差异将增加。这符合"规避损失理论"的解释，按照一般消费理论，环境物品的消费属于"奢侈品"，在低收入居民效用函数中的权重小，随着收入增加，权重增加。因此，环境退化对高收入人群造成的损失高于低收入人群。

2）教育的影响。受教育年数与受偿意愿与支付意愿的差值正相关。预期随着教育程度提高，受偿意愿与支付意愿将趋于发散。由于教育程度与环境意识一般呈正相关，且教育程度较高的人对环境物品的非使用价值评估较高，在调查中也发现一些高教育水平的受访者认为环境物品是不可替代的。

3）户籍因素的影响。户籍变量为哑变量，上海户籍为1，非上海户籍为0。户籍因素对差异的影响分为两部分，一部分为恒定的差别 δ_1，δ_1 为正，但不显著，另一部分为户籍与收入的交互影响，系数 δ_2 显著为负，表明随着收入增加，户籍因素造成的差异在缩小，户籍因素带来的影响呈下降趋势，这符合理论预期。可见，相比西方劳动力流动更为自由的国家，我国特有的户籍制度会使受偿意愿与支付意愿的差值呈现更为复杂的特征。

4）对政府环保等相关部门的信任程度为分组有序变量。第一组为"信任"，为基准组；第二组（Cogo2）为"一般"；第三组（Cogo3）为"不信任"。在对差异的回归中 Cogo2 系数显著为负，表示随着信任程度的降低，居民认为受偿的可能性降低，因此受偿意愿与支付意愿的差值减小，符合理论预期。

5）景观河流生态功能恢复对居民生活质量的重要程度是分组有序变量。第一组为"重要"，为基准组；第二组（Livqh2）为"一般"；第三组（Livqh 3）为"不重要"。计量方程中回归系数显著均为负，表明随着居民对环境物品的消费需求下降，受偿意愿与支付意愿的差值趋于收敛，这符合经济理论一般预期。

6）居民沿河居住年数的影响。居住年数对差异的影响为正，这符合经济理论预期，并与调查中居民的反馈相吻合。老居民认为河流从清澈到污染是政府的发展政策、企业排污和政府环境治理不力所致，从而表现为不愿意支付，并且他们由于多年来受河流污染的干扰和对健康的影响而索要较高赔偿。这反映了我国过去以 GDP 增量为发展目标，以环境换增长的发展路径也是导致支付意愿与受偿意愿差异特殊的原因之一。

9.5 苏州市河流生态退化的受偿意愿及福利在群体间的差异

长三角城市河流随着政府投入的加大，河流生态恢复和治理的进程加速，一些城市河流污染已经得到有效的治理，水体生态环境得到了明显的改善。河流生态恢复后居民的福利变化的程度及在群体间分配的衡量成为探讨环境投入有效性的关键问题。在评估指标的选择中，受偿意愿是更为合适的指标。

9.5.1 研究区域及河流治理情况

（1）社会经济概况

苏州市地处长江三角洲，位于江苏省东南部，古称吴郡，是江苏省重要的经济、对外贸易、工商业中心及重要的文化、艺术、教育中心和交通枢纽，同时也是中国重点风景旅游城市和国家历史文化名城。"小桥流水"的特殊水城风貌，使其具备历史悠久的水乡文化。

2010 年苏州市全市总人口 1176.91 万人，其中，户籍人口（含户口待定人口）637.77 万人，外来人口 539.14 万人。全市常住人口为 1046.60 万人，平均每个家庭的人口为 2.84 人。每 10 万人中具有大学文化程度的为 1.40 万人。农村居民家庭人均纯收入 14 657 元/年，市区居民家庭人均可支配收入 29 219 元/年。

研究区域为平江河和官太尉河，两河南北相连，位于古城东南。古桥众多，呈现"古桥连两岸、民居临水解"的水城景观。平江河区域为游览参观的旅行景点，周围密布旅游业的小商铺，官太尉河两岸主要是居民区。平江河流域平江区为 26.87 万人，官太尉河流域沧浪区为 39.50 万人。

（2）河流治理情况

2012 年 5 月 22 日起，苏州市城区河道整治工作正式启动，首先对平江河、临顿河、官太尉河等古城区主要河道进行了清淤，累计清淤河道总长 5km，清除土方量 3 万 m³。河道内清理出各类垃圾 200 余吨，河底的杂草、杂树、生活垃圾、沉船、建筑垃圾等废弃物得到了有效清除。同时对排污口、雨污混接点、排水户私接点、管道损坏渗漏点、未进行过雨污分流改造的点进行了排查和综合整治。

相关部门已正式实施古城区河道"活水"计划，来自西塘河的"活水"加大力度，以 40m³/s 的流量冲刷古城区河道。临顿河、平江河水流速度明显加快，原先的黑水渐渐被"带"走。官太尉河由于开始试验性冲刷的时间早，河水更清澈。

9.5.2 问卷设计与调查情况

根据前期多次调查经验，受偿意愿的调查存在居民理解困难等问题，所以采用支付卡问卷。支付卡的投标值参考前期上海市开放式问卷中居民补偿额的数值分布（张翼飞，2008a），设计调查问卷并组织了 2 次预调查，根据反馈信息修改问卷后，进行正式问卷调查。与 9.4 节开展的受偿意愿问卷相比，细化了问卷内容，主要增加了居民确定性的环境意识和环境行为、居民水体环境的感知、非户籍人口的社会融入的指标等方面的调查。

问卷主体包括四部分内容：①揭示居民环境认知与环境态度方面的问题，如"您是否了解苏州市政府历时两年的河道清淤工程及治理后的水体状况"、"您是否了解苏州河流主要污染为有机污染并了解有机污染会对人体健康造成一定威胁"、"您认为政府在当地河流治理的支出是否合理"、"您及家人在过去两年内有无为环境事务捐款的经历"等。②揭示居民与被评估水体间休闲关系的问题和居民对水体环境状态的感知等主观方面的问题，如"您对评估河流的总体水环境及对颜色、气味、水面垃圾、岸边绿化带等景观要素的主观感知情况"、"在您的居所您能看见该河流吗"、"您每日经过该河流吗"、"您和您的家人去河边休闲活动的频率如何"和"河流治理后，您会增加去河边休闲的频率吗"等问题。③反映社会经济状况的问题，如家庭收入、教育程度、户籍状况、房产状况和居住期。在对非户籍人口的调查中，增加了"您是否有本地人的朋友"、"您是否会苏州方言"等反映社会融入的指标。同时对户籍的状态根据城市和乡村户口进行了 4 类区分，详见附录 4 问卷。④核心问题由两个问题构成，首先询问居民"是否认为政府应该为河流退化支付给居民一定的经济补偿"，然后再以支付卡的形式让居民选择补偿金额。

苏州城区随着经济的发展，已经有很多水体被填埋，为了得到您对河流生态环境的价值评估，现在假设政府由于市政规划的需要，要将此河填埋为陆地，那么您认为政府是否应该为此给您一定的经济补偿来弥补这一环境的损失?

□是　　　　　　　□否

您认为以家庭为单位,政府应该一次性赔偿_____元以弥补这一河流消失的损失?

□1~100元　　□101~1000元　　□1001~10000元

□10001~50000　　□5~10万元　　□10万元以上

□无论多少钱都不同意

调查采用随机面访形式,调查人员由具有环境科学背景的高年级本科生组成,并在两次预调查基础上开展正式调查。在研究区域内随机抽样,本次调查回收问卷426份,剔除明显错漏失实的,共有388份有效问卷,问卷有效率达91.08%。

9.5.3 样本特征值描述

将样本特征值分为环保意识、与水体关系、水环境感知、政府治理、户籍情况、人口结构和财产收入共7大类指标,详细统计了环保意识强度特征、河边散步频率等利用水体特征、对治理后水环境的评价、对政府工作的评价以及社会经济等人口学特征,结果如表9-4所示。

表9-4 苏州样本总体特征

项目	特征值	变量分类指标	频数	均值(方差)或比例
环保意识	是否知道河流污染现状及特征	1=很清楚	84	21.65%
		2=知道一些	223	57.47%
		3=不知道	81	20.88%
	是否了解水体有机污染危害	1=非常了解	66	17.01%
		2=了解一些	267	68.81%
		3=不了解	55	14.18%
	是否认为环保对国家发展重要	1=非常重要	339	87.37%
		2=有些重要	49	12.63%
		3=完全不重要	0	0
	家庭过去两年是否有环保捐款	1=是	42	10.85%
		0=否	345	89.15%

项目	特征值	变量分类指标	频数	均值（方差）或比例
与水体关系	是否能看见河流	1 = 是	213	55.04%
		0 = 否	174	44.96%
	是否日常经过河流	1 = 是	321	82.95%
		0 = 否	66	17.05%
	家庭河边散步情况	1 = 每天	126	32.56%
		2 = 一周1~3次	113	29.20%
		3 = 一个月1~3次	68	17.57%
		4 = 半年1~2次	14	3.62%
		5 = 偶尔或很少	58	14.99%
		6 = 从不	5	1.29%
		7 = 其他	3	0.78%
	前往河流的交通方式	1 = 步行	317	81.91%
		2 = 自行车	29	7.49%
		3 = 公交地铁	18	4.65%
		4 = 私家车	20	5.17%
		5 = 其他	3	0.78%
	沿河居住年数	—	388	22.25（19.75）
水环境感知	水环境感知情况：总体水环境	1 = 非常干净	5	1.29%
		2 = 比较干净	150	38.66%
		3 = 有些污染	201	51.80%
		4 = 严重污染	32	8.25%
	水环境感知情况：颜色	1 = 清澈	30	7.73%
		2 = 浑浊	332	85.57%
		3 = 黑色	26	6.70%
	水环境感知情况：气味	1 = 无异味	200	51.55%
		2 = 有些异味	174	44.85%
		3 = 恶臭	14	3.61%
	水环境感知情况：水面油污	1 = 无油污	185	47.80%
		2 = 少许油污	186	48.06%
		3 = 油污明显	16	4.13%

项目	特征值	变量分类指标	频数	均值（方差）或比例
水环境感知	水环境感知情况：水面垃圾	1 = 无垃圾	87	22.48%
		2 = 少许垃圾	275	71.06%
		3 = 垃圾很多	25	6.46%
	水环境感知情况：岸边绿化带	1 = 优美	86	22.22%
		2 = 一般	259	66.93%
		3 = 较差	42	10.85%
	治理后水环境情况	1 = 改善	288	74.42%
		2 = 恶化	3	0.78%
		3 = 没什么变化	66	17.05%
		4 = 不清楚	30	7.75%
	治理后是否增加家庭休闲频率	1 = 是	166	42.89%
		0 = 否	221	57.11%
政府治理	是否信任政府清淤中资金使用	1 = 信任	91	23.51%
		2 = 不信任	123	31.78%
		3 = 不清楚	173	44.70%
	政府河流的治理支出是否合理	1 = 支出太多	8	2.06%
		2 = 支出合理	119	30.67%
		3 = 支出太少	137	35.31%
		4 = 不知道	124	31.96%
户籍情况	户口	1 = 本地城市户口	258	67.01%
		2 = 本地农村户口	18	4.68%
		3 = 外地城市户口	53	13.77%
		4 = 外地农村户口	56	14.55%
	外地人在苏州居住年数	—	109	7.14（5.65）
	外地人中是否有本地人朋友	1 = 是	96	89.72%
		0 = 否	11	10.28%
	外地人对本地方言熟悉程度	1 = 熟练讲本地方言	0	0
		2 = 会一些本地方言	23	19.49%
		3 = 不会讲但能听懂	49	41.53%
		4 = 听不懂也不会讲	46	38.98%

续表

项目	特征值	变量分类指标	频数	均值（方差）或比例
人口结构	性别	1=男	241	62.11%
		0=女	147	37.89%
	家庭人口	—	388	3.3（1.20）
	家中是否有12岁以下的儿童	1=是	117	30.23%
		0=否	270	69.77%
	家中是否有60岁以上的老人	1=是	182	47.15%
		0=否	204	52.85%
		—	387	43.79（16.00）
		1=初中及以下	166	33.08%
		2=高中及三校	119	30.75%
		3=大专及本科以上	140	36.17%
		1=在职	261	67.44%
		2=退休	73	18.86%
		3=失业	8	2.07%
		4=工作转换中	5	1.29%
		5=学生	30	7.75%
		6=家庭主妇	10	2.58%
财产收入	产权性质	1=产权房	139	36.10%
		2=私房	112	29.09%
		3=使用权房	27	7.01%
		4=租住房	92	23.90%
		5=其他	15	3.90%
	房屋市场价值	1=99万元及以下	183	69.58%
		3=100～299万元	76	28.90%
		4=300万元及以上	4	1.52%
	无产权房是否会在本地买房	1=3～5年会买房	25	15.92%
		2=5～10年会买房	33	21.02%
		3=不打算买房	99	63.06%
	是否是家庭收入的主要来源者	1=是	207	53.49%
		0=否	180	46.51%
	过去2年家庭平均月收入/元	1=1000～4990	129	36.48%
		2=5000～9990	130	63.26%
		3=1万以上	102	26.78%

注：所列数据忽略问卷空值

由表9-4可知：

1）在环境知识和环境意识方面，认为环保对国家发展重要或比较重要的比例达到了100%，但是只有20%左右的居民了解河流污染的现状和污染特征，20%的居民完全不了解；约15%的居民完全不了解河流污染对人群健康可能造成的威胁。有30%左右的居民认为政府河流治理上的支出是合理的，同时有30%左右的居民对支出情况不了解或者没概念；约10%的居民在过去两年内有出于环境保护目的的捐款行为。

2）在居民与水体关系方面，超过50%的居民在居所可以看到河流，超过80%的居民日常经过河流；近80%的居民每月至少一次到河边散步和以步行方式前往。这表明大多数居民居住在河流附近，对水体利用率较高。居民沿河居住平均年数为22.25年。

3）在水环境感知方面，对于总体水环境的认知方面，约40%的样本认为河流比较干净，5%左右的样本认为非常干净，8%左右的样本认为严重污染；在对环境要素的认知方面，约50%的样本认为河流无油污和垃圾，22%的样本认为无垃圾及岸边绿化带比较优美，仅有7%左右的居民认为河水清澈。认为颜色黑色、恶臭、明显油污、很多垃圾和绿化很差的样本比例为3%～10%。认为治理后水环境得到改善的居民约占75%，超过40%居民表示河流进一步治理后愿意增加利用水体休闲的频率。

4）在政府治理方面，仅有23.51%的居民表示信任政府治理工程的资金使用。实际调查中有相当一部分居民表示对以上情况"不清楚"，67.72%的居民认为政府应该对河流填埋进行赔偿，这一比例直接影响了受偿意愿的结果。

5）在户籍情况方面，有超过70%的居民为当地户籍，不足30%的非户籍人口中，来自城市与来自农村的人数相当；非户籍人口沿河居住年数平均为7年左右，远低于总样本的22年左右；非户籍人口中近90%拥有本地的朋友，近20%苏州方言较熟悉，有不足40%的非户籍人口不能使用苏州方言。

6）在人口结构方面，30%左右的家庭有12岁以下的孩子，近一半的家庭有60岁以上的老人，平均每户家庭人口为3.3人。平均年龄为43.79岁，与调查对象大多为多年居住老居民的情况相符。有大专以上高等教育背景的居民为36%，在职率为67%。

7）在财产收入方面，房产作为居民的财富存量，拥有产权房的人口比例为36%，私房比例为29%，租住房为23%，房屋市价在100万元以下的占约70%，300万元以上的为1.5%左右；准备在3～5年买房的占约16%；家庭月收入平均为8896.91元，在5000元以下的约占36%，5000～10 000元的占54%，这与《苏州市统计年鉴2010》家庭人均收入基本相符。

从以上样本统计来看，样本在户籍、年龄、收入等特征与苏州市总体特征较为相符，体现了较好的代表性。

9.5.4　受偿意愿统计量及分布

通过对有关补偿意愿的两个问题的调查，结果见表9-5所示，有近70%的居民认为如果由于市政建设或经济发展，则政府应该给予居民补偿。200个样本愿意接受补偿，188个样本对于任意数额都不愿填埋河流接受赔偿。按愿意接受赔偿与否分为WTA1-6和WTA7两组，愿意接受赔偿的样本描述如图9-4和表9-6所示。

在愿意接受赔偿的200个样本中，接受1000～10 000元/户的赔偿金额的样本最多，占31%，其次是接受10 001～50 000元/户的样本占23%，受偿意愿均值为39 607元/户，中位数为25 000元/户。

表9-5　苏州河流受偿意愿分类指标均值

	变量分类指标	频数	比例/%	均值（标准差）	组1～6均值	组1～6频数	组7频数
受偿意愿	1 = 1～100 元	8	2.06	39 607（48 614）	50	8	0
	2 = 101～1 000 元	22	5.67		500	22	0
	3 = 1 001～10 000 元	62	15.98		5 000	62	0
	4 = 10 001～50 000	46	11.86		25 000	46	0
	5 = 5 万～10 万元	38	9.79		75 000	38	0
	6 = 10 万元以上	24	6.19		150 000	24	0
	7 = 无论多少都不同意	188	48.45		+∞	0	188

注：受偿意愿均值选取分类指标区间中值

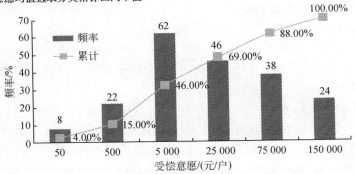

图9-4　愿意接受赔偿的受偿意愿分布

表9-6 愿意接受补偿的受偿意愿统计量 （单位：元）

统计值	均　值	中位数	最小值	最大值	众　数
受偿意愿	39 607	25 000	50	150 000	5000

9.5.5 受偿意愿组间差异分析

按是否愿意接受赔偿分为 WTA1-6、WTA7 两组，按表 9-7 各特征值进行组间差异性分析。运用卡方检验对分类指标进行 2×2 列联分析，运用 T 检验对数值变量进行均值差异分析。检验结果如表 9-7 所示，由表 9-7 可知：

1）政府是否应该赔偿。组间差异最大的在于政府是否应该对河流填埋进行赔偿的问题。愿意接受赔偿的居民认为应该赔偿的比例明显高于不愿接受赔偿的群体，受偿意愿均值为 39 607 元。

2）环保的重要性。虽然两组都意识到环保的重要性，但在知晓污染危害这个反映环境实际内容的指标上，不愿接受赔偿的群体对污染危害更为敏感，同时，知道苏州市河流经过治理后水质改善的比例也更高。

3）居民与水体关系。在家是否看见河流的两组之间有很大差异。能看见河流的对水体利用率高，受偿意愿均值也高。然而选择步行前往的受偿意愿却低于其他方式。

4）水环境感知方面。几乎所有样本都认为水环境有明显改善。在愿意接受赔偿的人群中，给予治理后的水环境较高评价的居民受偿意愿更高，然而认为周边环境优美、水质明显改善的受偿意愿反而低。

5）户籍特征。除了居住时间更长的非户籍居民更倾向于不接受赔偿外，户籍居民与非户籍居民对环境治理的态度并无显著差异。有无当地朋友，对方言是否熟悉并不显著影响非户籍群体的受偿意愿。由于苏州市已经成为继上海市后的第二大移民城市，社会融合程度较高，居民整体对水环境都很关心。

6）人口结构。愿意接受赔偿的群体拥有更庞大的家庭和更高的在职率，家中有儿童的受偿意愿均值为 46 874 元，没有儿童的为 36 265 元；有老人的为 35 723元，没有老人的为 42 155 元；家中既有儿童又有老人的为 34 459 元，没有儿童也没有老人的为 36 140 元。不愿接受赔偿的家庭中有孩子的比例低而有老人的比例高。

7）经济状况特征。接受赔偿的居民拥有产权房比例较高，房屋市价均值低，但在收入上与不愿接受赔偿的居民相差很小。

表9-7　分组特征值差异分析

项目	特征值	变量分类指标	组1~6均值	组1~6频数/均值	组7频数/均值	组间差异P值
环保意识	了解水体的有机污染的危害	非常了解	43 530	23	43	0.002 9
		不太了解	39 097	205	172	
	环保对国家发展的重要程度	非常重要	39 999	172	167	0.401 7
		有些重要	37 198	28	21	
		完全不重要	0	0	0	
	家庭过去两年内是否有环保捐款经历	是	42 453	18	24	0.239 5
		否	39 308	181	164	
	是否知道河流污染现状及特征	清楚	38 259	152	155	0.011 1
		不知道	43 877	48	33	
与水体关系	是否看见该河流	是	41 165	99	114	0.023 5
		否	38 080	101	73	
	是否经过河流	是	40 205	165	156	0.809 5
		否	36 789	35	31	
	家庭河边散步的情况	一月1次以上	43 582	162	145	0.298 8
		几乎没有	23 138	37	43	
	从家到河边距离的交通方式	步行	36 027	161	156	0.596 2
		其他方式	55 612	38	32	
	沿河区域居住年数	—	39 607	21.51	23.04	0.224 9 *
水环境感知	对水环境的感知情况：总体水环境	干净	44 879	89	66	0.059
		污染	35 380	111	122	
	对水环境的感知情况：颜色	清澈	47 118	17	13	0.559 1
		浑浊	38 909	183	175	
	对水环境的感知情况：气味	无异味	44 859	123	77	0.000 1
		有异味	41 301	77	111	
	对水环境的感知情况：水面油污	无油污	33 618	94	91	0.743 4
		有油污	44 918	106	96	
	对水环境的感知情况：水面垃圾	无垃圾	41 013	52	35	0.086 3
		有垃圾	39 113	148	152	

续表

项目	特征值	变量分类指标	组 1~6 均值	组 1~6 频数/均值	组 7 频数/均值	组间差异 P 值
水环境感知	对水环境的感知情况: 岸边绿化带	优美	28 242	46	40	0.703 5
		不佳	43 002	154	147	
	治理后水环境情况	明显改善	38 589	149	139	0.813 5
		没变化	42 580	51	48	
	水环境改善后会增加家庭水体休闲频率	是	48 247	96	70	0.028 8
		否	31 696	103	118	
政府治理	对政府清淤工程中的资金使用信任程度	信任	35 767	51	40	0.340 8
		不信任	40 921	149	147	
	认为政府河流的治理支出是否合理	支出合理	38 830	64	55	0.220 7
		不太合理	39 973	136	133	
户籍情况	户口情况	本地户口	44 659	140	136	0.547 1
		外地户口	25 749	59	50	
	外地人在苏州居住年数	—	39 607	6.87	8.81	0.164 9 *
	外地人是否有本地人的朋友	是	32 929	52	44	0.549 7
		否	27 170	7	4	
	外地人对苏州方言的熟悉程度	会些方言	20 711	37	35	0.050 7
		不懂	32 127	32	14	
人口结构	性别	男	38 542	126	115	0.710 4
		女	41 420	200	73	
	家庭人口	—	39 607	3.4	3.19	0.091 8 *
	是否有 12 岁以下儿童	是	45 211	62	55	0.684 1
		否	36 265	137	133	
	是否有 60 岁以上老人	是	35 836	95	87	0.737 6
		否	42 155	103	101	
	年龄	—	39 607	43.08	44.61	0.343 8 *
	教育程度	大专及以上	50 841	68	72	0.356 9
		高中及以下	33 820	132	115	
	就业状态	在职	37 942	144	117	0.047 8
		非在职	43 887	56	70	

续表

项目	特征值	变量分类指标	组1~6均值	组1~6频数/均值	组7频数/均值	组间差异P值
财产收入	房屋产权性质	产权房	46 023	74	65	0.047 4
		非产权房	25 403	60	74	
	房屋市场价值	—	39 607	845 070	1 079 918	0.001 0 *
	无产权房，是否有买房计划	3~10年会	32 407	36	22	0.032 9
		不打算买房	27 242	44	55	
	是否家庭收入的主要来源者	是	39 403	116	91	0.065 7
		否	39 889	84	96	
	家庭平均月收入	—	39 607	8 964.65	8 934.43	0.968 2 *

注：* 表示该值为 T 检验双样本均值差异的 P 值，$\alpha=0.05$ 双尾

9.5.6 居民接受补偿与否的概率分析

本次调查中有相当一部分居民不愿接受赔偿，在前面分析的一些特征值上也显示出显著的组间差异。为了得到影响两组出现不同概率的影响因素及其影响程度，建立 Logit 模型进行分析，变量定义见表9-8，回归结果见表9-9。

$$P(\text{WTA}) = \begin{cases} 1, & \text{拒绝接受赔偿} \\ 0, & \text{愿意接受赔偿} \end{cases}$$

表9-8 回归变量定义表

解释变量	说明
Knowriver	虚拟变量，知道苏州河流经过治理后水质改善；知道=1，不知道=0
Knowpollution	虚拟变量，了解水体的有机污染的危害；了解=1，不了解=0
Willimportance	虚拟变量，环保对国家发展的重要程度；非常重要=1，有些重要=0
Donation	虚拟变量，家庭过去两年内的环保捐款经历；是=1，否=0
Seeriver	虚拟变量，是否看见该河流；是=1，否=0
Frequence	数值变量，家庭每月河边散步次数
Style	数值变量，从家到河边的距离
Yearr	数值变量，沿河区域居住年数
Environment	虚拟变量，对水环境的感知情况：总体水环境；干净=1，污染=0
Colour	虚拟变量，对水环境的感知情况：颜色；清澈=1，浑浊=0
Smell	虚拟变量，对水环境的感知情况：气味；无异味=1，有异味=0

续表

解释变量	说明
Oil_ s	虚拟变量，对水环境的感知情况：水面油污；无油污 =1，有油污 =0
Rubbish	虚拟变量，对水环境的感知情况：水面垃圾；无垃圾 =1，有垃圾 =0
Green	虚拟变量，对水环境的感知情况：岸边绿化带；优美 =1，不佳 =0
Cleanever	虚拟变量，河流水环境比以前改善程度；明显改善 =1，没变化 =0
Increase	虚拟变量，水环境改善后会增加家庭水体休闲频率；是 =1，否 =0
Confidence	虚拟变量，对政府清淤工程资金使用信任程度；信任 =1，不信任 =0
Expend	虚拟变量，认为政府河流的治理支出是否合理；合理 =1，不合理 =0
Urban	虚拟变量，户口情况；当地户口 =1，外地户口 =0
House_ s	数值变量，家庭人口
Child	虚拟变量，是否有 12 岁以下儿童；是 =1，否 =0
Oldman	虚拟变量，是否有 60 岁以上老人；是 =1，否 =0
Age	数值变量，年龄
Education	虚拟变量，教育程度；大专及以上 =1，高中及以下 =0
Employ	虚拟变量，就业状态；在职 =1，非在职 =0
Property	虚拟变量，房屋产权性质；产权房 =1，非产权房 =0
Value	数值变量，房屋市场价值
Income	数值变量，过去两年家庭平均月收入

表 9-9　居民接受补偿与否的概率分析与受偿意愿数值回归分析

变量	Logit 概率模型			线性模型			
	系数	标准差	$P>z$	变量	系数	标准差	$P>z$
Knowriver	0.617 8[a]	0.420 6	0.142	Knowriver	−0.076 9	0.383 6	0.842
Knowpollution	0.349 5	0.506 2	0.49	Knowpollution	−0.402 8	0.506 5	0.428
—			—	Willimportance	1.021 0 **	0.482 5	0.037
Donation	0.834 5 *	0.483 1	0.084	Donation	−1.264 8 **	0.510 4	0.015
Expend	−0.056 0	0.122 3	0.647	Expend	−0.486 7	0.340 4	0.156
Seeriver	0.634 5 *	0.326 8	0.052	Seeriver	0.096 1	0.359 0	0.789
Frequence	−0.017 2	0.015 3	0.263	Frequence	0.011 1	0.017 7	0.531
Style	−0.012 3	0.040 6	0.761	Style	0.110 6 **	0.043 2	0.012
Yearr	0.013 6	0.010 9	0.214	Yearr	0.028 5 **	0.011 8	0.017
Environment	0.306 1 *	0.165 3	0.064	—	—	—	—

续表

变量	Logit 概率模型			线性模型			
	系数	标准差	$P>z$	变量	系数	标准差	$P>z$
Smell	0.300 1	0.297 6	0.313	Smell	0.273 1	0.337 2	0.42
Colour	0.111 6	0.438 1	0.799	—	—	—	—
Rubbish	0.203 3	0.319 9	0.525	—	—	—	—
Green	−0.197 7	0.273 7	0.47	Green	−0.796 1*	0.415 1	0.058
Cleanever	−0.206 9	0.188 0	0.271	Cleanever	−0.326 7	0.395 8	0.411
Increase	−0.962 8***	0.329 7	0.003	Increase	0.335 0	0.351 7	0.343
Confidence	0.275 4	0.202 9	0.175	Confidence	0.214 5	0.383 2	0.577
Urban	−0.339 4	0.292 1	0.245	Urban	0.006 8	0.561 8	0.99
Housholdsize	−0.152 8	0.146 4	0.296	Housholdsize	−0.342 6**	0.154 3	0.028
Child	0.373 1	0.355 0	0.293	Child	0.501 0	0.360 7	0.168
Oldman	−0.409 0	0.341 4	0.231	Oldman	0.147 0	0.364 9	0.688
Age	0.006 5	0.015 1	0.668	Age	−0.032 3**	0.015 3	0.037
Education	0.222 2	0.180 6	0.219	Education	0.398 7	0.382 6	0.3
Employ	0.263 4*	0.139 3	0.059	Employ	−0.007 3	0.413 3	0.986
Property	0.825 5***	0.249 7	0.001	Property	−0.639 3	0.993 8	0.521
Value	0.001***	0.000 3	0.006	Invalue	−0.371 3	0.275 5	0.18
Income	0.014 8	0.014 8	0.317	Inincome	0.350 0	0.258 5	0.178
_ cons	−3.364 1	1.793 1	0.061	_ cons	13.061 4	3.694 8	0.001

注：观测数 251，忽略空值；拟合优度 R^2=0.170 13；a 显著水平为 15%

Logit 结果显示曾为环保捐款、对水体状况较满意、与河流联系更频繁、自己拥有产权房、房屋价值等变量显著，且与拒绝接受补偿的概率为正向关系。认为水体表面无油污和水体改善后会增加休闲概率的居民拒绝补偿的概率小。

1）环境知识和环保意识与拒绝补偿概率正相关。对河流污染状况了解的变量在 15% 置信水平上显著，捐款经历在 10% 置信水平上显著，与拒绝补偿概率呈正相关，显示随着环境相关知识的增加，人们逐渐认识到环境的重要性，从而不愿意放弃环境物品。捐款的经历从实践上证明了这类群体拒绝接受环境物品的退化。

2）居民与水体关系的变量。是否能看见河流在置信水平 10% 上显著，说明与水体关系更为密切的居民拒绝接受赔偿的概率高。河流改善后将增加休闲频率的居民拒绝赔偿的概率低，置信水平为 1%。

3）对水体环境的总体评价的变量（Environment）在10%置信水平上显著，且呈正相关，表明对水环境满意的居民拒绝赔偿的概率高。环境要素回归结果显示，认为河流无油污的居民拒绝赔偿的概率低，其他要素结果不显著，说明相对于气味、颜色、垃圾等，居民对油污的感知比较敏感。水环境感知指居民对水体环境质量的主观感受，几乎所有样本都认为即使存在少许污染，大体上通过治理，水环境还是有明显改善的。但通过调查发现，只有不愿接受赔偿的样本中有少数认为政府治理后水环境反而恶化，这不排除局部河段存在边治理边污染的现象。调查中也有居民反映此次治理不彻底，虽然进行了河道清淤，但不能从根本上解决肆意倾倒垃圾等问题，由此可见拒绝接受赔偿的居民对水体质量的重视程度。

4）代表政府信任程度的变量在15%～20%置信水平上显著。这表明该群体由于对政府相关环境政策和执行力的信任，从而对政府治理环境持有较大的信心，不愿意接受河流退化的补偿。

5）社会经济状况方面，房产属性和房产价值在1%置信水平上显著，收入变量不显著，显示出在环境物品的消费上，财富效应比收入的影响大。结果显示，有房产和房产价值高的居民拒绝补偿的概率高。可能的解释为，该群体一方面由于家庭财富高而导致对环境物品的需求高，另一方面治理好的河流对房产价值存在增值效应。在职状态变量在10%置信水平上显著，该群体由于经济能力的保证，从而不愿意接受环境退化。户籍变量不显著，显示出在环境问题上，户籍差异与补偿概率差异之间没有显著性联系。在其他人口结构的指标上，年龄、家庭人口、有无孩子、老人和教育程度并未造成显著差异。

9.5.7 受偿意愿额度的回归分析

为了进一步得到是什么因素影响了居民的受偿意愿，以及量化各影响因素的贡献程度，对愿意接受赔偿的200个样本进行受偿意愿多元线性回归。

根据前面受偿意愿分布特征分析和数据预处理情况，剔除了分类指标高度自相关的影响。此外，为满足模型对数据的要求，受偿意愿、房屋市价、家庭收入均采用对数形式进入方程。变量定义见表9-8，回归结果见表9-9。经参数估计，回归受偿意愿均值为17 360元/户。

表9-9线性回归结果显示，环境意识、环境捐赠行为、离河流距离对绿化的评估、家庭人口和年龄等变量显著。

1）环境知识与环境意识。环保重要性，该指标在5%置信水平上与受偿意愿正相关，表明认为环境保护对于国家长期发展非常重要的居民受偿意愿越高。

191

环境意识的较高水平意味着该群体对环境的估值越高，从而为环境退化要求的赔偿数额也越高。从样本统计分析可见，大多数居民对环境的重要性有充分的认识。捐款经历指标在5%置信水平上与受偿意愿呈负相关，即曾有过环保捐款经历的受偿意愿较低。该类群体的捐赠行为表示在环境问题上的"利他主义"，其环保捐赠支出具有较高的社会共同承担倾向，因此对政府赔偿的要求低于寄希望于政府承担全部支出的人群。

2）与河流的关系。离河距离和河边居住时间在5%置信水平上与受偿意愿高度正相关。住得离河越远，受偿意愿越高。可能的解释为，一是河流对于附近居民主要提供直接和间接的使用价值，如生活用排水、休闲场所，而远离河流的居民主要是存在价值和选择价值。使用价值虽然与居民关系密切，但是估值低于存在价值。二是远离河流即意味着更高的交通成本和更低的休闲频率。河流存在的价值从理论上是全民共享的，对任何人都不存在差异。为了获得同样的水体服务，高受偿意愿是对远离河流居民的往返额外付出的补偿。沿河居住时间越长，接受赔偿意愿越高。老居民对生存环境的认同感归属感更强，把河流看做自己生活不可分割的一部分。河流不仅为居民提供了休闲娱乐、生产生活的直接生态功能，更具有无法替代的融入了自身生活体验、记忆的存在价值。

3）河岸绿化评价。该指标在5%置信水平上与受偿意愿负相关，表明对河流周边绿化评价高的居民受偿意愿高。河岸绿化质量是水体环境生态功能的重要组成部分，而且往往是决定河流生态系统维持和恢复的重要生态因素，并且也是河流环境景观的重要因素。因此，相比其他需要近距离感知的颜色、气味等环境要素，绿化成为决定河流价值的最重要的成分。

4）家庭人口和年龄，该指标均在5%置信水平上与受偿意愿负相关。家庭结构越复杂，人口越多，受偿意愿越低。年龄越大，受偿意愿越低，显示出年龄大的居民在选择赔偿时的相对保守态度。有儿童的家庭受偿意愿高于对照组，在16.8%置信水平上显著，表示有儿童的家庭受偿意愿高。可能的解释为，一方面河流及周边对儿童游玩嬉戏的直接使用价值使得该类家庭对河流有较高的需求，另一方面也说明该类家庭对环境物品的"存在价值"和对后代的"选择价值"的认识。

5）社会经济变量。收入与房产价值变量不显著，与收入显著影响支付意愿不同，受偿意愿数额受收入与财富效应影响较小，符合前期研究成果（张翼飞等，2008c）

综上所述，苏州市河流生态退化居民补偿意愿研究显示，48.45%的样本不愿接受政府填埋河流的任何货币赔偿，Logit概率模型分析结果显示有过因环境问题捐款经历、对河流环境较为满意、经常看到河流、在职、拥有产权房、房屋价值较高的居民拒绝补偿的概率较高。线性回归模型分析接受补偿的额度结果显示老居民、距离河边远、较年轻、家庭人口少、没有捐款经历和对河流周边绿化不满意的家庭受偿意愿较高。在愿意接受补偿的样本中，补偿意愿参数估计值为17 360 元/户。研究结果不仅提供了河流修复对居民平均福利改善，也表明福利变化在不同居民上呈现不同特点。

9.6 我国 CVM 研究中支付意愿与受偿意愿的选择原则

支付意愿与受偿意愿在 CVM 应用中呈现的与经济理论预期不符的差异，使得这两个福利测度指标的选择成为 CVM 研究必须解决的首要问题。NOAA（1993）建议使用支付意愿，目前多数研究也采取支付意愿。这是由于发达国家评估的项目主要是环境改善，因此用支付意愿可以合理衡量福利改进。而对于发展中国家，一些项目的实施是以环境退化为代价的，应以受偿意愿测度环境损害；同时，由于收入因素的限制，支付意愿可能会招致大量抗议性反应，而使调查无法进行。

因此，在具体服务于某一环境公共政策的 CVM 研究中，选取支付意愿或受偿意愿并无定论，取决于特定项目的性质、环境改变的特征及所处社会的政治经济条件等因素。从上节对支付意愿与受偿意愿差异的实证分析可知，就我国而言，由于生态环境的自然特征、社会经济条件与西方发达国家有很大差异，决定了其福利测度指标的选取除依据一般经济理论之外，还应充分考虑我国自身的特殊条件。

1）区域经济差异。自然条件的差异及国家优先发展战略造成了区域经济的发展不均衡，在全球经济背景下，各种要素向沿海进一步聚集，区域间经济差距进一步扩大。因此，在中西部地区由于收入的约束、教育水平的限制、环境管理模式的滞后等因素，导致调查支付意愿难以进行或者表述偏低，难以表征福利的变化，应采用受偿意愿或以其为补充。

2）城市化与流动人口。我国特殊的城乡二元结构导致随着经济的发展，城乡差距进一步扩大。从农村涌入城市的大量流动人口由于没有被赋予与当地人口相同的享受住房、教育、社会保障等公共福利的权利和机会，故在 CVM 调查中流动人口的支付意愿与受偿意愿呈现与当地人口显著不同的特征。因此，支付意愿或受偿意愿的选择需要考虑流动人口带来的偏差。

3）社会分层与收入差距。在我国经济转型的同时，社会阶层结构也发生了深刻变化，收入差距拉大。收入差距的拉大会影响到居民对环境公共物品支付意愿的真实表达，从而在我国应用 CVM 评估环境生态价值中受偿意愿的选用存在一定的应用前景。

4）受收入限制和制度等因素的影响往往导致支付意愿的低估，对受偿意愿的不理解和对管理部门的执行力度的质疑，往往使得受偿意愿出现高估，因此在应用中可以使用两个指标分别作为上限和下限的估计。

9.7 本章小结

应用 CVM 调查了居民对景观内河生态功能恢复的支付意愿与受偿意愿，研究结果表明：

1）上海漕河泾一次支付意愿和受偿意愿的比较结果显示，国际上普遍报道的支付意愿与受偿意愿间差异在我国同样存在，且比值分布更为分散，均值更大。对社会经济变量回归分析结果显示，收入越高，教育程度越高，支付意愿与受偿意愿差异越大，而对相关环保部门信任程度越低，其差异越小。户籍因素和我国经济发展的路径及环境污染的成因对支付意愿与受偿意愿的差异也有影响。而且，各种变量相互联系、互为因果，使支付意愿与受偿意愿的差异呈现更为复杂的态势。支付意愿与受偿意愿的差异既反映了一般的经济理论，如收入效应、替代效应、损失规避效应等，同时也反映了我国特殊的社会构成方式、转型经济特征、政治制度因素。

2）在我国政府加速城市河流恢复和治理的背景下，与支付意愿相比，受偿意愿可以更科学地揭示政府环境投入带来的居民福利水平的提高。这为科学地评估政府支出提供了实证基础。在 426 份问卷基础上，对完成河流环境治理的苏州市景观河流——平江河的"补偿意愿"进行了分析，结果显示 48.4% 的样本即使给予无限货币补偿，也不愿意接受河流的生态退化或消失。在愿意接受补偿的居民中，受偿意愿均值为 4 万元左右，超过 30% 的居民接受补偿额为 1000 ~ 10 000 元，其次是约 25% 样本接受 1 万 ~ 10 万元的补偿。Logit 概率模型分析结果显示，有过因环境问题捐款经历、对河流环境较为满意、经常看到河流、在职、拥有产权房、房屋价值较高的居民拒绝补偿的概率较高。在愿意接受补偿的样本中，补偿意愿参数估计值为 17 360 元/户。线性回归模型分析接受补偿的额度结果显示，老居民、距离河边近、较年轻、家庭人口少、没有捐款经历和对河流周边绿化不满意的家庭受偿意愿较高。这不仅揭示出河流退化可能给居民带来的福利损失，并且揭示出环境改善的福利变化在不同群体间存在差异。

3）受经济发展水平、环境意识的限制，调查中许多居民由于不理解受偿意愿这一概念，从而无法回答，并且受偿意愿适合于受益人对提供服务的资源具有所有权，而我国自然资源的所有权属性导致在调查中居民对于政府补偿可能性的质疑，从而未做回答，导致了受偿意愿的回答率低，相关信息获知困难。同时还存在由于受偿意愿不受收入约束，部分低收入人群的受偿意愿高估现象。与此同时，在受偿意愿的调查中也获知了居民对非使用价值的评估信息，部分居民认为被评估河流是不可替代的。由于受偿意愿不受收入约束，针对低收入群体可以获得他们对于生态（环境）物品的真实需求信息。因此，在我国应用 CVM 方法评估生态服务价值时，在支付意愿和受偿意愿测度指标的选择上应充分考虑我国特殊的社会经济条件、文化特征和调查区域的特殊性质，考虑受偿意愿指标对支付意愿的补充作用。

需要说明的是，调查中为更好地揭示非户籍居民社会融合程度对环境赔偿的影响，问卷设置了对"是否熟悉本地方言"、"是否有本地朋友"等问题的调查，但是由于该类样本较少，此若在回归分析中加入"是否有本地朋友"变量，则总样本数只有 73，会在一定程度上影响计量方程的有效性，因此方程中未设置该变量。非户籍居民社会融合程度对支付意愿的影响也是今后需要进一步开展的工作。

第 10 章　CVM 效益转移问题研究
——基于上海、南京与杭州实例调查

10.1　引　言

　　CVM 案例研究的结果在区域间是否具备相对稳定性，从而实现效益转移（Bateman，2002），这是 CVM 的研究结果能否经济有效地应用于环境政策制定中的重要问题。"效益转移"是指在生态服务价值评估中，对某区域开展原创研究而获得的消费者偏好及估计值，能否应用于其他无法进行实例研究的区域来预测被访问者的行为（Bateman，2002；Johnston，2010）。该方法尽管被认为不完美，但却是一种对原创研究有效的方法（Liu，2012）。国际上对 CVM 效益转移研究开展较早，20 世纪 90 年代 Griffin 等（1995）、Dowing 等（1996）的早期实证结果表明该方法误差较大。对此，Bateman 等（2002）指出效益转移方法只在某些情况下适用。这可能是由于不同调查场景下被调查者社会经济状况的差异造成研究成果不能完全替代。近年来，国外研究重点集中于如何提高生态服务价值效益转移的可靠性上（Londoño and Johnston，2012），研究的区域也拓展到国际层面（Tuan et al.，2009），研究技术上侧重于借助 GIS 进行点转移、综合动态功能模型转移和元分析（Liu，2012）。

　　相比国外大量的实证研究，因经济水平、制度安排、环境管理模式等方面的差异，CVM 在我国的研究相对滞后，且在应用中呈现特殊性（张翼飞，2007a）。近年来，许丽忠等（2007）、张翼飞（2008）、蔡志坚等（2011）、董雪旺等（2012）探讨了 CVM 在我国应用的有效性和可靠性问题，但由于 CVM 方法调查的人力、时间和经济成本较高，不同区域间的平行试验在国内少见。赵敏华等（2006）应用 CVM 方法在相邻村庄对石油开发、煤炭开发等项目进行了环境损害价值评估，并探讨了区域间效益直接转移和函数转移的精度与误差，指出 CVM 在区域间的转移必须满足区域间具有相同或极相近的评估对象和社会经济条件。曾贤刚等（2010）在全国若干城市开展了碳减排和空气污染降低的支付意愿研究，研究结果显示区域间支付意愿存在差异。

　　综上，目前国内对于 CVM 区域间稳定性和效益转移的案例研究较少，少数的案例研究未能揭示区域间 CVM 应用的稳定性和差异性。然而，CVM 研究成果应用于环境公共政策制定的迫切性使得科研领域急需深入而广泛地开展区域间平行应用研究。本章在前期调查的基础上，借鉴国外经验和研究方法，在上海市、南京市和杭州市三地进行城市内河环境治理的支付意愿两次平行研究，探讨了支付意愿在区域间的稳定性和差异性。

10.2　调查方案设计与调查区域

2010 年和 2011 年在上海市、南京市和杭州市分别进行两次开放式问卷和 1.5 边界 CVM 调查。研究水体的选择遵循以下原则，即水环境不满足环境质量标准，表现为水体有异味、局部水面有垃圾和颜色灰黑；水体流经居民区，且有以该水体为使用对象的公园或休闲绿化带。经过多次现场调研，确定调查区域为上海市徐汇区沿漕河泾区域，南京市白下区沿秦淮河内河段和杭州市拱墅区沿蚕花巷河区域。调查区域情况见 1.3。

问卷设计参考国内外相关研究成果和前期研究经验，在正式问卷的主体问题前，先以图片和文字形式向居民说明河流的环境状况、污染主要原因、污染物质和可能的危害，以帮助居民建立起对河流现状的感性认识。此外，还介绍了问卷的科研目的和科研结果为政府提供河流治理信息的科学性和必要性。

问卷主体包括四部分内容：①揭示居民与被评估水体间相互关系的问题，如"您每日经过漕河泾吗"、"您和您的家人去河边休闲活动的频率如何"、"您和家人是步行去河边吗"以及"您及家人在该河流区域居住了多长时间"等问题；②揭示居民对水体环境状态的感知和环境意识等主观方面的问题，如"请您对现状水环境的满意程度打分，满分为100"以及"水环境修复后对您的生活水平是否有显著提高"等问题；③反映社会经济状况的问题，如家庭收入、教育程度、户籍状况和房产状况等；④揭示支付意愿的核心问题。

2010 年开放式问卷问题：

为支持市政府对××水体历时 3 年的生态改造，实现水质达到景观水体Ⅳ类标准，您是否愿意每月出一部分治理费用支持该计划？

□愿意　　□不愿意

如果愿意支付，那么您愿意支付_____元。

2011 年 1.5 边界问题：

为支持市政府对××水体历时 3 年的生态改造，实现水质达到景观水体Ⅳ类标准，如果未来 3 年需要您每月从您家中的收入中拿出 WTP_i 元支持对漕河泾地区的这项生态改造计划的话，您是否同意？

□同意（结束）　　□不同意（转向 A 问题）

A：需要您每月从您家中的收入中拿出大于零的收入支持对漕河泾地区的这项生态改造计划的话，您是否同意？

□同意　　□不同意

10.3　基于开放问卷的三城市 CVM 比较研究

调查采用随机面访形式，调查人员由具有环境、地理科学背景的研究生和高年级本科生组成，在各地区分别进行约 200 份的预调查基础上开展正式调查。在研究区域内随机抽样，总发放问卷数为 1380 份，其中上海市发放问卷 480 份，南京市 400 份，杭州市 500 份。上海市、南京市和杭州市回收问卷数分别为 480 份、362 份和 443 份，回收率分别为 100%、90.5% 和 88.6%。剔除漏答、错答、明显逻辑错误等问卷，三城市有效问卷分别为 467、352、439 份，有效问卷率分别为 97.3%、88.0% 和 87.8%，总有效率为 91.2%。

10.3.1　样本数据统计分析

对样本在收入和教育等社会经济指标、"步行到河边"等河流地理特征、"到河边休闲频率"等利用水体特征、对水体现状的评价和河流对生活的重要程度等环境意识与评价指标等方面进行了统计，结果列于表 10-1 中。

表 10-1　调查样本总体特征

样本特征	均值（方差）或比例			
	总体	上海市	南京市	杭州市
家庭收入/元	7 356（6 431）	8 936（11 717）	7 727（6 626）	6 178（5 885）
高等教育的样本比例/%	45.8	61.7	47.4	27.7
年龄/岁	38.2（15.6）	38.1（15.1）	40.8（18.4）	36.1（13）
房屋产权/%	58.7	67.7	80.1	31.6
当地户籍的样本比例/%	55.9	74.4	55.0	44.8
对水体现状的打分（0～100）	53.9（21.9）	64.7（17.5）	43.4（23.3）	51.0（19.8）
水体改善对生活有显著改善的样本比例/%	25.4	25.8	29.8	21.4
水体改善对生活没有改善的样本比例/%	19.5	12.8	23.5	23.7

续表

样本特征	均值（方差）或比例			
	总体	上海市	南京市	杭州市
到河边休闲频率大于每月两次的样本/%	68.3	63.3	64.1	77.2
每日经过河流的样本的比例/%	62.1	72.6	27.2	79.8
步行到河流的样本比例/%	68.9	62.9	62.1	80.8
在沿河区域居住的时间/年	15.9	15.4（15.2）	23.1（21.8）	11.5

由表 10-1 可见：①从社会经济状况分析，在家庭收入方面，三个城市样本家庭收入水平均值都超 7000 元，且比较接近；上海市高等教育背景比例最高；南京市样本拥有房屋产权的比例最高，超过 80%，杭州市最低，略超 30%；总样本中有超过 50% 的非户籍人口，杭州市样本中这一比例最高。②从居民对水体的评价分析，总样本平均分低于及格水平，这与河流的水环境现状相符。③从居民环境意识分析，三个城市样本都有约 1/4 的居民认为水体的改善可以显著提高生活质量，而认为水体改善不重要的样本中，南京市和杭州市样本比例是上海市的 2 倍左右，表明上海市样本的整体环境意识较高。④从居民与河流的关系分析，有超过 60% 的居民经常到河边休闲并采用步行的交通方式，表明多数居民居住在河流附近且对水体相关的休闲服务有一定的需求。上海市与杭州市有约 3/4 的样本每日会经过河流，而南京市只有 1/4 左右，这与南京市调查区域位于市中心有关；居民在沿河区域居住的时间平均为 15 年左右，其中南京市样本居住时间最长为 23.1 年，杭州市较短，仅为 11.5 年。

受各城市在环境污染分布、环境治理进程上的差异等条件的限制，为保证评估的河流在性质上的相近，造成了各研究区域在各自城市中的相对位置和调查样本的社会经济状况存在一定差异：南京市研究区域位于市中心附近，人口密度高，居民区和商铺混杂；上海市研究区域位于市区分中心，属于徐汇区的科技文教区域，周围主要是教育机构和居民区，当地户籍居民较多；而杭州市由于整体水环境治理效果好，因此河流现状不达标的区域位于靠近市郊的地区，属于老工业改造区，调查区域主要归属上塘街道，该街道以外来人口为主，常住人口 3.6 万人，外来人口 6 万人，与户籍特征相一致；杭州样本表现出收入、教育程度偏低的特征。

总样本中支付意愿大于零的比例为 45.1%，其中上海市 56.9%，南京市 42.8%，杭州市 38.6%。上海市支付意愿主要集中在 10、5、50、20、100 元这 5 个数值上；其中 10 元的比例最大，占正支付样本的 28.8%；其次是选择 5 元的样本，占 15.2%；80% 的支付意愿集中在 50 元以下。南京市支付意愿主要集中

199

在 10、100、50、20 元这 4 个数值上；其中 10 元的比例最大，占正支付样本的
22.5%；100 元其次，占 17.2%. 杭州市支付意愿主要集中在 100、50、10、5 元
这 4 个数值上；100、50、10 元三个数字比例接近，各约 20% 左右。

为便于比较三个城市样本支付意愿的分布，将三组数据的分布和累积频率曲
线分别绘制图 10-1 和图 10-2，三组调查在支付意愿分布和累积频率分布上都呈
现相近的趋势。

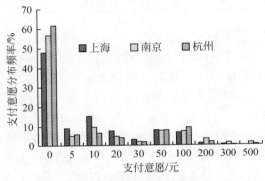

图 10-1　三城市居民支付意愿分布对照

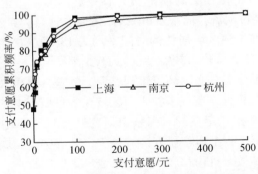

图 10-2　三城市居民支付意愿累积分布对照

10.3.2　支付意愿主要统计值

支付意愿的均值、中位数及其变化程度是描述支付意愿数据的重要指标。表
10-2 显示，各城市整体样本支付意愿均值接近，略超 20 元，中位数为 0~5 元。
在支付意愿大于零的样本中，均值为 30~70 元，其中南京市样本均值最高，上

海市最低；中位数接近，为 20 ~ 40 元。

表 10-2　居民支付意愿统计值　　　　　　　　（单位：元）

项目	上海市				南京市				杭州市			
	整体样本		支付意愿大于零的样本		整体样本		支付意愿大于零的样本		整体样本		支付意愿大于零的样本	
支付意愿	均值	中位数	均值	中位数	均值	中位数	均值	中位数	均值	中位数	均值	中位数
总体	20.5	5	35.2	20	25.4	0	73.3	30	20.3	0	54.8	40

　　按户籍状况统计各城市样本的支付意愿均值如表 10-3 所示。各城市非户籍居民支付意愿均值都低于对照组，差异程度分别为上海市 22.4%、南京市 40.7%、杭州市 38.2%。按环境意识程度分组，将"认为河流修复后显著提高生活质量"的样本定义为环境意识较强。表 10-3 显示，除杭州市样本组间统计值接近外，上海市与南京市样本中环境意识较强的居民的支付意愿均值高于对照组。

表 10-3　按照户籍与环境意识分组的居民支付意愿统计值

项目	上海市				南京市				杭州市			
	户籍		环境意识		户籍		环境意识		户籍		环境意识	
支付意愿	当地	外地	较高	较低	当地	外地	较高	较低	当地	外地	较高	较低
均值	22.3	17.3	23.0	19.6	31.7	18.8	29.2	23.8	25.9	16.0	19.0	20.6

　　综上所述，三城市在支付意愿分布、主要统计值及主要分组统计上都呈现量级上的一致性，分布区间和均值指标吻合性良好。可见本案支付意愿的研究结果在社会经济状况相似区域间具有稳定性。

10.3.3　支付意愿影响因素分析

（1）变量定义与赋值

　　居民对河流环境治理支付意愿的差异是居民收入、教育程度、对环境的主观感知、环境意识、社会地位、地区公共事务的参与、对政策不同解读等因素综合影响的结果。同时，上述微观特征又与研究区域经济发展水平及发展路径、产业结构、河流环境的历史变迁、区域环境治理、公共管理制度及模式等区域特征紧密相关。因此，对环境物品支付意愿的内在机制和不同层级的影响因素进行研究，将有助于进一步揭示支付意愿在区域间的稳定性及差异性出现的原因。

借鉴前期研究成果，运用计量模型实证分析各城市居民支付意愿的影响因素，主要设置社会经济变量、居民环境态度和意识、人与水体的关系等几组变量，变量定义详见表10-4。第一组为人口和社会经济状况变量，主要包括收入、教育、房产情况与户籍状况。其中，收入是连续型数值变量；教育变量在调查时分为小学及以下、初中、三校及高中、大专及大学、研究生及以上和其他6类，分别赋值1~6。在回归分析中，根据样本结构，大专及大学以上赋值为1，以下为0。第二组为居民对环境现状的评价和环境意识变量。根据河流水体现状给水体打分，满分100分，分值越高，表示对水环境越满意，为连续型数值变量。环境意识的衡量基于询问居民"水体改善后，是否能显著提高生活质量"，肯定回答代表环境物品存在于居民的效用函数中，赋值为1，否定回答赋值为0。第三组为表征居民与水体关系的变量，分别为"是否每日经过河流"、"是否步行到河流"、"去河边的频率是否大于每月2次"等变量，对上述问题的肯定回答赋值为1，否定为0。另一个变量代表"居民在河流附近居住的时间"，为连续数值变量。第四组为城市变量，为分析在控制上述变量情况下城市间是否存在显著差异，设置代表城市的虚拟变量。

表10-4　变量定义解释

解释变量	符号	变量定义
收入/千元	Income	连续变量，每户月收入的对数值
教育	Edu_h	虚拟变量，大专及大学以上教育=1，其他=0
房屋产权情况	Property	虚拟变量，有产权=1，无产权=0
户籍	Huji	虚拟变量，非上海户籍=1，上海户籍=0
对河流环境的主观感知与评价	Satis	连续变量，对水体现状满意程度的打分，1~100分
环境意识	E_ware	虚拟变量，水体改善显著提高生活质量=1，其他=0
经过或看到河流的情况	Passby	虚拟变量，每日经过河流=1，其他=0
到河边的交通方式	Walk	虚拟变量，步行=1，其他=0
去河边休闲的频率	Visit	虚拟变量，一个月去2次以上=1，其他=0
居住期/年	Year	连续变量，居民在沿河区域的居住期
城市变量1	Shanghai	虚拟变量，上海=1，其他=0
城市变量2	Nanjing	虚拟变量，南京=1，其他=0
城市变量3	Hangzhou	虚拟变量，杭州=1，其他=0

（2）参数模型与回归结果

为揭示个体社会经济状况差异，对评估河流的主观感知及个体利用水体差异，所在地区宏观经济特征等差异在何种程度上可以解释居民对河流环境治理的支付意愿差异，本节采用对数线性模型进行分析。其概念模型为：

居民支付意愿=F（社会经济变量，居民环境态度和意识，人与水体的关系）

回归分析结果列于表 10-5 中。由表 10-5 可见，模型中一些变量在三个城市中呈现一致性，一些变量在城市间存在差异。

表 10-5 支付意愿的影响因素对数线性模型回归结果

因素 Inwtp	上海市 模型 I	南京市 模型 II	杭州市 模型 III	总体 1 模型 IV	总体 2 模型 V	总体 3 模型 VI
lnIncome	0.529 *** (0.129)	0.952 *** (0.158)	0.390 *** (0.140)	0.651 *** (0.081 2)	0.657 *** (0.081 1)	0.657 *** (0.081 1)
Edu_h	0.698 *** (0.216)	0.375ᵃ (0.261)	−0.075 9 (0.185)	0.277 ** (0.122)	0.250 ** (0.123)	0.250 ** (0.123)
Property	−0.234 (0.240)	−0.137 (0.333)	0.113 (0.224)	−0.015 7 (0.136)	−0.119 (0.141)	−0.119 (0.141)
Huji	−0.280 (0.239)	0.476 ** (0.227)	−0.371 * (0.206)	−0.339 *** (0.124)	−0.372 *** (0.125)	−0.372 *** (0.125)
Satis	0.001 89 (0.004 72)	0.008 21ᵇ (0.005 06)	0.007 24ᶜ (0.004 78)	0.004 16ᵈ (0.002 60)	0.005 87 ** (0.002 74)	0.005 87 ** (0.002 74)
E_ware	0.712 *** (0.197)	0.696 *** (0.240)	0.378 * (0.222)	0.591 *** (0.126)	0.573 *** (0.126)	0.573 *** (0.126)
Passby	0.365 * (0.209)	0.883 *** (0.292)	0.117 (0.228)	0.313 *** (0.117)	0.464 *** (0.126)	0.464 *** (0.126)
Visit	0.006 07 (0.197)	−0.175 (0.259)	−0.390 * (0.236)	−0.233 * (0.127)	−0.217 * (0.128)	−0.217 * (0.128)
Walk	0.235 (0.192)	0.506 * (0.275)	0.154 (0.253)	0.167 (0.130)	0.220 * (0.131)	0.220 * (0.131)
Year	−0.167 (0.185)	0.467 * (0.250)	−0.096 6 (0.212)	0.029 3 (0.121)	0.008 61 (0.121)	0.008 61 (0.121)
Shanghai	—	—	—	—	−0.415 *** (0.160)	—
Hangzhou	—	—	—	—	−0.480 *** (0.164)	−0.064 9 (0.147)

续表

因素	上海市	南京市	杭州市	总体 1	总体 2	总体 3
Nanjing	—	—	—	—	—	0. 415 *** (0. 160)
Constant	−3. 803 *** (1. 184)	−7. 822 *** (1. 344)	−2. 147 * (1. 242)	−4. 623 *** (0. 714)	−4. 482 *** (0. 718)	−4. 897 *** (0. 737)
Observations	358	302	410	1070	1070	1070
R^2	0. 160	0. 245	0. 048	0. 124	0. 132	0. 132

a $p>t=0.153$；b $p>t=0.104$；c $p>t=0.130$；d $p>t=0.110$

1）收入与环境意识变量在三个城市模型中呈现一致性显著影响，房屋产权等变量不显著。收入变量在三个城市模型中都在1%置信水平上显著，影响方向为正。这表明家庭收入越高，居民对环境物品的支付意愿越高，这与理论预期相符，也与国内及前期上海市的研究结果相符。对比回归系数可见，支付意愿的收入弹性在南京市样本中最高，接近1；杭州市最低，为0.39。这说明南京市居民在收入提高后对环境物品的消费将同比增加，而上海市居民将增加约50%，杭州居民增加不足40%。这说明河流环境在南京市居民消费函数中占比重较大。

环境意识变量在上海市与南京市模型中1%置信水平上显著，杭州市模型中10%置信水平上显著。三城市中一致的影响揭示了认为良好水体环境能显著改善生活质量的居民比对照组支付意愿更高，说明居民环境意识越强，对居住区环境治理的态度越积极，对相关税收的支持度也会越高，这符合一般理论预期。

长三角地区大中城市随着经济的快速发展，过去10年中房产价格持续走高，与收入相比，房产已经成为家庭财富中的重要组成部分。因此，本研究中加入反映住房产权归属的变量。但从回归结果看，4个模型中该变量都不显著，显示房产状况并不是主要影响因素。可能的解释是，因个体对河流环境等公共物品的捐赠或税收额度预计较低，故与固定资产财富效应关联较小。

2）户籍状况、教育程度、环境评价、经过河流和到河边频率等变量在城市模型间呈现显著性差异。

作为代表我国特殊社会构成的变量，户籍变量集中反映了我国"城乡二元结构"社会随着经济发展、城市化进程和劳动力快速流动而在城市内部形成的"新二元"社会结构。尤其在长三角地区，经济快速发展吸引了全国范围内的劳动力。根据第六次全国人口普查结果，上海非户籍人口已经近40%，非户籍人口对所在城市公共环境的影响已不容忽视。回归结果显示，南京市和杭州市模型中户籍变量分别在5%和10%置信水平上显著，符号为负，表明在控制了收入等主要社会经济特征情况下非当地户籍居民对环境物品支付意愿显著低于对照组。这与面访中居民的反馈信息吻合，也与一般理论预期相符。在我国，户籍制度与居民就业、教育、医疗等社会福利紧密相关，非户籍居民虽然在工作所在地生活和纳税，但是由于户籍管理的规定，并不享受税收提供的社会福利等公共产品，再加上居住和工作的流动性，因此表现为对河流等环境公共物品关注度不足。在上海市模型中，P 值为 0.256，在统计上不显著，可能的解释是与其他两城市相比，由于上海市对外来人口的高筛选机制，上海市非户籍人口反而呈现较强的竞争力，因此表现出户籍因素对生活的影响小于其他城市。

教育变量在上海市模型中 1% 置信水平上显著，南京市在 15% 置信水平上显著。可见，与对照组相比，教育水平越高，其对城市环境公共物品的治理也越支持。但这一变量在杭州市并不显著，这可能与其样本中高等教育比例只有 25%，仅为其他城市的一半而导致样本差异不足有关。

支付意愿与对河流的环境感知相关。模型结果显示，在南京市和杭州市模型中，该变量分别在接近 10% 和 15% 置信水平上显著，且符号为正。结合面访中的信息，对这一现象可能的解释是两城市居民普遍对水体不满意，对水体的打分分别为 40 分和 50 分左右。而对水体打分越高的居民认为河流经过治理已经比前几年的情况好转，显示出对政府治理河流的信心，因此在统计上显示倾向于支付，这也与这两条河流的治理历程相符。上海市模型中该变量不显著，可能的解释是上海市样本对水体的满意程度在 3 个城市中最高，超过 60 分，并且从面访中获知，一些居民认为河流经过前几年尤其是世界博览会前期的治理，水体环境已经大为改善，不需要再治理了。还有一部分居民认为，治理了很多年也没有太大改善，表现为对治理效果的怀疑。因此，上述情况可能是导致城市间有差异的原因。同时，从回归系数的数量级来分析，系数为 2‰ ~ 8‰，尽管在统计上呈现显著，在经济上却没有现实意义，因此可以得出居民对水体现状的感知和评价对支付意愿影响很小。

代表每日经过或看到河流变量在上海市和南京市模型中分别在 10% 和 1% 置信水平上显著，符号为正，显示对河流了解较多的居民倾向于多支付。但在杭州市模型中不显著，P 值为 0.617。分析其可能原因：其他两个城市样本中有超过 60% 的居民经过河流，而杭州市样本这一比例仅为 27%，样本差异的不足是导致计量模型上不显著的原因之一。

模型中以到河边休闲频率代表居民对水体休闲服务的需求量和对水体的熟悉程度，仅杭州市模型显著，且符号为负，说明经常去河边休闲的居民反而支付意愿低，显示其对水体休闲服务需求量和支付意愿的背离。这一变量在其他两城市模型中不显著，表明居民对河流治理的支付意愿或支持程度并不限于居民对河流的实际使用程度，这一点与前文所述上海市和南京市样本中环境意识较强、当地户籍人口较多、环境需求的收入弹性较高是一致的。

模型中以是否步行到河边表示居民与河流地理距离的变量，仅在南京市模型中显著，符号为正，表明与河流距离较近的居民支付意愿较高；河边居住时间变量仅在南京市显著，符号为正，表明老居民支付意愿高，其他城市不显著。

3）多城市混合数据回归结果显示，南京市样本支付意愿显著高于其他城市，上海市与杭州市无差异。

本研究的对象是流经居民区且环境状况不达标的水体，因此三个城市的研究对象自然属性相似。在此基础上构建三城市混合数据，通过加大样本容量获取更精确的估计量和更有效的检验统计量。回归结果显示，家庭收入、教育程度、水体评价、环境意识和经过河流变量在统计上显著，呈正向影响；非户籍居民支付意愿显著低于对照组，频繁去河边休闲的居民支付意愿较低；房产状况、水体环境感知及地理区位影响不显著。

由于影响环境公共物品支付意愿的自然社会因素的复杂性，为分析在控制上文模型中变量的情况下，城市间是否还存在显著差异，在模型中设置了城市虚拟变量，以实现城市间对比。模型结果显示，与南京市相比，上海市与杭州市样本都呈现显著性较低的支付意愿，且杭州市与上海市无显著性差异。这与上文中南京市支付意愿的收入弹性最高的现象相一致。

综上所述，从参数模型结果来看，衡量模型解释程度的 R 参数为 0.245 ~ 0.48，模型变量间既存在共同点，也存在显著差异，说明三个城市社会经济制度及研究水体特征的变量设置还有待进一步补充完善，部分系数及城市变量的差异也说明支付意愿函数在城市间转移证据不足，亟待开展进一步研究。

10.4　基于1.5边界问卷的南京市与杭州市 CVM 比较研究

由于与杭州市、南京市相比，上海市作为直辖市，在人口、经济、政治等方面有很大差异。因此为进一步比较城市间 CVM 研究结果的效益转移问题，选取了南京市和杭州市两个省会城市进行进一步的研究。选取数据为 2011 年 1.5 边界的 CVM 问卷。

10.4.1　样本统计性描述

南京市共发放问卷 998 份，回收 834 份。杭州市共发放问卷 750 份，回收问卷 682 份。问卷内容包括：①环境知识和环境意识；②人与水体的关系，对环境颜色、气味、水面垃圾、水面油污及周边绿化带的评价；③社会经济状况；④支付意愿核心问题。问卷内容详见第 3 章关于上海市 1.5 边界的 CVM 研究。

总体样本中87%的居民认为水体污染将危及健康，85%的居民认为环境污染控制对国家的可持续发展非常重要，有37%的居民经常去水体周边的公园休闲，步行到河边的居民占56%，家庭中有孩子、老人和宠物的家庭分别为29%、50%和19%，居民平均在调查区域居住16年，55%的居民拥有房屋产权，房产价值在100万元以下、100万~300万元和300万元以上的人口分别占28%、50%和20%，当地户籍居民占72%。

在对河流总体环境和分环境要素的感知评价中，共分为3级，1级表示对现状满意及很满意；2级表示一般；3级表示不满意。由表10-6可见。总体样本中居民对河流周边的绿化满意比例最高，近20%，而对水体颜色、气味、水面垃圾和水面油污都有30%左右的居民表示非常不满意。对总体环境有超过40%的居民很不满意，满意的居民仅占7%。在分析中，将评级进行了加总，采用 Index 作为各项指标的加总。样本特征描述及变量说明见表10-7。

表 10-6　对水体环境的满意度的评级

环境要素	颜　色		气　味		表面油污		垃　圾		绿化带	
等级	频数	比例	频数	比例	频数	比例	频数	比例	频数	比例
1	31	2.0	90	5.9	133	8.8	63	4.2	289	19.1
2	1 023	67.4	876	57.8	898	59.2	947	62.4	962	63.4
3	463	30.5	551	36.3	486	32.0	507	33.4	266	17.5

表 10-7　样本特征统计性描述及变量说明

变　量	变量定义	均　值	标准差
Bid	支付意愿投标值	36.06	35.10
Blham	您了解河流污染可能对您的健康造成威胁吗？是=1；否=0	0.87	0.34
Blimp	您认为环境污染对国家可持续发展重要吗？是=1；否=0	0.85	0.35
Sat1	您认为河流环境情况非常好吗？是=1；否=0	0.004	0.06
Sat2	您认为河流环境情况还不错吗？是=1；否=0	0.06	0.25
Sat3	您认为河流有些污染吗？是=1；否=0	0.48	0.50
Sat4	您认为河流污染非常严重吗？是=1；否=0	0.45	0.50
Index	对河流环境要素的综合感知评价指数	223.96	40.28

变 量	变量定义	均 值	标准差
Park	您及您的家庭经常到附近河边休闲吗？是＝1；否＝0	0.37	0.48
Pasry	您和您的家庭日常经常经过评估河流吗？是＝1；否＝0	0.83	0.38
Walk	您和您的家庭经常在河边休闲吗？是＝1；否＝0	0.56	0.50
Femal	性别：女性＝1；男性＝0	0.57	0.50
Child	您家庭中有3～12岁的儿童吗？是＝1；否＝0	0.29	0.46
Older	您家庭中有60岁及以上的老人吗？是＝1；否＝0	0.50	0.50
Pet	您家里有宠物吗？是＝1；否＝0	0.19	0.39
Huji	您是本地户籍吗？是＝1；否＝0	0.72	0.45
Year	您住在这里多少年？	16.31	17.12
Property	您拥有所住房屋的产权吗？是＝1；否＝0	0.55	0.50
Houva1	家庭房产价值100万元以下？是＝1；否＝0	0.21	0.41
Houva2	家庭房产价值100万～300万元？是＝1；否＝0	0.28	0.45
Houva3	家庭房产价值300万～500万元？是＝1；否＝0	0.50	0.50
Incoe1	家庭月收入低于1万元？是＝1；否＝0	0.20	0.40
Incoe2	家庭月收入1万～3万元？是＝1；否＝0	0.49	0.50
Incoe3	家庭月收入3万元及以上？是＝1；否＝0	0.31	0.46

10.4.2 支付意愿投标值分布与反应统计

投标值为5、10、20、50、100元等数值的问卷，随机混合后分发调查人员。统计结果见表10-8。结果显示，50.6%的样本对第一个问题持肯定回答，对5个数值持肯定回答的比例从73.95%到31.82%依次递减，显示出随着投标额的增加，愿意支付的比例下降，平均值为36元。从表10-9比较两个城市的反应率，可以看出杭州市样本对第一个投标值的接受比例高于南京市样本，分别为57.8%和48.8%，两城市接受的支付意愿均值分别为37.0元和34.8元。

表10-8 总体支付意愿投标值分布及样本反应统计

投标值/元	频 数	比例/%	接受的频数	接受的比例/%
5	311	20.75	230	73.95
10	312	20.81	182	58.33
20	292	19.48	143	48.97
50	298	19.88	113	37.92

投标值/元	频 数	比例/%	接受的频数	接受的比例/%
100	286	19.08	91	31.82
合 计	1 499	1	759	—
支付意愿均值/元			36.03	

表 10-9　杭州市与南京市支付意愿投标值分布及样本反应统计

投标值/元	杭州市				南京市			
	频数	比例/%	接受的频数	接受的比例	投标值/元	频数	比例/%	接受的频数
5	164	20.02	120	73.17	147	21.62	110	74.83
10	168	20.51	115	68.45	144	21.18	67	46.53
20	159	19.41	83	52.2	133	19.56	60	45.11
50	163	19.9	60	36.81	135	19.85	53	39.26
100	165	20.15	59	35.76	121	17.79	32	26.45
合计	819	1	473	—	680	1	332	—
支付意愿均值/元			37.03				34.83	

10.4.3　回归结果分析

应用式（3-2）构建模型，模型 I 与模型 II 为两城市总体样本，模型 III 与模型 IV 分别为杭州市和南京市。回归结果见表 10-10。

表 10-10　1.5 边界二分法问卷支付意愿回归结果

变量	模型 I （总体）	模型 II （总体）	模型 III （杭州市）	模型 IV （南京市）
Blham	−2.925（2.703）	−2.666（2.700）	2.928（3.635）	−8.124 **（4.036）
Blimp	14.23 ***（4.232）	14.36 ***（4.226）	14.86 **（5.790）	18.66 ***（6.108）
Sat2	9.975（24.44）	12.26（24.36）	10.15（22.54）	28.60 **（13.30）
Sat3	−4.430（23.91）	−2.639（23.82）	−2.117（21.90）	5.430（5.209）
Sat4	−6.247（24.15）	−4.633（24.06）	−3.617（22.43）	—
Index	0.044 4（0.046 0）	−0.036 4（0.063 6）	−0.030 3（0.083 3）	−0.137（0.098 2）
Park	−5.009（3.458）	−4.760（3.453）	−1.980（5.367）	5.272（5.810）
Pasry	−4.758（3.614）	−4.572（3.611）	−1.158（3.831）	−20.69 ***（7.939）

续表

变量	模型Ⅰ（总体）	模型Ⅱ（总体）	模型Ⅲ（杭州市）	模型Ⅳ（南京市）
Walk	1.215（3.506）	−30.46*（17.56）	−54.60**（23.77）	−31.61（27.11）
Femal	1.660（3.107）	1.455（3.102）	−4.230（4.167）	3.825（4.505）
Child	5.857*（3.482）	5.827*（3.474）	4.741（4.484）	8.667*（5.191）
Older	5.923*（3.199）	5.910*（3.191）	−1.545（4.264）	12.31***（4.684）
Pet	8.973**（4.468）	8.830**（4.458）	6.246（6.086）	8.437（6.329）
Huji	−10.67***（4.109）	−10.76***（4.100）	−16.16***（5.332）	−7.860（6.190）
Year	−0.278**（0.109）	−0.291***（0.109）	−0.371**（0.174）	−0.319**（0.145）
Property	−9.383（8.936）	−9.913（8.935）	−35.01***（13.09）	17.13（12.70）
Houva1	7.846*（4.390）	7.812*（4.381）	3.672（6.480）	8.442（6.116）
Houva3	−6.842（9.170）	−7.871（9.180）	−42.85***（13.58）	21.82*（12.97）
Incoe1	−4.265（4.724）	−4.094（4.714）	−1.921（6.529）	−1.309（6.668）
Incoe2	−8.376**（3.726）	−8.424**（3.719）	−11.11**（4.918）	−3.465（5.467）
Index* Pasry	—	0.142*（0.0772）	0.260**（0.110）	0.127（0.115）
Constant	52.34*（28.37）	68.77**（29.69）	87.96***（32.73）	74.68**（29.80）
lnsigma	3.817***（0.0374）	3.814***（0.0374）	3.692***（0.0550）	3.864***（0.0517）
Likelihood	−1235.82	−1234.33	−558.01	−647.73
Observations	1459	1459	657	802

210

由模型Ⅰ和Ⅱ对总体样本分析显示，环境意识、家庭构成、户籍状态、居住年限、房产价值和收入对支付意愿呈现显著影响。认为环境保护对国家长期发展很重要的居民支付意愿高；家庭中有老人、孩子和宠物的家庭支付意愿高；当地户籍人口支付意愿低；居住期越长支付意愿越低；以中等房产价值的家庭相比，低房产价值的居民支付意愿高；与高收入家庭相比，中等收入家庭支付意愿低。对河流的综合感知指数 Index 并不显著，但是在模型Ⅱ中加入该变量与经过河流变量的交叉项结果显示，交叉项显著，说明经常经过河流并且对河流环境评价较好的居民支付意愿越高。

两城市的回归结果显示，环境意识和在河边居住期在两城市呈现显著影响，这与前期多次研究的结果相符。高房产价值的变量也在两模型中显著，却呈现不同的影响方向。与中等房产价值家庭相比，高房产价值家庭在杭州市的支付意愿低，而在南京市支付意愿高。

两城市的回归结果显示，在影响支付意愿的因素上，存在一定的差异。杭州市样本中，与高收入家庭相比，中等收入家庭支付意愿低，而南京市样本该变量不显著。南京市方程中每日经过河流的家庭支付意愿低；杭州市样本中步行可到达河流的家庭支付意愿低。南京市方程中有老人、有孩子的家庭支付意愿高，而杭州市方程中不显著。河流环境评价和经过河流变量交叉项在杭州市样本中显著，而在南京市样本中不显著。房产属性变量在杭州市方程中显著，符号为负，显示出拥有房屋产权的家庭支付意愿低，这与杭州市方程中高房产价值的家庭支付意愿低的结果相一致。

户籍变量在杭州市方程中显著，影响为负向，显示当地户籍人口支付意愿低于外地户籍人口。这一变量在南京市方程中不显著。这一结果与前期研究结果相反，但是与在上海市 2011 年的研究结果一致。可能的解释有两方面：一是随着杭州市等城市房价等生活成本的快速上升，外地人口的进入门槛加高，进入该地区的外地人口往往是经过高选择的群体；二是与当地户籍人口相比，非户籍人口由于流动性，对问卷的回答的准确度可能较低，从而引起差异。

经上述模型 II、模型 III 与模型 IV 的估计，得出总体、杭州市和南京市的支付意愿分别为 42.4、52.4、35.7 元/户，详见表 10-11。

表 10-11　杭州市、南京市和总体支付意愿的参数估计结果

支付意愿	均值/元	标准差	置信区间	
Pool	42.4	0.31	41.8	42.1
Hangzhou	52.4	0.46	51.3	53.2
Nanjing	35.7	0.41	34.7	36.4

10.5　本章结论与讨论

研究成本的高昂使得 CVM 研究成果在区域间的效益转移研究成为急需解决的关键科学问题，选取社会经济状况相似的上海市、南京市和杭州市三城市，分别采用开放式问卷和 1.5 边界问卷形式，于 2010 年 6 ~10 月和 2011 年 5 ~11 月在上海市、南京市和杭州市完成了两次平行 CVM 研究，并探索支付意愿均值估计和参数模型结果在地区间的稳定性和效益转移的可能性。结论如下：

1) 1258 份开放式问卷数据分析结果显示，三城市支付意愿分布情况类似，均值相近，均值分别为在 20.5 元/(户·月)、25.4 元/(户·月) 和 20.3 元/(户·月)。

比较三城市内河环境治理居民支付意愿的分布特征与主要统计量，结果显示，上海市为20.5元/(户·月)，南京市为25.4元/(户·月)，杭州市为20.3元/(户·月)，检验了支付意愿在城市间呈现一定的稳定性。因此，支付意愿评估结果可以在评估对象特征类似、社会经济状况相近的区域间在一定精度范围内进行效益转移。支付意愿参数模型结果表明三城市模型支付意愿的影响因素既有一致性也有差异性，如收入和环境意识都呈现显著正向影响，非户籍因素在南京市和杭州市呈现显著性负向影响，教育和"经过河流"变量在上海市和南京市模型中显著为正等。三城市混合数据模型显示，与其他两城市相比，在控制了社会经济等主要因素后，南京市样本支付意愿显著较高，而杭州市与上海市参数模型无显著性差异。以上说明参数模型在区域间实现效益转移的证据还有待进一步研究。

2) 选择自然社会特征更为相似的杭州市与南京市相对比，对1518份1.5边界问卷数据进行了区间估计。结果显示，杭州市与南京市的支付意愿估值分别为52.4、35.7元/(户·月)，参数模型表明，环境意识和居住年限等在两模型中都呈一致性显著，表明老居民支付意愿低、环境意识高的居民支付意愿高。收入水平、户籍状态、是否步行河边、是否每天经过河流、家庭中是否有老人等变量在两模型中存在差异。突出表现在高房产价值的家庭在杭州市样本中支付意愿低于对照组，而南京市影响方向相反。

上述结果揭示了不同城市居民对城市内河治理的支付意愿呈现区域间的稳定性，为意愿价值评估法在我国不同区域间的效益转移研究提供了实证支持。同时参数模型的差异表明在应用中要注意不同地区的差异性。

进一步的偏差分析认为，由于水环境现状不达标是筛选评价河流的主要原则，故三城市调查区域居民的社会经济条件有一定差异。如杭州市因整体水环境治理效果显著，仅有靠近城郊的河流符合筛选标准，而该河流周边居民的收入、高等教育比例、产权房比例和户籍人口比例显著低于其他两城市，变量差异的不足可能影响模型统计结果。此外，评估对象自然属性、居民社会经济状况与居民利用水体的方式等各种因素交互作用，对支付意愿的影响呈现复杂化。因此，模型变量设置需要作进一步的优化与补充才能实现对支付意愿差异更为准确的揭示。

还需要指出的是，与西方成熟市场化国家相比，我国的非成熟市场机制、公共财税制度和社会管理制度的不同，导致支付意愿与居民的真实需求存在差异，且因社会制度因素与自然因素互相交织作用而导致其偏差的方向和尺度各异，故这一领域还需开展更多的应用实例研究以积累经验数据，促进环境物品支付意愿的评估结果在环境公共政策和治理决策中的科学应用。

212

第 11 章 主要结论与展望

生态物品的公共品特性使得消费者需求信息难以获得，从而影响了该领域资源的有效配置和相关公共政策的科学制定。CVM 构造假想市场，通过调查人们对生态环境物品的质量（数量）变化的支付意愿和受偿意愿，对人们非市场物品的偏好进行货币估值，是迄今唯一能够获知与环境物品有关的全部使用价值，尤其是非使用价值的方法。特别是从 20 世纪 60 年代起，当传统的揭示偏好方法不能估算这种非使用价值时，该方法得到了迅速的发展。40 余年来，尽管存在诸多争议，但 CVM 仍在国际上尤其是发达国家得到了广泛应用，其研究成果直接贡献于环境项目的成本收益分析和损害评估，在环境公共政策和治理决策的制定过程中发挥着巨大的作用。CVM 方法的理论和实证研究目前在国际上仍然是生态学、经济学、社会学的研究热点之一。

本书在借鉴国际、国内相关研究成果基础上，以长三角城市内河为研究对象，构建该河流生态恢复的假想市场，进行意愿价值评估研究。从 2006 年 3 月到 2012 年 10 月共进行了 16 次 CVM 调查，完成了共约 8000 份问卷，评估了城市内河生态恢复后的价值，并以此为基础，从有效性可靠性角度对 CVM 在我国的应用进行了探讨。

11.1 城市内河生态修复意愿价值评估的主要结论

随着经济迅速发展，自然资源与环境相对于人造资本渐趋匮乏。城市化的迅速推进、环境保护的相对滞后使得城市河流污染已成为共性问题，水体黑臭、浮油悬浮等已成普遍现象，影响居民正常生活和以水体为依托的休闲美学需求，成为居民福利可持续增长的制约因素，这在经济较发达的长三角地区尤为突出。本书应用 CVM 对长三角城市河流生态恢复的支付意愿和受偿意愿进行了评估，以揭示居民对河流环境的偏好信息，促进有效的环境公共政策和治理决策的制定。

（1）应用 CVM 评估上海市城市内河——漕河泾的生态修复价值

调查了漕河泾附近居民的支付意愿，496 份支付卡问卷结果表明，样本年平均支付意愿是 168.12 元/（年·户），均值为 60 元/（年·户）。该均值与杨凯等对上海市浦东区张家浜研究成果［195.07 元/（年·户）］接近。将中位数和均值乘以该地区家庭户数，不考虑市场折旧率，3 年总支付意愿约（7.80~21.87）×10⁶元。

为提高支付意愿的估计精度，采用 1.5 边界二分法，采用区间估计模型，支付意愿参数估计均值为 27.03 元，总价值为 16.45×10^6 元，不考虑物价变动，3 年支付意愿总价值为 49.53×10^6 元。

基于以上计算结果，漕河泾水质从目前的 V 类~劣 V 类水质改善到满足景观水体的 IV 类水质要求，且在漕河泾沿岸营造生态休闲功能区的总经济效益现值为（7.80~49.53）×10⁶元。

（2） 苏州城市内河河流生态退化的受偿意愿研究

前期科研成果和国内相关研究揭示，支付意愿的收入效应显著，即居民往往由于收入限制而导致支付意愿偏低。同时，由于对相关管理部门的不信任、非户籍带来的融入感缺失等因素造成抗议性支付，造成对环境物品价值的低估。

国际研究也揭示，在发展中国家受偿意愿是更合适的评估非市场物品的指标。同时在几个城市的河流踏勘中，发现随着杭州市、宁波市、苏州市等城市近年来在城市环境治理上的大量投入，市区内河环境基本合格，居民普遍反映与治理前相比环境已大为好转。特别是苏州市的平江河（官太尉河）在正式调研前 3 个月刚结束治理工程，因此对生态退化的受偿意愿的研究更具现实意义。

苏州市平江河（官太尉河）426 份支付卡问卷数据分析结果显示，近 70% 的样本认为如果河流生态退化或者填埋，政府应该对附近居民进行补偿，48% 的样本认为即使给予无限货币补偿，也不愿意接受河流的生态退化或消失。其中，接受补偿的样本的补偿额均值为 4 万元左右，中位数 25 000 元。在愿意接受补偿的样本中，受偿意愿参数估计值为 17 360 元/户，为相应支付意愿数额的几十倍。

11.2 CVM 应用中有效性可靠性研究的主要结论

CVM 调查中被访问者面对假想市场的反应与其真实偏好之间的差异一直是国际上 40 余年、国内近 10 余年探索的焦点。由于不存在真实市场，因此无法绝对地验证 CVM 的研究成果的有效性和可靠性，而是只能向真实值无限逼近。因此，该领域的研究及其成果的应用必须建立在大量应用案例和长期经验数据的积累之上。本书重点从支付意愿影响因素、零支付的原因及影响因素进行了研究和讨论。

（1） 支付意愿一般影响因素及我国户籍制度、人口政策等特殊影响因素研究

根据经济理论、生态物品的自然属性、我国的特殊性和区域特征预测的支付

意愿的影响因素。结果显示，影响私人物品需求的因素同样影响城市生态环境的需求，如收入、生态环境对居民生活的重要程度（与其他商品的替代关系）。同时，居民对环境公共物品的需求又受到我国及研究区域其他特殊因素影响。本书重点研究了户籍因素、房屋产权因素、环境意识、环境评价、利用河流的频率等因素对居民支付意愿的影响。

1）户籍制度的影响。作为我国社会结构的根本性制度，居民户籍状况的不同必然带来对环境物品支付意愿的差异。同时户籍因素与收入、教育、居民与河流的地理位置、房产情况结合在一起，对支付意愿产生交叉影响。

本书中大部分的调查都表明，非当地户籍支付意愿的概率和数额偏低，但是随着收入水平和教育程度的提高，户籍对支付意愿的影响降低。表明随着收入及教育程度的提高，非户籍带来的教育、医疗、社会保障等公共福利的负面影响降低；当地融入加强，对环境物品的态度和支付也相应增加。同时研究还发现，非户籍人口中，经常经过评估河流，距离河流较近的居民对河流生态恢复的支付意愿增加，表明该类人口较关心与自身密切相关的公共物品。

2）房产属性对支付意愿的影响。针对研究的几个城市，考虑到过去 10 年房产价格增长迅速，房屋产权属性与价值已经成为家庭财富的重要指标，同时考虑到优美的河流环境对房产价值的正向贡献，使得房产属性可能成为影响支付意愿的重要因素。研究结果表明，在杭州市，拥有产权房的户主支付意愿高于无产权房的，但在其他城市房屋产权属性变量对支付意愿无显著影响。

3）"4-2-1"家庭结构对支付意愿的研究。20 世纪 70 年代末起实施的计划生育政策对我国人口结构、家庭结构和社会管理具有决定性的影响。在 CVM 研究领域，文献揭示了收入、教育、户籍等因素是影响支付意愿差异的重要因素。但是不同的家庭结构对支付意愿的影响还未见研究，尤其是"4-2-1"家庭中对水环境等公共环境的改善意愿呈现怎样的差异性特征，还没有被很好地揭示。

立足我国计划生育政策下家庭结构的变迁，以杭州市社区河流为研究对象，从家庭结构异质化角度，通过 852 份多级选择性问卷研究了"4-2-1"家庭中有老人和儿童家庭的支付意愿特征。回归分析结果表明，控制了社会经济变量、居民与河流关系变量和环境感知变量，只有儿童或只有老人的家庭支付意愿低于对照组；而同时有儿童和老人的家庭支付意愿显著高于对照组，显示出这类家庭对社区河流的偏好高于其他家庭。可能的解释为，老人与孩子的相伴使得其在河边休闲的时间较长，从而这类家庭更关心河流环境质量。这一结论有助于揭示家庭结构与环境物品偏好的关系，为制定有效的环境公共政策提供科学依据。

4）借鉴国际前沿研究成果，从社会心理学角度开展环境感知对支付意愿的影响研究。国际上近些年开始揭示生态服务（环境物品）环境感知的研究。在前期问卷设计基础上，借鉴国际研究前沿成果，增加"居民对环境感知情况"调查及对支付意愿的影响。

基于1.5边界诱导技术的上海市等三城市的2358个样本分析结果显示，上海市样本对河流的异味比较敏感，认为无异味的居民支付意愿显著低于对照组；南京市样本对水面垃圾和绿化带较敏感，对这两种性质较满意的居民倾向于多支付；杭州市样本对水面油污较敏感，认为没有油污的居民支付意愿显著高于对照组。

5）受偿意愿的影响因素——兼与支付意愿影响因素的不同特征。苏州市内河研究结果揭示了有过因环境问题捐款经历、对河流环境较为满意、经常看到河流、在职、拥有产权房、房屋价值较高的居民拒绝补偿的概率较高；线性回归模型分析接受补偿的额度结果显示，老居民、距离河边近和对河流周边绿化不满意的家庭受偿意愿较高。老年人、家庭人口多和有捐款经历的居民受偿意愿较低，不仅揭示出河流退化给居民带来的可能福利损失，而且揭示了环境改善的福利变化在不同群体间存在差异。

与支付意愿相比，受偿意愿的收入效应不显著，环境意识及相应保护环境行为是主要影响因素之一。

（2）支付意愿为零的原因及支付为正的影响因素研究

与国际上主要是"收入限制"不同，其中"应由政府负责"是居民拒绝支付的主要原因，而低收入、非上海户籍、较长的居住期、对相关管理部门的不信任等因素增加了居民不愿意支付（WTP=0）的概率。对上海市等三个城市的进一步平行研究显示，约50%的样本认为河流治理是政府的事情，其中南京市比例最高，上海市与杭州市接近；20%左右的样本认为拒绝支付的主要原因是收入低，三城市基本一致；8%左右的样本由于没有当地户籍，从而拒绝支付，这一比例上海市最高，超过10%，南京市最低，不足5%；约5%的样本认为河流环境与生活无关，这一比例南京市最低。模型结果显示，收入水平、环境意识、对河流环境的评价、到河边的距离等变量显著影响是否支付的概率。环境意识低、对河流不熟悉、距离河流较远、对河流环境现状不满意的居民倾向于拒绝支付。上海市样本中非户籍、老年人、女性倾向于拒绝支付。杭州市样本中家庭人口多、无房产的居民支付概率低。与杭州市样本相比，南京市样本支付的概率较高，其他城市无显著性差异。

同时，对上海地区基于2006年和2010年的跨时数据分析结果，验证了教育程度、户籍状况和环境意识是稳定影响支付概率的因素。

因此与成熟市场化国家中拒绝支付的主要原因是收入约束相比，我国由于特

216

殊的社会结构、管理制度、环境意识、市场意识等因素造成了一定比例的 CVM 零支付意愿，对于这部分的正确处理是确保国内 CVM 研究成果科学有效的关键问题。

（3）验证 CVM 研究中支付意愿"范围不敏感"、"顺序效应"、"部分-整体效应"、"嵌入效应"等"问卷内容依赖性"特征

据国外 CVM 实证研究文献报道，CVM 结果出现了违背经济理论预期的经济"异常现象"，主要表现为同一种物品的支付意愿或受偿意愿并不唯一，而是取决于调查方案、问卷内容、问题顺序等因素，具有"内容依赖性"。本书首次在国内开展了该领域的研究。

设计评估顺序、评估对象尺度、嵌套物品等四重方案，平行调查对同一评估对象在不同问卷中获得的支付意愿，并进行统计检验。研究结果显示，随评估尺度的增加，支付意愿并不显著增加；单独评估比作为嵌套物品评估具有更大的支付意愿值；居民对问卷中先被评估的物品给出的支付意愿较高；整体物品的支付意愿小于各部分的加总。研究结果验证了国外实证研究文献报道的"范围不敏感"、"嵌入效应"、"顺序效应"、"部分-整体效应"等"问卷内容依赖性"现象的存在。对此现象的解释主要是收入效应和替代效应。因此，将 CVM 研究结果应用于公共政策中时应充分考虑上述因素引起的偏差。

（4）CVM"时间稳定性问题"验证

以上海城市内河生态恢复为评估对象，设计相隔一个月、两年的三次意愿价值评估对比研究方案，分别对三次调查的 426、498、200 份支付卡问卷进行对比分析。结果表明，三次支付意愿均值分别为 14.2、14.1、18.00 元（以 2006 年 4 月计），中位数分别为 5、5、10 元（以当年价格计）。通过对比支付意愿分布和主要统计值、建立计量模型分析影响因素的再现性、构建混合数据模型检验时间变量的显著性等技术手段，对比分析结果表明，相隔一个月的 CVM 结果呈现时间上的稳定性，相隔两年 CVM 结果表现出一定差异。

（5）支付意愿和受偿意愿同期评估揭示测度指标差异

在同一份问卷中同时调查居民对城市内河生态功能恢复的受偿意愿与支付意愿，结果显示，受偿意愿显著大于支付意愿均值，两者比例的均值为 10.4，中位数为 2.0。相比国际调查结果，平均比值偏大，而中位数比值偏小。回归结果显示，收入、教育、居住时间与二者差异正相关；对相关环保部门信任程度越低，受偿意愿与支付意愿差异越小；户籍因素和我国经济发展的路径和环境污染的成

217

因对支付意愿与受偿意愿的差异也有影响。各种变量相互联系、互为因果，使支付意愿与受偿意愿的差异呈现更为复杂的态势。支付意愿与受偿意愿的差异既反映了一般的经济理论，如收入效应、替代效应、损失规避效应等，同时也反映了我国特殊的社会构成方式、转型经济特征、政治制度因素等。

对苏州市河流补偿效应的调查显示，近 50% 的居民不愿意接受环境的退化，愿意接受赔偿的样本均值 4 万元/户，中位数 2.5 万元/户，参数估计值 1.7 万元/户左右，为一般支付意愿的几十倍。

（6）应用支付卡、开放式、二分法等 5 种不同诱导技术揭示技术差异

应用 5 种诱导技术评估环境质量，结果显示不同的诱导技术将导致问卷的执行、居民的参与和反馈、支付意愿存在一定差异。从开放式问卷到双边界问卷，支付意愿估计值约为 5 ~ 41 元。由于对支付意愿理解困难和出价的困难，开放式问卷的零支付意愿比例最高，接近 50%，因此其支付意愿的估计结果最低，仅为 5 元左右，支付卡问卷和 1.5 边界问卷零支付率约为 20% ~ 25%，二分法问卷估计值为 24 ~ 41 元。双边界二分法结果与开放式结果比值为 8.74，与支付卡比值为 3.53，与国际报道相一致。

居民出于对环境问题的关注和对调查人员的尊重，"奉承"效应较为显著，即对随机给定的投标额倾向于回答"是"；对环境治理不太熟悉的居民，由于认为随机给定的投标额可能是以成本为基础的合理值，而倾向于回答"是"。这些因素都会使得二分法呈现高估。开放式问卷由于理解困难，容易出现低估。而支付卡由于设定选择范围和数值，容易产生范围偏差。

（7）研究居民支付意愿区域间的稳定性和效益转移的可靠性

研究成本的高昂使得 CVM 研究成果在区域间的效益转移研究成为该方法得以广泛应用急需解决的关键问题，也是当前国际研究的前沿问题。分别采用开放式问卷和 1.5 边界问卷形式，于 2010 年 6 ~ 10 月和 2011 年 5 ~ 11 月在上海市、南京市和杭州市完成了两次平行 CVM 研究。

1258 份开放式问卷数据分析结果显示，三个城市支付意愿均值分别为 20.5、25.4、20.3 元/（户·月）。进一步的线性对数模型分析结果表明，收入、环境意识等变量在三城市都呈现显著影响，而户籍、教育等因素在各城市模型中存在显著性差异；三城市混合数据模型显示，南京市样本支付意愿显著高于其他两城市，杭州市与上海市调查样本无显著性差异。但另一方面，参数模型表现出一定的差异。

对 1258 份 1.5 边界问卷数据进行区间估计，结果显示，杭州市与南京市的

支付意愿估值分别为 52.4、35.7 元/(户·月)，参数模型表明，环境意识和居住年限等在两模型中都呈一致性显著，表明老居民支付意愿低、环境意识高的居民支付意愿高。收入水平、户籍状态、是否步行河边、是否每天经过河流、家庭中是否有老人等变量在两模型中存在差异。这突出表现为高房产价值的家庭在杭州市样本中支付意愿低于对照组，而南京市影响方向相反。

上述结果揭示了不同城市居民对城市内河治理的支付意愿呈现区域间的稳定性，为意愿价值评估法在我国不同区域间的"效益转移"研究提供了实证支持。同时，参数模型的差异表明在应用中要注意不同地区的差异性。

11.3 CVM 在我国应用的探讨

CVM 方法在西方的深入研究及其成果在相关公共政策中的有效应用与西方国家的社会构成、制度安排、经济水平，尤其是财税制度紧密相关。西方社区税收与支出的区域相对一致性，地方公共支出的公民参与与监督、公共支出的决策基础与程序、税收支出信息的相对透明都是 CVM 在西方可以广泛有效应用的主要因素。

我国在自然环境、政治经济、历史文化、社会构成等方面与西方社会的差异，尤其是我国目前所处的经济转型阶段的特殊社会结构、制度安排，都增加了 CVM 研究的不确定性和成果在公共政策和相关决策中的应用难度。

另外，我国现正处于经济快速发展和转型的阶段，经济与生态的矛盾愈发凸显。经济的持续发展和社会的和谐安定都需要改变增长方式，但要实现从资源浪费、环境破坏的传统发展模式到资源节约、生态友好模式的转变，改变人们利用生态环境的行为方式是根本途径。而要实现这一点，就必须建立环境友好的经济激励模式和市场信号。CVM 是作为迄今为止唯一能评估生态服务价值，尤其是非使用价值的方法，将在这一领域发挥巨大的作用。

根据本案研究的结果，对 CVM 在我国的应用领域和应用方式提出以下建议。

1）CVM 采用假想市场，通过调查消费者对生态（环境）物品的支付意愿和受偿意愿，从而获知传统市场无法获得的公共物品的偏好信息，其方法的灵活性和获取信息的能力，使其在生态服务价值评估及其相关领域，尤其是在对非直接使用价值和非使用价值的估算上具有重要的应用空间。非直接消费的生态系统服务，一般情况下不能进行市场交易，没有市场价格，因此私人市场缺乏提供和维护的经济激励。而这类物品由于提供无差异消费，其合理供给对消费者福利的总体改善具有重要作用，对我国经济转型阶段构建平等、公平理念，建设和谐社会具有重要意义。

在本案 CVM 调查中发现，尽管许多居民并不了解待评估河流，但也表现出愿意支付。而采用 WTA 作为指标时，更能充分体现消费者对生态服务的存在价值、赠与价值和选择价值的偏好信息。

CVM 对生态（环境）物品非使用价值的消费者偏好信息的获知能力，使其迄今为止在这一领域具有无法取代的地位。这也是尽管该领域研究成本高昂，但仍然是国际 40 余年、国内近 10 年的研究热点的原因。

2）CVM 的方法特点决定其研究成果受许多难以准确测量的因素影响，CVM 在我国的科学有效应用必须建立在大量经验研究基础之上。CVM 采用支付意愿或受偿意愿作为价值估计的数据基础，而消费者在认为物品满足"效用"和"稀缺"这两个条件时，才会表达支付意愿。而效用与个体的主观意识紧密相关，其分布差异形成于所处区域的政治制度、经济水平、社会结构、历史传统等多种复合因素。而生态（环境）物品的稀缺程度除了受上述因素影响外，与所处区域现阶段的社会发展目标、经济发展模式紧密相关。

与西方国家相比，我国消费者对生态（环境）物品的主观效用和客观稀缺程度既存在相同特点，也必然表现出很大的差异。因此，无法把国际上的经验研究成果直接移植到我国。目前国际上已有约 6000 个应用案例，相比之下，我国该领域的案例研究明显缺乏，因此，急需大量的应用案例研究。

3）我国经济转型阶段的特殊因素，如户籍、收入差距、发展模式、政府相关管理模式都会使得调查中的支付意愿偏离消费者对生态环境物品的真实偏好，故在制定政策或决策时应予以充分考虑以纠正这种扭曲。本案对支付意愿影响因素的研究表明，居民对生态（环境）物品的支付意愿是社会经济、政治文化、历史传统、地理条件等诸多因素的产物。CVM 研究获知的个体支付意愿尽管可以作为个体需求强度的代理变量，但我国经济转型阶段的特殊因素，如户籍安排、收入差距、发展模式、政府相关管理模式等都会使支付意愿偏离真实偏好，从而不能完全反映个体的真实需求强度。若在环境公共政策中直接采用个体支付意愿的数据，将可能造成系统的偏差，影响决策的科学性，违背采用 CVM 研究的初衷。因此，在制定政策或决策时，应充分考虑这种扭曲并进行适当纠正。

4）CVM 研究中的支付意愿呈现一定的"问卷内容依赖性"，给 CVM 研究成果在公共政策或决策中的应用增加了难度，单次的 CVM 研究结果若直接应用到以此为绝对定量基础的公共政策的制定和环境治理决策中，可能导致政策失误。因此，政策制定者在应用 CVM 结果时，必须考虑 CVM 研究的特定方案和实施场景。本文实证结果显示，支付意愿的绝对数值受问卷形式、问卷内容、诱导技术、测度指标等多种复合因素的影响而呈现差异，这要求政策或决策的相关制定者应用 CVM 结果时必须考虑特定 CVM 研究的具体方案、支付意愿产生的具体调

220

查情景。

以单次 CVM 的研究成果作为相关政策的绝对定量基础可能导致政策失误。由于真实市场的缺失，无法获得人们在真实市场的实际支付，其绝对数值的真实"有效性"永远无法绝对证明。绝对数值的使用应该建立在与其他如旅行费用法、享乐价值法的对照研究基础上审慎应用。

5）经济发达、市场成熟度较高的地区可以审慎使用 CVM 的绝对数值成果，而经济相对落后地区可以应用 CVM 研究中获得的对环境物品重要程度的序数信息和定性信息。数值传递的排序与定性信息将为环境公共政策和治理决策的制定和实施提供科学依据。当收入达到一定水平，生态（环境）物品才可能出现在消费者的效用函数中，当教育普及率达到一定程度，环境意识的增加，人与生态之间相互关系的进一步理解，在消费束中才会出现生态（环境）物品，甚至出现与其他私人物品不可替代的环境物品。由于我国地理区域、自然条件的差异及政策制度的倾斜，地区间发展水平相差较大，因此 CVM 的应用必须结合所处地区的特定情况。

在经济发达地区，市场成熟度较高，满足一定样本数和科学严谨设计的 CVM 调查，可以较为可靠地揭示消费者对生态（环境）物品的偏好信息。因此，在与其他揭示偏好法，如内涵资产定价法、旅游费用法研究成果的参考下，可以作为相关公共政策制定的参考数据，如目前浙江省等发达地区在实施生态补偿中就开展了相关 CVM 的研究。

在经济相对落后地区，市场成熟度不高，开展 CVM 调查获得的绝对数值偏差较大。但应用 CVM 对不同公共物品的同期平行调查，支付意愿的相对大小可以揭示出居民对不同物品的偏好排序，为决定相关环境公共政策和治理决策提供科学依据。而支付意愿大于零的定性信息可以用以充分识别公众关注点，将为相关公共政策制定和实施提供重要门槛条件。

6）本书支付意愿、受偿意愿的影响因素既包含根据经济理论预期和自然属性预期的变量，也反映了我国特有的社会特征和发展特性。因此，CVM 通过个体调查获得消费者对生态服务的微观需求信息，是研究社会经济系统和生态系统相互之间作用机理，确定政策干预的过程变量和关键因素，实现生态服务有效管理的必要技术手段。在传统市场上无法得到的消费者对城市内河水体间接使用功能和非使用功能的需求信息，在本书研究中得以充分展示。特别是对于以受偿意愿为指标的 CVM 研究，尽管由于我国自然资源的产权属性，居民对受偿意愿理解困难和对政府实施受偿的怀疑等因素导致调查相对困难，且受偿意愿相对支付意愿会产生更大误差，但本书研究显示：受偿意愿对于揭示低收入人群的环境需求和非使用价值的消费者需求信息具有不可替代的作用。

生态物品提供和管理的"市场失灵"要求政府或其他组织干预，但为防止出现"政府失灵"，其核心问题是如何解决环境信息不完全与不对称，CVM 通过个体调查获得消费者对生态服务的需求信息，为实现微观需求信息和宏观环境政策构建了科学的桥梁，是研究我国社会经济系统和生态系统之间相互作用机理、确定政策干预的过程变量和关键因素、实现生态服务有效管理的必要技术手段。

11.4 研究展望

关于 CVM 的研究国际上已经有四十余年的历史，6000 多案例的研究。相比之下，国内的研究只有十几年的历史。CVM 采取情景实验的方法，大量的应用实例是获得科学结论的必经之路。在这一领域，还需要开展以下方面的研究。

1）CVM 有效性可靠性的应用案例研究和相应数据库的建立。CVM 的特性表明，单次的调研结果即使接近真实值，但由于其假想市场的特性，也很难被公众和决策人接受。因此在大量应用实例基础上，建立地区经验数据库，是增进CVM 研究成果的可信度，促进其在公共政策领域应用的必要技术环节。目前国际上已经有类似的数据库建立，国内该领域的研究亟待开展。

2）多学科交叉开展研究，促进 CVM 在我国的科学应用。CVM 的研究涉及生态学、经济学、管理学以及心理学等多种学科领域，为实现 CVM 在我国的研究与科学应用，要求各学科领域的学者联合开展研究。并且，国际上该领域的研究学者主要来自经济学领域，国内从事该领域的学者主要来自自然科学领域，经济学及社会学的学者涉足甚少。例如对于问卷的设计，如何构建假想市场、设计问卷使得居民表述的支付意愿更加逼近真实偏好，将是提高 CVM 有效性和可靠性的重要途径。目前国际上已有从心理学等角度开展的研究，并且已经有成功的设计经验，国内这方面的研究需要更多学科领域学者的合作。

3）在生态补偿等具体公共政策中的应用研究。CVM 的研究目的是为相关公共政策或治理决策提供科学依据，实现生态系统的有效管理。对 CVM 在我国具体政策中的应用研究是空白，这也是今后亟待开展研究的领域。例如，我国东西部流域上下游的生态补偿，由于生态服务受益方非常大，且非常分散，不可能有集中的组织提议保护，而以 CVM 调查为基础将为相关保护政策的出台提供科学依据。近年来在生态补偿的具体实施和操作中，CVM 研究作为补偿的依据和标准确定的重要参考，逐渐得到开展。一些国际环境保护组织也在生态补偿机制的设计领域开展 CVM 的研究，如"保护环境组织"在丽江的 CVM 研究①。因此，如何在"生态补偿"的设计实施中应用 CVM 将是提高政策科学性和执行有效性的重要环节。

CVM 独特的方法学特征，使其一直是环境经济学领域的研究热点之一。CVM 研究中被调查者的真实需求与 CVM 模拟的支付意愿之间的差异是什么？偏差程度如何？如何减少差异？这是国际国内专家学者孜孜以求的问题。

由于我国与西方社会在社会、经济、制度、文化等方面的显著差异，CVM 在我国能否应用及怎样应用，都存在很大的争议。本书在借鉴前人研究成果的基础上，在这一充满争议的领域，在研究资源的约束下，做了一些尝试性的探索，仅希望此书能为国内该领域的研究增加一些实证数据，为后续研究提供一些启示。

---

① "生态建设补偿机制与政策设计高级研讨会"（2007 年 4 月上海），"保护环境组织（Conservation International）"何毅的学术报告："丽江景观水质和上海市生物多样性的 CVM 调查"

参 考 文 献

蔡春光，陈功，乔晓春，等．2007．单边界、双边界二分式条件价值评估方法的比较——以北京市空气污染对健康危害问卷调查为例．中国环境科学，27：39-43.

蔡银莺，张安录．2011．基于农户受偿意愿的农田生态补偿额度测算——以武汉市的调查为实证．自然资源学报，26（2）：29-40.

蔡志坚，杜丽永，蒋詹．2011．基于有效性改进的流域生态系统恢复条件价值评估——以长江流域生态系统恢复为例．中国人口·资源与环境，1：127-134.

蔡志坚，张巍巍．2007．南京市公众对长江水质量改善的支付意愿及支付方式的调查．生态经济，2：116-119.

曹辉，陈平留．2003．森林景观资产评估 CVM 研究．福建林学院学报，23（1）：48-52.

曹建华，郭小鹏．2002．意愿调查法在评价森林资源环境价值上的运用．江西农业大学学报（自然科学版），24（5）：645-648.

曹建军，任正炜，杨勇，等．2008 玛曲草地生态系统恢复成本条件价值评估．生态学报，04：1872-1880.

Chen K，石敏俊，Hailu G．2004．对中国消费者非转基因菜油支付意愿的研究．浙江大学学报（人文社会科学版），34（3）：53-61.

陈琳，欧阳志云．2006a．条件价值评估法在非市场价值评估中的应用．生态学报，26（2）：610-619.

陈琳，欧阳志云，段晓男．2006b．中国野生动物资源保护的经济价值评估——以北京市居民的支付意愿研究为例．资源科学，28（4）：131-137.

崔丽娟．2004．鄱阳湖湿地生态系统服务功能价值评估研究．生态学杂志，23（4）：47-51.

党健，李文鸿，周凤航．2012．基于条件价值法的生命价值评估：支付意愿与受偿意愿比较研究．河南工业大学学报（社会科学版），8（3）：50-55.

董长贵，邬亮，王海滨．2008．基于条件价值评估法的北京密云水库生态价值评估（I）．安徽农业科学，33：14707-14709.

董雪旺，张捷，刘传华，等．2011．条件价值法中的偏差分析及信度和效度检验——以九寨沟游憩价值评估为例．地理学报，（02）：267-278.

杜鹏，丁志宏，李兵．2005．来京人口的就业、权益保障与社会融合．人口研究，（4）：53-61.

杜亚平．1996．改善东湖水质的经济分析．生态经济，（6）：15-21.

杜永利，蔡志坚，蒋瞻．2011．长江流域生态环境恢复的经济价值估算——以南京段居民支付意愿调查为例．中国地质大学学报（社会科学版），11（4）：34-42.

戴星翼，俞厚未，董梅．2005．生态服务的价值实现．北京：科学出版社．

范晓赟，杨正勇，唐克勇，等．2012．农业生态系统文化服务的支付意愿与受偿意愿的差异性分析——以上海池塘养殖为例．中国生态农业学报，11：1546-1553.

冯磊，敖长林，焦扬．2012．三江平原湿地非使用价值支付意愿的影响因素．数学的时间与认识，1：59-67.

224

冯庆，王晓燕，张雅帆，等．2008．水源保护区农村公众生活污染支付意愿研究．中国生态农业学报，09：1257-1262．

冯卫英，王玉花，John Kipkorir Tanui，等．2012．苏州洞庭碧螺春茶文化旅游资源的经济价值评估．茶叶科学，04：353-361．

高汉琦，牛海鹏，方国友，等．2011．基于 CVM 多情景下的耕地生态效益农户支付/受偿意愿分析——以河南省焦作市为例．资源科学，11：2116-2123．

葛慧玲，焦扬，敖长林．2010．Logit 多分类模型的三江湿地保有价值评价．东北农业大学学报，11（41）：139-142．

巩芳，王芳，长青，等．2011．内蒙古草原生态补偿意愿的实证研究．经济地理，1：144-148．

郭凤鸣，张世伟．2011．教育和户籍歧视对城镇工和农民工工资差异的影响．农业经济环境，6：35-42．

郭剑英，王乃昂．2005．敦煌旅游资源非使用价值评估．资源科学，27（5）：187-192．

郭淑敏，刘光栋，陈印军．2005．都市型农业土地利用面源污染环保意识和支付意愿研究．生态环境，14（4）：514-517．

郭秀云．2010．大城市户籍改革的困境及未来政策走向——以上海为例．人口与发展，16（6）：45-51．

郭志刚．2008．关于中国家庭户变化的探讨与分析．中国人口科学，（3）：2-10．

郭志刚，刘鹏．2007．中国老年人生活满意度及其需求满足方式的因素分析——来自核心家人构成的影响．中国农业大学学报（社会科学版），（3）：71-80．

国务院人口普查办公室，国家统计局人口和社会科技统计司．2003．2000 人口普查分县资料．北京：中国统计出版社．

韩宏，马明呈，赵昌宏，等．2009．北山国家森林公园游憩价值经济性评价．西北林学院学报，01：208-211．

杭州市环境保护局．2011 年杭州市环境状况公报．2012-06-04．http：//www.hzepBgov.cn/zwxx/ghjh/hjgb/201206/t20120604_ 15344. htm．

贺锋，董金凯，谢小龙，等．2010．吴振斌北京奥林匹克森林公园人工湿地生态系统服务非使用价值的评估．长江流域资源与环境，7（19）：782-789．

贺桂珍，吕永龙，王晓龙，等．2007．应用条件价值评估法对无锡市五里湖综合治理的评价．生态学报，01：270-280．

胡和兵，贾莉，胡刚．2009．基于 CVM 的池州城市饮用水源地生态系统服务价值评估．安徽农业科学，16：7571-7573．

胡迎春．2012．意愿调查价值评估法在城市公园中的应用研究——以鞍山二一九公园为例．特区经济，11：184-186．

黄蕾，段百灵，袁增伟，等．2010．湖泊生态系统服务功能支付意愿的影响因素——以洪泽湖为例．生态学报，30（2）：0487-0497．

黄丽君，赵翠薇．2011．基于支付意愿和受偿意愿比较分析的贵阳市森林资源非市场价值评估．生态学杂志，30（2）：327-334．

黄平沙，白春节．2009．宁波市内河沿岸居民对水环境支付意愿的研究．环境科学与技术，12：116-119．

贾艳琴．2009．CVM 在崆峒山非使用价值评估中的应用．安徽农学通报，19：1-3．

金建君，王志石．2005．澳门固体废物管理的经济价值评估——选择试验模型法和条件价值法的比较．中国环境科学，25（6）：751-755．

姜宏瑶，温亚利．2011．基于 WTA 的湿地周边农户受偿意愿及影响因素研究．长江流域资源与环境，4：489-494．

靳乐山，郭建卿．2011．农村居民对环境保护的认知程度及支付意愿研究——以纳板河自然保护区居民为例．资源科学，33（1）：50-55．

靳乐山，左文娟，李玉新，等．2012．水源地生态补偿标准估算——以贵阳渔洞峡水库为例．中国人口·资源与环境，02：21-26．

雷波．2012．我国农村社区公共体育设施建设农户支付意愿及其影响因素的调查与分析．南阳师范学院学报，06：79-63．

黎元生，韩凌芬，胡熠．2010．居民生态支付意愿调查与政策含义——以闽江下游为例．云南师范大学学报，07：59-64．

李伯华，窦银娣，刘沛林．2011．欠发达地区农户人居环境建设的支付意愿及影响因素分析——以红安县个案为例．农业经济问题，4：74-80．

李超显．2011．湘江流域生态补偿的支付意愿价值评估术——基于长沙的 CVM 问卷调查与实证分析．湖南行政学院学报，03：54-57．

李芬，甄霖，黄河清，等．2009．土地利用功能变化与利益相关者受偿意愿及经济补偿研究——以鄱阳湖生态脆弱区为例．资源科学，31（4）：580-589．

李国平，郭江．2012．榆林煤炭矿区生态环境改善支付意愿分析．中国人口·资源与环境，3：137-143．

李国平，郭江，李治，等．2011．煤炭矿区生态环境改善的支付意愿与受偿意愿的差异性分析——以榆林市神木县、府谷县和榆阳区为例．统计与信息论坛，26（7）：98-104．

李杰，钟成华，邓春光．2007．一块小型人工湿地的环境经济价值评估．环境科学与管理，12：69-73．

李喜霞，吕杰．2006．辽东地区公益林保护的公众支付意愿调查及影响因素分析．沈阳农业大学学报（社会科学版），8（2）：190-192．

李金平，王志石．2006．空气污染损害价值的 WTP、WTA 对比研究．地球科学进展，21（3）：250-255．

李金平，王志石．2010．澳门噪音污染损害价值的条件估值研究．地球科学进展，06：599-604．

李京梅，刘铁鹰．2010．基于旅行费用法和意愿调查法的青岛滨海游憩资源价值评估．旅游科学，08：49-59．

李骏，顾燕峰．2011．中国城市劳动力市场中的户籍分层．社会学研究，（5）：48-77．

李雯，简耘，车越，等．2012．上海河岸带公众偏好及生态系统服务价值评估．中国人口·资源与环境，6：147-151．

李莹，白墨，张巍．2002．改善北京市大气环境质量中居民支付意愿的影响因素分析．中国人口资源与环境，12（6）：123-126.

梁爽，姜楠，谷树忠．2005．城市水源地农户环境保护支付意愿及其影响因素分析——以首都水源地密云为例．中国农村经济，05：55-60.

梁勇，成升魁，闵庆文，等．2005．居民对改善城市水环境支付意愿的研究．水利学报，36（5）：613-618.

刘岩，张天柱，陈吉宁．2003．滇池流域农业非点源污染治理的收费政策研究．厦门大学学报（自然科学版），42（6）：787-790.

刘超，程胜高，曾克峰，等．2011．江西星子县大排岭矿区森林景观的价值评估．林业经济问题，05：420-423.

刘建波，王桂新，魏星．2004．基于嵌套 Logit 模型的中国省际人口二次迁移影响因素分析．人口研究，（4）：48-56.

刘晶．2009．城市居家老年人主观生活质量评价及其影响因素研究．西北人口，30（1）：67-71.

刘康．2007．海滩休闲旅游资源价值评估——以青岛市海水浴场为例．海岸工厂，04：72-80.

李芬，甄霖，黄河清，等．2009．土地利用功能变化与利益相关者受偿意愿及经济补偿研究——以鄱阳湖生态脆弱区为例．资源科学，31（4）：580-589.

李晟，杨正勇．2009．养殖池塘生态系统文化服务价值的评估．应用生态学报，20（12）：3017-3083.

刘欣，马建章．2012．基于条件价值评估法的中国亚洲象存在价值评估．东北林业大学学报，3：108-112.

刘雪林，甄霖．2007．社区对生态系统服务的消费和受偿意愿研究——以泾河流域为例．资源科学，07：103-108.

刘亚萍，李罡，陈训，等．2008．运用 WTP 值与 WTA 值对游憩资源非使用价值的货币估价——以黄果树风景区为例进行实证分析．资源科学，3：431-439.

刘曜彬，蔡潇．2011．基于 CVM 的南昌城市河湖生态服务功能价值评估．城市环境与城市生态，4：23-26.

刘永德，何晶晶，邵立文，等．2005．太湖流域农村生活垃圾产生特征及其影响因素．农业环境科学学报，24（3）：533-537.

刘增进，张敏，潘乐．2009．基于条件价值法的黄河上游河道生态系统服务恢复支付评估．节水灌溉，02：36-38.

刘雪霖，甄霖．2007．社区对生态系统服务的消费和受偿意愿研究——以泾河流域为例．资源科学，04：103-108.

陆杰华，白铭文，柳玉芝．2008．城市老年人居住方式意愿研究——以北京、天津、上海、重庆为例．人口学刊，（1）：35-41.

陆淑珍，魏万青．2011．城市外来人口社会融合的结构方程模型——基于珠三角地区的调查．人口与经济，（5）：17-23.

陆益龙．2008．户口还起作用吗——户籍制度与社会分层和流动．中国社会科学，（1）：

149-162.

林逢春, 陈静 . 2005. 条件价值评估法在上海城市轨道交通社会效益评估中的应用研究 . 华东师范大学学报, 37 (1): 48-53.

鲁春霞, 谢高地, 成升魁 . 2001. 河流生态系统的休闲娱乐及其价值评估 . 资源科学, 23 (5): 77-80.

马中 . 1999. 环境与自然资源经济学概论 . 北京: 高等教育出版社 .

马轶君, 赵勇, 朵建文 . 2009. 基于 CVM 的黄河兰州段水环境恢复价值评估 . 资源开发与市场, 09: 838-840.

南京市白下区统计局 . 2010 年 12 月白下区统计月报 . http: //tjJ njbx. gov. cn/ art/2011/5/10/ art_1732_11273. html.

倪斌 . 2012. 基于 CV 的上海豫园非使用价值评估 . 风景园林调查与分析, 04: 62-65.

牛军让, 刘仓, 侯军岐 . 2005. 用意愿调查法评估都市农业游憩价值——以杨凌国家农业高新产业园区都市农业建设为例 . 中国农业科技导报, 7 (6): 72-76.

欧阳志云, 王如松, 赵景柱 . 1999a. 生态系统服务功能及其生态经济价值评价 . 应用生态学报, 10 (5): 635-640.

欧阳志云, 王效科, 苗鸿 . 1999b. 中国陆地生态系统服务功能及其生态经济价值的初步研究 . 生态学报, 19 (5): 607-613.

彭希哲, 赵德余, 郭秀云 . 2009. 户籍制度改革的政治经济学思考 . 复旦学报 (社会科学版), (3): 1-11.

彭晓春, 刘强, 周丽璇, 等 . 2010. 基于利益相关方意愿调查的东江流域生态补偿机制探讨 . 生态环境学报, 19 (7): 1605-1610.

钱欣, 王德, 马力 . 2010. 街头公园改造的收益评价——CVM 价值评估法在城市规划中的应用 . 城市规划学刊, 03: 41-50.

乔旭宁, 杨永菊, 杨德刚, 等 . 2012. 流域生态补偿标准的确定——以渭干河流域为例 . 自然资源学报, 10: 1666-1676.

秦颖 . 2006. 论公共品的本质——兼论公共产品理论的局限性 . 经济学家, (3): 77-82.

任朝霞, 陆玉麒 . 2011a. 条件价值法在西安市耕地资源非市场价值评估的应用 . 干旱区资源与环境, 3: 28-32.

任朝霞, 王丽霞 . 2011b. 双边界二分式条件价值法评估耕地资源非市场价值实证研究 . 安徽农业科学, 26: 16200-16202.

任远, 乔楠 . 2010. 城市流动人口社会融合的过程、测量及影响因素 . 人口研究, (2): 11-20.

阮氏春香, 温作民 . 2013. 条件价值评估法在森林生态旅游非使用价值评估中范围效应的研究 . 南京大学学报, 37 (1): 122-126 .

上海市统计局 . 上海市 2010 年第六次人口普查资料 . 北京: 中国统计出版社 .

上海市统计局 . 2007. 上海统计年鉴——2006. 北京: 中国统计出版社 .

上海市统计局 . 2013-01-18. 上海消费者价格指数 (1994～2012) . [EB/OL] . http: //apPfi-nancEifenG com/data/mac/jmxf_ dQphp? symbol=310000.

宋健.2010.再论"四二一"结构:定义与研究方法.人口学刊,(3):10-15.

宋健.2000."四二一"结构:形成及其发展趋势.中国人口科学,(2):41-45.

苏州统计局.2011.苏州统计年鉴——2011.北京:中国统计出版社.

粟晓玲,张大鹏.2011.基于 CVM 的流域农业节水的生态价值研究.节水灌溉,07:13-16.

孙静,阮本清,张春玲.2007.新安江流域上游地区水资源价值计算与分析.中国水利水电科
学研究院学报,06:121-124.

孙海兵.2010.耕地外部效益的认知与意愿调查分析.农村经济,02:24-26.

汪霞,南忠仁,郭奇,等.2012.干旱区绿洲农田土壤污染生态补偿标准测算——以白银、金
昌市郊农业区为例.干旱区资源与环境,12:46-52.

王昌海,崔丽娟,毛旭锋,等.2012.湿地保护区周边农户生态补偿意愿比较.生态学报,
32(17):5345-5354.

王春光.2001.新生代农村流动人口的社会认同与城乡融合的关系.社会学研究,(3):63-76.

王桂新,苏晓馨,文鸣.2011.城市外来人口居住条件对其健康影响之考察——以上海为例.
人口研究,35(3):60-72.

王玲.2011.石家庄市居民对城市地下水保护与修复支付意愿的研究.资源与产业,04:88-91.

王寿兵,王平建,胡泽原.2003.用意愿评估法评价生态系统景观服务价值——以上海苏州河
为实例.复旦大学学报,42(3):463-467.

王小鹏,赵成章,王艳艳.2009.微观尺度湿地生态恢复的条件价值评估.安徽农业科学,16:
7579-7580.

卫立冬.2008.公众对城市河流污染的环保意识及支付意愿调查.衡水学院学报,08:75-77.

吴丹,刘淑俊.2009.CVM 法对长江口海洋生态价值的评价应用.环境保护科学,8:85-88.

吴丽娟,李洪波.2010.乡村旅游目的地乡村性非使用价值评估——以福建永春北溪村为例.
地理科学进展,29(12):1606-1612.

吴维平,王汉生.2001.寄居大都市:京沪两地流动人口住房现状分析.社会学研究,(3):92-110.

伍德里奇.2003.计量经济学导论:现代观点.北京:中国人民大学出版社.

伍淑婕,梁士楚.2008.广西红树林湿地资源非使用价值评估.海洋开发与管理,2:25-30.

西爱琴,邹贤奇.2012.农户对农业保险支付意愿及受偿意愿的实证分析——以四川能繁母猪
保险为例.浙江理工大学学报,4:626-632.

肖建红,于爱芬,于庆东,等.2010.保护三峡工程影响的重要文物古迹的经济价值评估.武
汉理工大学学报,6:825-829.

肖艳芳,赵文吉,朱琳,等.2011.北京市湿地生态系统非使用价值.生态杂志,4:824-840.

徐大伟,常亮,侯铁珊,等.2012.基于 WTP 和 WTA 的流域生态补偿标准测算——以辽河为例.
资源科学,34(7):1354-1361.

徐大伟,刘民权,李亚伟.2007.黄河流域生态系统服务的条件价值评估研究——基于下游地
区郑州段的 WTP 测算.经济学科,6:77-89.

徐东文,王颖凌,叶护平,等.2008.基于 CVM 的旅游资源非使用价值评估——以历史文化名
城阆中为例.华中师范大学学报,12:646-653.

229

谢高地，张钇锂，鲁春霞.2001.中国自然草地生态系统服务价值.自然资源学报，16（1）：47-53.

辛琨，肖笃宁.2002.盘锦地区湿地生态系统服务功能价值估算.生态学报，22（8）：1345-1349.

徐慧，蒋明康，钱谊.2004.鹞落坪自然保护区非使用价值的评估.农村生态环境，20（4）：1-5.

徐中民，张志强，程国栋.2002a.额济纳旗生态系统服务的总经济价值评估.地理学报，57（1）：107-116.

徐中民，张志强，苏志勇.2002b.恢复额济纳旗生态系统的总经济价值——条件估值非参数估计方法的应用.冰川冻土，24（2）：160-167.

徐中民，张志强，程国栋.2003a.生态经济学：理论方法与应用.郑州：黄河水利出版社.

徐中民，张志强，程国栋.2003b.运用信息熵理论研究条件估值调查中的抽样问题.系统工程理论与实践，3：129-132.

徐中民，张志强，龙爱华.2003c.额济纳旗生态系统服务恢复价值评估方法的比较与应用.生态学报，23（9）：1841-1850.

许丽忠.2012.应用后续确定性问题校正条件价值评估——以福建省鼓山风景名胜区非使用价值评估为例.自然资源学报，27（10）：1778-1787.

许丽忠，杨净，钟满秀，等.2007.条件价值法评估旅游资源非使用价值的可靠性检验，24（10）：4301-4309.

薛达元.2000.长白山自然保护区生物多样性非使用价值评估.中国环境科学，20（2）：141-145.

薛达元，包浩生，李文华.1999.长白山自然保护区森林生态系统非使用价值评估.中国环境科学，19（3）：247-252.

杨开忠，白墨，李莹.2002.关于意愿调查价值评估法在我国环境领域应用的可行性探讨——以北京市居民支付意愿研究为例.地球科学进展，17（3）：420-425.

杨宝路，邹骥.2009.北京市环境质量改善的居民支付意愿研究.中国环境科学，29（11）：1209-1214.

杨斌.2010.基于条件价值法的旅游资源价值评估——以南京市中山陵园为例.商业经济，11：102-104.

杨光梅，闵庆文，李文华，等.2006.基于CVM方法分析牧民对禁牧政策的受偿意愿——以郭勒草原为例.生态环境，15（4）：747-751.

杨海荣，李洪波.2012.汨罗江水环境非使用价值评估.水利经济，1：68-70.

杨凯，赵军.2005.城市河流生态系统服务的CVM估值及其偏差分析.生态学报，06：1391-1396.

杨志耕，张颖.2010.基于条件价值法的井冈山森林游憩资源价值评估.北京林业大学学报（社会科学版），04：53-58.

应瑞瑶，徐斌，胡浩.2012.城市居民对低碳农产品支付意愿与动机研究.中国人口·资源与环境，11：165-171.

俞玥，何秉宇.2012.基于CVM的新疆天池湿地生态系统服务功能非使用价值评估.干旱区资源与环境，12：53-57.

原新，王海宁，陈媛媛.2011.大城市外来人口迁移行为影响因素分析.人口学刊，185（1）：59-66.

曾贤刚.2011.我国城镇居民对 CO_2 减排的支付意愿调查研究.中国环境科学,31 (2):346-352.

曾贤刚,蒋妍.2010a.空气污染健康损失中统计生命价值评估研究.中国环境科学,30 (2):284-288.

曾贤刚,王克,程磊磊,等.2010b.三江源区生态资源非使用价值评价.中国环境科学,06:589-593.

占绍文,张海瑜.2012.城市垃圾分类回收的认知及支付意愿调查——以西安市为例.城市问题,04:57-62.

张大鹏,粟晓玲,马孝义,等.2009.基于 CVM 的石羊河流域生态系统修复价值评估.中国水土保持,08:39-42.

张乐勤,宋慧芳.2012.条件价值法和机会成本法在小流域生态补偿标准估算中的应用——以安徽省秋浦河为例.水土保持通报,8:158-163.

张落成,李青,吴清华.2011.天目湖流域生态补偿标准核算探讨.自然资源学报,3:412-418.

张眉,刘伟平.2011.公益林生态效益价值居民支付意愿实证分析——以福州市为例.福建省社会主义学院学报,1:83-86.

张维亚,陶卓民.2012.CVM 在文化遗产经济价值评估中的应用——以南京明孝陵为例.社会科学家,10:78-82.

张培,董谦,许月明.2008.白洋淀湿地非使用价值个人支付意愿及影响因素分析.乡村经济,4:16-19.

张培,李昕,齐跃普,等.2011.白洋淀湿地非使用价值评价.安徽农业科学,14:8531-8532.

张晓红.2012.基于选择实验法的支付意愿研究以湘江水污染治理为例.资源开发与市场,28 (07):600-603.

张尧,刘娇.2010.基于四二一家庭结构的养老育幼模式研究.东方企业文化,(9):7-9.

张俊杰,张悦.2003.居民对再生水的支付意愿及其影响因素.中国给水排水,19:96-98.

张明军,范建峰,虎陈霞.2004.兰州市改善大气环境质量的总经济价值评估.干旱区资源与环境,18 (3):28-32.

张琦,陈兴宝.2004.条件价值法在菌痢疫苗支付意愿研究中的应用.中国药房,15 (3):161-163.

张小红.2012.基于选择实验法的支付意愿研究以湘江水污染治理为例.资源开发与市场,28 (07):600-603.

张翼飞.2007b.居民对城市景观河流生态服务的支付意愿与有效需求研究——基于 CVM 应用的有效性实证分析.中国人口·资源与环境,17 (1):66-69.

张翼飞.2007c.CVM 评估生态服务价值的经济有效性可靠性理论述评.生态经济,(6):34-37.

张翼飞,刘宇辉.2007a.城市景观河流生态修复的产出研究及有效性可靠性检验.中国地质大学学报(社会科学版),7 (2):39-44.

张翼飞,赵敏.2007d.意愿价值法评估生态服务价值的有效性与可靠性研究综述与实例设计研究.地球科学进展,11:1141-1149.

张翼飞．2008a．居民对生态环境改善的支付意愿与受偿意愿差异分析．西北人口，4：63-68．

张翼飞．2008b．城市内河生态系统服务的意愿价值评估．复旦大学博士学位论文．

张翼飞，张蕾，周军．2012a．河流生态恢复意愿调查居民支付与否的经济学分析——基于上海城市河流 2010 年和 2006 年数据的比较．西北人口，1：41-45．

张翼飞．2012b. CVM 研究中支付意愿"问卷内容依赖性"的实证研究——以上海城市内河生态恢复 CVM 评估为例．中国人口·资源与环境，22（6）：170-176．

张翼飞，张真，王丽，等．2012c. 长江三角洲城市内河环境治理的居民支付意愿比较研究——上海、南京与杭州实例调查．中国环境科学，32（11）：2103-2112．

张翼飞，王丹．2013a. 应用意愿价值评估法评价河流生态恢复的时间稳定性研究——以上海内河为例．应用生态学报，24（4）：927-934．

张翼飞，王丽，王丹，等．2013b. 大城市非本地户籍人口对城市河流治理支付意愿的特征研究——基于上海、南京 CVM 调查．复旦学报（自然科学版），52（6）．

张茵．2004．生态旅游资源的价值评估——以九寨沟自然保护区为例．北京：北京大学博士学位论文．

张志强，徐中民，程国栋．2002．黑河流域张掖地区生态系统服务恢复的条件价值评估．生态学报，22（6）：885-893．

张志强，徐中民，龙爱华．2004．黑河流域张掖市生态系统服务恢复价值评估研究——连续型和离散型条件价值评估方法的比较应用．自然资源学报，19（2）：230-239．

赵斐斐，陈东景，徐敏，等．2011．基于 CVM 的潮滩湿地生态补偿意愿研究——以连云港海滨新区为例．海洋环境科学，30（6）：872-876．

赵军．2005．生态系统服务的条件价值评估：理论、方法与应用．上海：华东师范大学硕士学位论文．

赵军，杨凯．2004．上海城市内河生态系统服务的条件价值评估．环境科学研究，17（2）：49-52．

赵军，杨凯．2006．自然资源与环境价值评估——条件估值法及应用原则探讨．自然资源学报，21（5）：834-843．

赵军，杨凯，邰俊，等．2005．上海城市河流生态系统服务的支付意愿．环境科学，3：5-10．

赵军，杨凯，刘兰岚．2007．环境与生态系统服务价值的 WTA/WTP 不对称．环境科学学报，27（5）：854-860．

赵敏华，李国平．2006a. 效益转移法评估石油开发中跨区域环境价值损失的实证研究．系统工程，24（10）：78-81．

赵敏华，李国平．2006b. 效益转移法评估石油开发中环境价值损失的实证研究．工业技术经济，（11）：96-100．

赵敏华，赵光华，李国平．2009．基于 CVM 法和效益转移法评估炼油厂排污所造成的环境价值损失．生态经济，（2）：134-138．

赵强，李秀梅，张琪，等．2011．千佛山风景区的非使用价值评估．南京林业大学学报，6：67-79．

郑海霞，张陆彪，涂勤．2010．金华江流域生态服务补偿支付意愿及其影响因素分析．资源科学，04：761-767.

仲小敏．2000．世纪之交中国城市化道路与对策构思．经济地理，20（5）：54-57.

周学红，马建章，张伟，等．2009．运用 CVM 评估濒危物种保护的经济价值及其可靠性分析——以哈尔滨市区居民对东北虎保护的支付意愿为例．自然资源学报，02：276-285.

周应恒，彭晓佳．2006．江苏省城市消费者对食品安全支付意愿的实证研究．经济学（季刊），5（4）：1320-1342.

周力，郑旭媛．2012．基于低碳要素支付意愿视角的绿色补贴政策效果评价——以生猪养殖业为例．南京农业大学学报，4：85-91.

朱力．2002．论农民工阶层的城市适应．江海学刊，（6）：82-88.

Adamowicz W, Louviere J J, Swait J. 1998. Introduction to attribute-based stated choice methods. Final Report to Resource Valuation Branch, Damage Assessment Center, National Oceanic and Atmospheric Administration, US Department of Commerce Advanis, Edmonton, Canada, 44.

Ajzen I, Brown T C, Rosenthal L H. 1996. Information bias in contingent valuation: effects of personal relevance, quality of information, and motivational orientation. Journal of Environmental Economics and Management, 30: 43-57.

Alberini A. 1995. Testing willingness- to- pay models of discrete choice contingent valuation survey data. Land Economics, 71: 83-95.

Altman D G. 1996. Practical Statistics for Medical Research. London: Chapman & Hall.

Ams P. 1978. Utility, publicity and manipulation. Ethics, 88 (3): 189-206.

Amigues J P, Boulatoff C, Desigues B, et al. 2002. The benefits and costs of riparian analysis habitat preservation: a willingness to accept/willingness to pay using contingent valuation approach. Ecological Economics, 43: 17-31.

Arrow K J, Solow R, Leamer E, et al. 1993. Report of the NOAA panel on contingent valuation. Federal Register, 58: 4601-4614.

Bateman I J, Cole M, Cooper P, et al. 2001. Visible choice sets and scope sensitivity: an experimental and field test of study design effects upon contingent values. CSERGE Working Paper EDM 01-01, Centre for Social and Economic Research on the Global Environment, University of East Anglia.

Bateman I J, Turner R K. Valuation of environment, methods and techniques: the contingent valuation method. // Kerry Turner R. 1993. Sustainable Environmental Economics and Management: Principles and Practice. London: Belhaven Press.

Bateman I J, Langford I H. 1997. Budget constraint, temporal and ordering effects in contingent valuation studies. Environment and Planning A, 29 (7): 1215-1228.

Bateman I J, Munro A, Rhodes B, et al. 1997. Does part-whole bias exist? An experimental investigation. Economic Journal, 107 (441): 322-332.

Bateman I J, Cole M, Cooper P, et al. 2001. Visible choice sets and scope sensitivity: an experimental and field test of study design effects upon contingent values. CSERGE Working Paper EDM 01-01, Centre for Social and Economic Research on the Global Environment, University of East Anglia.

Bateman I J, Carson R T, Day B, et al. 2002. Economic Valuation with Stated Preference Techniques: A Manual. Cheltenham: Edward Elgar.

BatemanI J, Cole M A, Stavros Georgiou, et al. 2006. Comparing contingent valuation and contingent ranking: a case study considering the benefits of urban river water quality improvements. Journal of Environmental Management, 79 (3): 221-231.

Bateman I J, Willis K G. 1999. Valuing Environmental Preferences: Theory and Practice of the Contingent Valuation Method in the US, EU, and Developing Countries. Oxford: Oxford University Press.

Becker G S. 1976. The Economic Approach to Human Behavior. Chicago: The University of Chicago Press.

Becker G S. 1993. Nobel lecture-the economic way of looking at behavior. Journal of Political Economy, 101 (3): 385-409.

Bergstrom J C, Stoll J R, Randall A. 1990. The impact of information on environmental commodity valuation decisions. American Journal of Agricultural Economics, 72: 614-621.

Bishop R G, Heberlein T A. 1979. Measuring values of extra- market goods: are indirect measures biased? American Journal of Agricultural Economics, 61: 926-930.

Boyle K J, Bishop R, Hellerstein D, et al. 1998. Test of scope in contingent-valuation studies: are the numbers for the birds? // Paper Presented at The World Congress of Environmental and Resource Economists (AERE/EAERE). Venice, Italy, June 25-27.

Boyle K J, Desvousges W H, Reed Johnson, et al. 1994. An investigation of part- whole biases in contingent-valuation studies. Journal of Environmental Economics and Management, 27: 64-83.

Boyle K J, Johnson F R, McCollum D W, et al. 1996. Valuing public goods: discrete versus continuous contingent-valuation responses. Land Economics, 72: 381-396.

Boyle K J, Welsh M P, Bishop R C. 1993. The role of question order and respondent experience in contingent valuation studies. Journal of Environmental Economics and Management, 95: 80-90.

Briscoe J, de Castro P F, Griffin C, et al. 1990. Toward equitable and sustainable rural water supplies: a contingent valuation study in Brazil. The World Bank Economic Review, 4: 115-134.

Brookshire D S, Coursey D L. 1987. Measuring the value of a public good: an empirical comparison of elicitation procedures. American Economic Review, 77: 554-566.

Brookshire D S, Thayer M A, Schulze W P, et al. 1982. Valuing public goods: a comparison of survey and hedonic approach. American Economic Review, 72: 165-176.

Brouwer R. 2006. Do stated preference methods stand the test of time? a test of the stability of contingent values and models for health risks when facing an extreme event. Ecological Economics, 60: 399-406.

Brouwer R, Bateman I J. 2005. The temporal stability and transferability of models of willingness to pay for flood control and wetland conservation. Water Resources Research, 41 (3), 3-17.

Brouwer R, Van Beukering P, Sultanian E. 2008. The impact of the bird flu on public willingness to

234

pay for the protection of migratory birds. Ecological Economics, 64: 575-585.

Caldwell B J. 1994. Beyond Positivism: Economic Methodology in the 20th Century. London: Routledge.

Cameron T A, James M D. 1987. Efficient estimation methods for 'closed-ended' contingent valuation surveys. The Review of Economics and Statistics, 69: 269-276.

Cameron T A, Poe G L, Ethier R G, et al. 2002. Alternative non-market value-elicitation methods: are the underlying preferences the same? Journal of Environmental Economics and Management, 44: 391-425.

Cameron T A, Quiggin J. 1994. Estimation using contingent valuation data from a dichotomous choice with follow-up questionnaire. Journal of Environmental Economics and Management, 27: 218-234.

Carmon Z, Ariely D. 2000. Focusing on the foregone: how value can appear so different to buyers and sellers. Journal of Consumer Research, 27 (3): 360-370.

Carson R T, Mitchell R C. 1993. The Value of clean water: The public's willingness to pay for boatable, fishable and swimmable quality water. Water Resources Research, 29: 2445-2454.

Carson R T. 1997. Contingent valuation surveys and tests of insensitivity to scope. // Kopp R J, Pommerehne W W, Schwarz N. 1997. Determining the Value of Non-Marketed Goods: Economic, Psychological, and Policy Relevant Aspects of Contingent Valuation Methods. Boston: Kluwer Academic Publishers.

Carson R T, Flores N E, Hanemann W M. 1998. Sequencing and valuing public goods. Journal of Environmental Economics and Management, 36: 314-323.

Carson R T, Flores N E, Martin K M, et al. 1996. Contingent valuation and revealed preference methodologies: comparing the estimates for quasi-public goods. Land Economics, 72 (1): 80-99.

Carson R T, Flores N E, Meade N F. 2001. Contingent valuation: controversies and evidence. Environmental and Resource Economics, 19: 173-210.

Carson R T, Groves T. 2007. Incentive and informational properties of preference questions. Environ Resource Econ, 37: 181-210.

Carson R T, Hanemann W. 2005. Contingent Valuation. // Maler K G, Vincent J R. 2005. Handbook of Environment Economics. Amsterdam: Elsevier.

Carson R T, Hanemann W M, Kopp R J, et al. 1997. Temporal reliability of estimates from contingent valuation. Land Economics, 73 (2): 151-163.

Carson R T, Hanemann W M, Mitchell R C. 1987. The use of simulated political markets to value public goods. Department of Economics, University of California, San Diego.

Carson R T, Mitchell R C. 1993. The value of clean water: the public's willingness to pay for boatable fishable and swimmable quality water. Water Resources Research, 29: 2445-2454.

Carson R T, Mitchell R C. 1994. Sequencing and nesting in contingent valuation surveys. Journal of Environmental Economics and Management, 28 (2): 155-173.

Carson R T, Mitchell R C, Hanemann M, et al. 2003. Contingent valuation and lost passive use:

235

damages from the Exxon Valdez oil spill. Environmental and Resource Economics, 25: 257-286.

Carson R T, Mi Onaway B C, Hanemann M, et al. 2003. Valuing oil Spill Prevention: A Case Study of California's Central Coast. Boston: Kluwer Academic Press.

Champ P A, Bishop R C. 2001. Donation payment mechanisms and contingent valuation: an empirical study of hypothetical bias. Environmental and Resource Economics, 19 (4): 383-402.

Champ P A, Bishop R C, Brown T C, et al. 1997. Using donation mechanisms to value nonuse benefits from public goods. Journal of Environmental Economics and Management, 33: 151-162.

Ciriacy- Wantrup S V. 1947. Capital returns from soil conservation practices. Journal of Farm Economics, 29: 1181-1196.

Choe K A, Whittington D, Lauria D T. 1996. The economic benefits of surface water quality improvements in developing countries: a case study of Davao, Philippines. Land Economics, 72: 107-126.

Constanza R, Alperovitz G, Daly H E, et al. 2012. Building a Sustainable and Desirable Economy- in- Society- in- Nature. UN Report. New York: United Nations Division for Sustainable. http://www. un. org/esa/dsd/dsd_sd21st/21_pdf/A_Sustainable_and Desirable_Economy_DRAFT. pdf.

Constanza R, de Arge R, de- Groot R, et al. 1997. The value of the worlds ecosystem services and natural capital. Nature, 386 (6630): 253-260.

Cummings R G, Brookshire D S, Schulze W D. 1986. Valuing Environmental Goods: An Assessment of the Contingent Valuation Method. Totowa NJ: Rowman and Allenheld.

Cummings R G, Harrison G W. 1994. Was the Ohio court well informed in its assessment of the accuracy of the contingent valuation method? Natural Resource Journal, 34: 1-36.

Cummings R G, Harrison G W. 1995a. The measurement and decomposition of nonuse values: a critical review. Environmental and Resource Economics, 5: 225-247.

Cummings R G, Harrison G W, Rutström E E. 1995b. Homegrown values and hypothetical surveys: is the dichotomous choice approach incentive compatible? American Economic Review, 85: 260-266.

Del Saz-Salazar, Salvador, Francesc Hernandez-Sancho, et al. 2009. The social benefits of restoring water quality in the context of the water framework directive: a comparison of willingness to pay and willingness to accept. Science of the Total Environment, 407 (16): 4574-4583.

Davis R. 1963. The value of outdoor recreation: an economic study of the marine woods. Boston: Harvard University Ph. D. Thesis.

Day B, Mourato S. 1998. Willingness to pay for water quality improvements in Chinese rivers: evidence from a contingent valuation survey in the Beijing area. CSERGE Working Paper 98-01, Center for Social and Economic Research on the Global Environment, University of East Anglia and University College, London, 1-78.

Desvousges W H, Hudson S P, Ruby M C. 1996. Evaluating CV performance: separating the light from the heat. // Bjornstad J, Kahn J R. The Contingent Valuation of Environmental Resources: Methodological Issues and Research Needs. Cheltenham (UK): Vt Edward Elgar.

Desvousges W H, Johnson F R, Dunford R W, et al. 1993. Measuring natural resource damages with contingent valuation: tests of validity and reliability. // Hausman J A. Contingent Valuation: A Critical Assessment. Amsterdam: North Holland.

Desvousges W H V, Kerry S, Ann F. 1987. Option price estimates for water quality improvements: a contingent valuation study for the Monongahela River. Journal of Environmental Economics and Management, 14 (3): 248-267.

Diamond P A, Hausman J A. 1994. Contingent valuation: is some number better than no number? Journal of Economic Perspectives, 8 (4): 45-64.

Diamond, Shari Seidman. 2000. Reference guide on survey research. Reference Manual on Scientific Evidence, 221-228.

Dong H, Kouyateb B, Cairnsc J, et al. 2003. A comparison of the reliability of the take-it-or-leave-it and the bidding game approaches to estimating willingness-to-pay in a rural population in west Africa. Social Science &Medicine, 56: 2181-2189.

Douglas M. 2006. Contingent valuation: environmental polling or preference engine? Ecological Economics, 60 (1): 299-307.

Downs P W, Kondolf G M. 2002. Post-project appraisals in adaptive management of river channel restoration. Environmental Management, 29 (4): 477-496.

Downing M, Ozuna J T. 1996. Testing the reliability of the benefit function transfer approach. Journal of Environmental Economics and Management, 30: 316-322.

Duffield J W, Patterson D A. 1991a. Inference and optimal design for a welfare measure in dichotomous choice contingent valuation. Land Economics, 67 (2): 225-239.

Duffield J W, Patterson D A. 1991b. Field testing existence values: an instream flow trust fund for Montana rivers. // Paper Presented at the AERE Contributed Paper Session: Valuing Environmental Goods with Contingent Valuation. Allied Social Science Association Annual Meeting, New Orleans, January 4.

Faber M, Petersen T, Schiller J. 2002. Homo economics and homo politics in ecological economics. Ecological Economics, 40: 323-333.

Freeman M A III. 1993. The Measurement of Environmental and Resource Values. Washington DC: Resource for the Future.

Green D, Jacowitz K E, Kahneman D, et al. 1998. Referendum contingent valuation anchoring and willingness to pay for public goods. Resource and Energy Economics, 20 : 85-116.

Gregory R, Lichtenstein S, Slovic P. 1993. Valuing environmental resources: a constructive approach. Journal of Risk and Uncertainty, 7: 177-197.

Griffin C C, Briscoe J, Singh B, et al. 1995. Contingent valuation and actual behavior: predicting connections to new water systems in the state of Kerala India. The World Bank Economic Review, 9: 373-395.

Gyldmark M, Gwendolyn M C. 2001. Demand for health care in Denmark: results of a national sample survey using contingent valuation. Social Science & Medicine, 53: 1023-1036.

Hammack J, Brown G. 1976. Waterfowl and Wetlands: Toward Bioeconomic Analysis. Baltimore: The Johns Hopkins Press.

Hammitt J K, Graham J D. 1999. Willingness to pay for health protection: inadequate sensitivity to probability? Journal of Risk and Uncertainty, 18: 33-62.

Hanemann W M. 1984. Welfare evaluations in contingent valuation experiments with discrete responses. American Journal of Agricultural Economics, 66 (3): 332-341.

Hanemann W M. 1991. Willingness to pay and willingness to accept: how much can they differ? American Economic Review, 81: 635-647.

Hanemann W M. 1994. Valuing the environment through contingent valuation. Journal of Economic Perspectives, 8 (4): 19-25.

Hanemann M W, Kanninen B. 1999. The statistical analysis of discrete-response CV data. // Bateman I J, Willis K G. Valuing Environmental Preferences. Oxford: Oxford University Press.

Hanley N, Shogren J F, White B. 1997. Environmental Economics in Theory and Practice. England: Macmillan.

Hanley N, Spash C, Walker L. 1995. Problems in valuing the benefits of biodiversity protection. Environmental and Resource Economics, 5: 249-272.

Hanley N, Milne J. 1996. Ethical beliefs and behavior in contingent valuation surveys. Journal of Environmental Planning and Management, 39 (2): 255-272.

Hanley N, MacMillan D, Wright R E, et al. 1998. Contingent valuation versus choice experiments: estimating the benefits of environmentally sensitive areas in Scotland. Journal of Agricultural Economics, 49 (1): 1-15.

Hanley N, Munro A. 1991. Design Bias in Contingent Valuation Studies: The Impact of Information. Department of Economics University of Stirling, Mimeo, Scotland.

Harrison G W. 1992. Valuing public goods with the contingent valuation method: a critique of Kahneman and Knetsch. Journal of Environmental Economics and Management, 23: 248-257

Hausman J A. 1993. Contingent Valuation: A Critical Assessment. Amsterdam, North Holland: Elsevier Science Publishers.

Hicks J R. 1941. The rehabilitation of consumer's surplus. Review of Economics Studies, 8: 108-116.

Hicks J R. 1943. The four consumers' surplus. Review of Economics Studies, 11: 31-41.

Hite D, Hudson D, Intarapapong W. 2002. Willingness to pay for water quality improvements: the case of precision application technology. Journal of Agricultural and Resource Economics, 27 (2): 433-449.

Hoehn J P, Randall A. 1987. A satisfactory benefit cost indicator from contingent valuation. Journal of Environmental Economics and Management, 14: 226-247.

Hoehn J P, Randall A. 1989. Too many proposals pass the benefit cost test. American Economic Review, 79: 544-551.

Hoehn J P. 1991. Valuing the multidimensional impacts of environmental policy: theory and methods American. Journal of Agricultural Economics, 73: 289-299.

Horowitz J K, McConnell K E. 2002. A review of WTA/WTP studies. Journal of Environmental Economics and Management, 44: 426-447.

Johansson P O. 1992. Altruism in cost-benefit analysis. Environmental and Resource Economics, 2: 605-613.

Johannesson M, Liljas B, Johansson P O. 1998. An experimental comparison of dichotomous choice contingent valuation and real purchase decisions. Applied Economics, 30: 643-647.

Johnston R J, Rosenberger R S. 2010. Methods trends and controversies in contemporary benefit transfer. Journal of Economic Surveys, 24 (3): 479-510.

John K H, Walsh R G, Moore C G. 1992. Comparison of alternative nonmarket valuation methods for an economic assessment of a public program. Ecological Economics, 5: 179-196.

Kahneman D. The review panel assessment: comment. // Cummings R G, Brookshire D S, Schulze W D. 1986. Valuing Public Goods: The Contingent Valuation Method. Totowa NJ: Rowman & Allanheld.

Kahneman D, Knestch J L. 1992. Valuing public goods: the purchase of moral satisfaction. Journal of Environmental Economics and Management, 22: 57-70.

Kanninen B J. 1993. Optimal experimental design for double-bounded dichotomous choice contingent valuation. Land Economics, 69: 138-146.

Kealy M J, Turner R W. 1993. A test of the equality of closed-ended and open-ended contingent valuations. American Journal of Agricultural Economics, 75: 321-331.

Kirchhoff S, Colby B G, LaFrance J T. 1997. Evaluating performance of benefit transfer: an empirical inquiry. Journal of Environmental Economics and Management, 33: 75-93.

Kopp R J. 1992. Why existence value should be included in cost-benefit analysis. Journal of Policy Analysis and Management, 11 (1): 123-130.

Kristrom B. 1997. Spike models in contingent valuation. American Journal of Agricultural Economics, 79 (3): 1013-1023.

Lockwood M. 1996. Non-compensatory preference structures in non-market valuation of natural area policy. Australian Journal of Agricultural Economics, 40: 85-101.

Lockwood M. 1999. Preference structures property rights and paired comparisons. Environmental and Resource Economics, 13: 107-122.

Londoño L M, Johnston R J. 2012. Enhancing the reliability of benefit transfer over heterogeneous sites: a meta-analysis of international coral reef values. Ecological Economics, in press.

Loomis J B. 1990. Comparative reliability of the dichotomous choice and open-ended contingent valuation techniques. Journal of Environmental Economics and Management, 18: 78-85.

Loomis J B, Gonzalez-Caban A, Gregory R. 1994. Do remainders of substitutes and budget constraints influence contingent valuation estimates? Land Economics, 70: 499-506.

Loomis J, Kent P, Strange L, et al. 2000. Measuring the total economic value of restoring ecosystem services in an impaired river basin: results from a contingent valuation survey. Ecological Economics, 33: 103-117.

Liu S, Portela R, Rao N, et al. 2012. Environmental benefit transfers of ecosystem service valuation. Treatise on Estuarine and Coastal Science, 12: 55-77.

McConnell K E, Strand I E, Valdes S. 1998. Testing temporal reliability and carryover effect: the role of correlated responses in test-retest reliability studies. Environmental and Resource Economics, 12: 357-374.

Milgrom P R. Is sympathy an economic value? philosophy economics and the contingent valuation method. // Hausman J A. 1993. Contingent Valuation: A Critical Assessment. Amsterdam, North-Holland: Elsevier Science Publishers.

Mitchell R C, Carson R T. 1984. A contingent valuation estimate of national freshwater benefits: technical report to the U. S. Environmental Protection Agency. Washington DC: Resources for the Future.

Mitchell R C, Carson R T. 1989. Using Surveys to Value Public Goods: The Contingent Valuation Method. Washington DC: Resources for Future.

National Oceanic and Atmospheric Administration. 1993. Report of the NOAA Panel on contingent valuation. Federal Register, 58: 4602-4614.

Nallathiga, Ramakrishna, Rambabu Paravasthu. 2010. Economic value of conserving river water quality: results from a contingent valuation survey in Yamuna river basin, India. Water Policy, 12 (2): 260-271.

Nanjing Environmental Protection Agency. 2011. Environmental bulletin in Nanjing. http://www. njhb. gov. cn/art/2012/6/4/art_ 28_ 32404. html.

Ng Y K. 2003. From preference to happiness: towards a more complete welfare economics. Social Choice and Welfare, 20 (2): 307-350.

Nyborg K. 2000. Homo economics and homo politics: interpretation and aggregation of environmental values. Journal of Economic Behavior and Organization, 42: 305-322.

Poe G L, Clark J E, Rondeau D, et al. 2002. Provision point mechanisms and field validity tests of contingent valuation. Environmental and Resource Economics, 23: 105-113.

Randall A, Hoehn J P. 1996. Embedding in market demand system. Journal of Environmental Economics and Management, 30: 369-380.

Randall A, Hoehn J P, Tolley G S. 1981. The structure of contingent markets: some empirical results. Paper presented at the Annual Meeting of the American Economic Association, Washington DC.

Randall A, Stoll J R. 1980. Consumer's surplus in commodity space. American Economic Review, 70: 449-457.

Rondeau D, Schulze W D, Poe G L. 1999. Voluntary revelation of the demand for public goods using a provision point mechanism. Journal of Public Economics, 72 (3): 455-470.

Ready R C, Buzby J C, Hu D. 1996. Differences between continuous and discrete contingent value estimates. Land Economics, 72: 397-411.

Rollins K S, Lyke A J. 1998. The case for diminishing marginal existence values. Journal of Environmental Economics and Management, 36: 324-344.

Rose S K, Clark J, Poe G L, et al. 2002. Field and laboratory tests of a provision point mechanism. Resource and Energy Economics, 24: 131-155.

Robert Simons A, Winson-Geideman Kimberly. 2005. Determining market perceptions on contamination of residential property buyers using contingent valuation surveys. Journal of Real Estate Research, 27 (2): 193-220.

Samuelson P. 1948. Consumption theory in terms of revealed preference. Economica, 15: 243-253.

Sen A. 1979. Personal utilities and public judgements: or what's wrong with welfare economics. Economic Journal, 89: 537-558.

Schulze W D, d'Arge R C, Brookshire D S. 1981. Valuing environmental commodities: some recent experiments. Land Economics, 57: 151-169.

Schulze W D, McClelland G, Waldman D, et al. 1996. Sources of bias in contingent valuation. // Bjornstad D J, Kahn J R. The Contingent Valuation of Environmental Resources: Methodological Issues and Research Needs. Brookfield: Edward Elgar.

Schmidt J C, Webb R H, Valdez R A, et al. 1998. Science and values in river restoration in the Grand Canyon. BioScience, 48 (9): 735-747.

Shogren J F, Shin S Y, Hayes D J, et al. 1994. Resolving difference in willingness to pay and willingness to accept. American Economic Review, 84: 255-270.

Smith V K. 1993. Nonmarket valuation of environmental resources: an interpretative appraisal. Land Economics, 69: 1-26.

Smith V K, William H D. 1985. The generalized travel cost model and water quality benefits: a reconsideration. Southern Economic Journal, 52 (2): 371-381.

Solinger D. China's floating population. // Merle Goldman, Roderick Macfarquhar. 1999. The Paradox of China's Post-Mao Reforms. Cambridge Mass: Harvard University Press.

Shang Z, Yue C, Kai Y, et al. 2012. Assessing local communities' willingness to pay for river network protection: a contingent valuation study of Shanghai China. International Journal of Environmental Research and Public Health, 9 (11): 3866-3882.

Solow R M. 1997. How did economics get that way and what way did it get? Daedalus, 126 (1): 39-58.

Spash C L, Hanley N. 1995. Preferences information and biodiversity preservation. Ecological Economics, 12: 191-208.

Spash C L. 2000. Ethical motives and charitable contributions in contingent valuation: empirical evidence from social psychology and economics. Environmental Values, 9: 453-479.

Stevens T H, Echeverria J, Glass R J, et al. 1991. Measuring the existence value of wildlife: what do

CVM estimates really show? Land Economics, 67 (4): 390-400.

Svedsater H. 2000. Contingent valuation of global environmental resources: test of perfect and regular embedding. Journal of Economic Psychology, 21: 605-623.

Thomas C B. 2005. Loss aversion without the endowment effect, and other explanations for the WTA-WTP disparity. Journal of Economic Behavior & Organization, 57: 367-379.

Teisl M F, Boyle K J, McCollum D W, et al. 1995. Test-retest reliability of contingent valuation with independent sample pretest and posttest control groups American. Journal of Agricultural Economics, 77: 613-619.

Tobin J. 1958. Estimation of relationship for limited dependent variables. The Econometric Society, 26 (1) 24-36.

Tuan T H, Seenprachawong U, Navrud S. 2009. Comparing cultural heritage values in south east Asia possibilities and difficulties in cross-country transfers of economic values. Journal of Cultural Heritage, 10: 9-21.

Varian H R. 1992. Microeconomic Analysis. New York: Norton and Company Inc.

Vatn A, Bromley D W. 1994. Choices without prices without apologies. Journal of Environmental Economics and Management, 26: 129-148.

Vatn A. 2004. Environmental valuation and rationality. Land Economics, 80 (1): 1-18.

Veisten K. 2007. Contingent valuation controversies: philosophic debates about economic theory. Journal of Socio-Economics, 36 (2): 204-232.

Veisten K, Hoen H F, Navrud S, et al. 2004. Scope insensitivity in contingent valuation of complex environmental amenities. Journal of Environmental Management, 73 (4): 317-331.

Venkatachalam L. 2004. The contingent valuation method: a review. Environmental Impact Assessment Review, 24: 89-124.

Walsh R G, Loomis J B, Gillman R A. 1984. Valuing option existence and bequest demands for wilderness. Land Economics, 60: 14 - 29.

Whitehead J C, Blomquist G C. 1990. Measuring contingent values for wetlands: effects of information about related environmental goods. A Research Report, 27 (10): 2523-2531.

Whittington D, Briscoe J, Mu X, et al. 1990. Estimating the willingness to pay for water services in developing countries: a case study of the contingent valuation in Southern Haiti. Economic Development and Cultural Change, 38: 293-312.

Whittington D, Smith V K, Okorafor A, et al. 1992. Giving respondents time to think in contingent valuation studies: a developing country application. Journal of Environmental Economics and Management, 22: 205-225.

Willig R D. 1976. Consumer's surplus without apology. American Economic Review, 66: 589-597.

Xin M, Zhang J. 2001. The two-tier labor market in urban China: occupational segregationand wage differentials between urban residents and rural migrants in Shanghai. Journal of Comparative Economics, 29: 34-57.

Zhang Y F, Meng W H, Zhang L. 2007. Analysis of effects on residents' demand for urban public ecosystem services based on a case study. The Proceeding of 2007 International Conference on wireless communications, Networking and Mobile Computing, WiCOM2007, 09: 5040-5044.

Zhang Y F, Li S. 2012. Residents' attitude to pay for urban river restoration: empirical evidence from cities in Yangtze delta. Chinese Journal of Population Resources and Environment, 12 (4): 107-115.

Zhang Y Q, Li Y Q. 2005. Valuing or pricing natural and environmental resources? Environmental Science and policy, 8: 179-186.

附 录 1

上海 2006～2008 年漕河泾生态修复价值调查问卷

漕河泾生态恢复意愿价值调查表

漕河泾地区水环境现状如图所示

水环境现状（Ⅴ类～劣Ⅴ类水质）

漕河泾水体现状为Ⅴ类～劣Ⅴ类水质，不满足作为景观水体的Ⅵ类水质要求，市政对该水体的生态恢复的计划正在筹集中。该计划预计历时 3 年，将对漕河泾水体水质进行综合治理，在 2010 年世界博览会前，使漕河泾城区水域功能区水质达标率为 100%，同时在漕河泾周围种植绿化，形成一个生态休闲功能区。

治理后预期效果Ⅵ类景观水体

时间：2006 年 2 月　　　地点：　　　　　　　　　　　　　　编号：

漕河泾地区水环境质量改善生态价值调查表 PC0

上海师范大学环境工程系调研组

1　您对漕河泾水体生态环境现状满意程度如何？

□非常满意　□比较满意　□不太满意　□非常不满意

2　为治理漕河泾，市政府已投入了大量的人力物力财力，未来将有更大的投入，您认为改善漕河泾的水质，从现状Ⅴ类～劣Ⅴ类水体到符合景观水体标准的Ⅳ类水体，对您的生活质量是否有提高？

□有显著提高　　　　　□有一定提高　　　　　□没感觉

3　生态改造工程需要大量资金，除市政投入外，可能需要其他融资渠道，如果您支持对漕河泾地区的这项生态改造计划的话，您是否愿意每月出一部分治理费用支持该计划？

□愿意　□不愿意　简单讲述您的理由 ＿＿＿＿＿＿＿＿＿＿＿＿＿。

4　如果您愿意支付，以家庭为单位，未来3年内您愿意支付的每月金额为多少（元)？

□5　□10　□25　□50　□75　□100　□200　□300　□400　□500

其他金额＿＿＿＿＿＿＿＿＿　（请填写）。

5　您愿意以何种形式支付？

□税收　□水费附加　□一次支付　□捐款形式　□其他

6　如果需要您采取一次性支付的形式，那么你愿意支付的金额是＿＿＿＿（元）。

7　您户籍何处（上海/外地），已在此居住了＿＿＿＿年时间，是否会到河边来散步（经常/偶尔/从不），如果是的话，那您从家到河边大致要花＿＿＿＿分钟步行，小区名称＿＿＿＿＿＿＿＿。

8　您对市政相关水务环保部门进行生态治理的信任程度，包括资金的使用、工程的运作等。

□非常信任　□信任　□部分信任　□怀疑　□不信任

9　您的一些基本信息

性别：	家庭人口数：	家庭工作的人数：
年龄：□18岁以下　□18～22岁　□22～30岁　□30～40岁　□40～50岁 □50～60岁　□60～70岁　□70岁以上		
文化程度：□小学及以下　□初中　□三校　□高中　□大专本科　□硕士/博士　□海归		
您的个人月收入：□<1000元　□1000～2000元　□2000～3000元　□3000～4000元 □4000～6000元　□6000～8000元　□8000～10 000元　□10 000元以上 您个人收入占家庭收入比例：□100%　□75%　□50%　□25%　□10%　□其他		
职业：□职员　□教师　□公务员　□医生、律师、会计　□技术人员　□科研人员　□管理人员 □个体　□学生　□退休　□待业		

10　生态环境的治理是政府应该承担的公共服务，漕河泾生态改造工程属于政府计划内的公共支出，款项来自政府财政，而居民的税收是国家财政收入的重要组成部分。现如果由于其他原因，改造工程取消，水质维持现状，那么由于水质未如期改善您认为是否应该得到赔偿？

□是　　　　　　　□否

您希望获得多少补偿来弥补这一影响？＿＿＿＿＿＿＿＿＿（请填写金额）。

声明：本调查资料仅供科研使用，不做其他用途。

时间: 2006 年 3 月/4 月　　　　地点:　　　　　　　　编号:

漕河泾地区水环境质量改善生态价值调查表 PC1-PC2

上海师范大学环境工程系调研组

1　您对漕河泾水体生态环境现状满意程度如何?

☐非常满意　☐比较满意　☐不太满意　☐非常不满意

2　为治理漕河泾, 市政府已投入了大量的人力物力财力, 未来将有更大的投入, 您认为改善漕河泾的水质, 从现状 V 类~劣 V 类水体到符合景观水体标准的 IV 类水体, 对您的生活质量是否有提高?

☐有显著提高　　　　☐有一定提高　　　　☐没感觉

3　生态改造工程需要大量资金, 除市政投入外, 可能需要其他融资渠道, 如果您支持对漕河泾地区的这项生态改造计划的话, 您是否愿意每月出一部分治理费用支持该计划?

☐愿意　☐不愿意　　简单讲述您的理由＿＿＿＿＿＿＿＿＿。

4　如果您愿意支付, 以家庭为单位, 未来 3 年内您愿意支付的每月金额为多少 (元)?

☐1　☐3　☐5　☐10　☐20　☐30　☐40　☐50　☐75　☐100　☐150
☐200　☐300　☐其他＿＿＿＿＿＿＿＿＿　(请填写)

5　您愿意以何种形式支付?

☐税收　☐水费附加　☐一次支付　☐捐款形式　☐其他

6　如果需要您采取一次性支付的形式, 那么你愿意支付的金额是＿＿＿＿(元)。

7　您户籍何处 (上海/外地), 已在此居住了＿＿＿＿年时间, 是否会到河边来散步 (经常/偶尔/从不), 如果是的话, 那您从家到河边大致要花＿＿＿＿分钟步行, 小区名称＿＿＿＿＿＿＿＿。

8　您对市政相关水务环保部门进行生态治理的信任程度, 包括资金的使用、工程的运作等。

☐非常信任　☐信任　☐部分信任　☐怀疑　☐不信任

9　您的一些基本信息：

性别：	家庭人口数：		家庭工作的人数：
年龄：□18岁以下　□18～22岁　□22～30岁　□30～40岁　□40～50岁 　　　□50～60岁　□60～70岁　□70岁以上			
文化程度：□小学及以下　□初中　□三校　□高中　□大专本科　□硕士/博士　□海归			
您的个人月收入：□<1000元　□1000～2000元　□2000～3000元　□3000～4000元 　　　　　　　　□4000～6000元　□6000～8000元　□8000～10 000元　□10 000元以上 您个人收入占家庭收入比例：□100%　□75%　□50%　□25%　□10%　□其他			
职业：□职员　□教师　□公务员　□医生、律师、会计　□技术人员　□科研人员　□管理人员 　　　□个体　□学生　□退休　□待业			

10　生态环境的治理是政府应该承担的公共服务，漕河泾生态改造工程属于政府计划内的公共支出，款项来自政府财政，而居民的税收是国家财政收入的重要组成部分。现如果由于其他原因，改造工程取消，水质维持现状，那么由于水质未如期改善您认为是否应该得到赔偿？

　　□是　　　□否
　　您希望获得多少补偿来弥补这一影响？_____（请填写金额）。

　　　　　　　　声明：本调查资料仅供科研使用，不做其他用途。

时间：2006 年 12 月 　　地点：　　　　　　　　　　　　编号：

漕河泾港水环境质量改善生态价值调查表 PC3-1

上海师范大学环境工程系调研组组

1 您对漕河泾水体生态环境现状满意程度如何？

□非常满意　　□比较满意　　□不太满意　　□非常不满意

2 为治理漕河泾，市政府已投入了大量的人力物力财力，未来将有更大的投入，您认为改善漕河泾的水质，从现状Ⅴ类～劣Ⅴ类水体到符合景观水体标准的Ⅳ类水体，对您的生活质量是否有提高？

□有显著提高　　　□有一定提高　　　□没感觉

3 生态改造工程需要大量资金，除市政投入外，可能需要其他融资渠道，如果您支持对漕河泾地区的这项生态改造计划的话，您是否愿意每月出一部分治理费用支持该计划？

□愿意　　□不愿意（请转至回答第 7 题）

4 如果您愿意支付，以家庭为单位，未来 3 年内您愿意支付的每月金额为多少（元）？

□1 □3 □5 □10 □20 □30 □40 □50 □75 □100 □150
□200 □300 □其他＿＿＿＿＿＿＿＿＿＿（请填写）。

5 您愿意以何种形式支付？

□税收 □水费附加 □一次支付 □捐款形式 □其他

6 您不愿意支付的原因是

□ 收入低，无能力支付其他费用

□ 水体生态环境的质量对我的生活影响很小

□ 水体生态环境的退化是由于企业排污导致，应由责任者承担治理费用

□ 水体生态环境的治理属于公共服务，应由政府提供

□ 对我国现行体制下治理环境没有信心

□ 我不是上海户籍，不稳定的生活状态使我不愿意为水体生态环境的治理付费

□ 其他

7 本次调查中，您回答的确定性程度如何，请选择

□非常不确定　　□有些不确定　　□比较确定　　□非常确定

8 您的一些基本信息

性别：	家庭人口数：	家庭中工作的人数：

年龄：□18 岁以下　□18～22 岁　□22～30 岁　□30～40 岁　□40～50 岁
□50～60 岁　□60～70 岁　□70 岁以上

受教育年数及情况：□0 年　□3 年　□6 年　小学　□9 年　初中　□12 年　高中或三校
□15～16 年　大专本科□19 年　硕士　□21 年　博士　□海外学习经历

您的家庭月收入：□<1000 元　□1000～2000 元　□2000～3000 元　□3000～4000 元
□4000～6000 元　□6000～8000 元　□8000～10 000 元　□10 000～15 000 元
□15 000～20 000 元　□20 000～25 000 元　□25 000～30 000 元　□30 000～35 000 元
□35 000～40 000 元　□40 000～50 000 元　□50 000 元以上
您个人收入占家庭收入比例：□100%　□75%　□50%　□25%　□10%　□其他

您户籍何处　□上海　□外地，已在此居住了_____年时间

是否会到河边来散步　□一周去一次　□一个月去一次　□半年去一次　□一年去一次　□从不
您从家到河边距离　□步行 5 分钟　□步行 10 分钟　□步行 15 分钟
□自行车行 10 分钟　□自行车行 20 分钟　□自行车行 30 分钟　□汽车行 10 分钟
□汽车行 20 分钟　□汽车行 30 分钟　□其他

职业：□国有单位（政府部门、事业单位、企业单位）
□外企　□私企　□个体　□退休　□无业　□学生　□其他

声明：本调查资料仅供科研使用，不做其他用途。

时间：2006 年 12 月　　　地点：　　　　　　　编号：

漕河泾及所在区域水环境质量改善生态价值调查表 PC3-2

上海师范大学环境工程系调研组

1　您对漕河泾水体生态环境现状满意程度如何？

□非常满意　　　□比较满意　　　□不太满意　　　□非常不满意

2　为治理漕河泾，市政府已投入了大量的人力物力财力，未来将有更大的投入，您认为改善漕河泾的水质，从现状 V 类～劣 V 类水体到符合景观水体标准的 IV 类水体，对您的生活质量是否有提高？

□有显著提高　　　　　　□有一定提高　　　　　　□没感觉

3　生态改造工程需要大量资金，除市政投入外，可能需要其他融资渠道，如果您支持对漕河泾地区的这项生态改造计划的话，您是否愿意每月出一部分治理费用支持该计划？

□愿意　　□不愿意（请转至回答第 9 题）

4　如果您愿意支付，以家庭为单位，未来 3 年内您愿意支付的每月金额为多少（元）？

□1　□3　□5　□10　□20　□30　□40　□50　□75　□100　□150
□200　□300　□其他＿＿＿＿＿＿＿＿＿＿（请填写）

5　您愿意以何种形式支付？

□税收　□水费附加　□一次支付　□捐款形式　□其他

6　在本区域，除了漕河泾外，北面有蒲汇塘，西面有上澳塘，水体的功能与水质现状与漕河泾相似，对于包括三条河流的整体区域的生态改造计划，您是否愿意每月出一部分治理费用支持该计划？

□愿意　　　□不愿意（请转至回答第 10 题）

7　总体来说，您若支持本区域（包括漕河泾、蒲汇塘和上澳塘）景观水体生态恢复计划，以家庭为单位，未来 3 年内您愿意支付的每月金额为多少（元）？

□1　□3　□5　□10　□20　□30　□40　□50　□75　□100　□150
□200　□300

8　您不愿意支付的原因是

□收入低，无能力支付其他费用

□水体生态环境的质量对我的生活影响很小

□水体生态环境的退化是由于企业排污导致，应由责任者承担治理费用

□ 水体生态环境的治理属于公共服务，应由政府提供

□ 对我国现行体制下治理环境没有信心

□ 我不是上海户籍，不稳定的生活状态使我不愿意为水体生态环境的治理付费

□ 其他

9　愿意出资治理漕河泾，却不愿意出资于包含蒲汇塘和上澳塘等其他水体在内的区域水环的原因

□ 蒲汇塘和上澳塘等其他水体与我居住的地理位置较远，水体质量对我的生活基本无影响

□ 排除地理距离的差异，经过生态治理，漕河泾提供的景观服务功能已经能满足我的需求，不需要区域内所有河流都治理。这几条河流提供的生态服务是可以完全替代的

□ 其他

10　本次调查中，您回答的确定性程度如何，请选择

□非常不确定　　□有些不确定　　□比较确定　　□非常确定

11　您的一些基本信息

性别：	家庭人口数：			家庭中工作的人数：
年龄：□18 岁以下　□18~22 岁　□22~30 岁　□30~40 岁　□40~50 岁　 　　　□50~60 岁　□60~70 岁　□70 岁以上				
受教育年数及情况：□0 年　□3 年　□6 年　小学　□9 年　初中　□12 年　高中或三校 　　　　　　　　□15~16 年　大专本科□19 年　硕士　□21 年　博士　□海外学习经历				
您的家庭月收入：□<1000 元　□1000~2000 元　□2000~3000 元　□3000~4000 元 　　　　　　　□4000~6000 元　□6000~8000 元　□8000~10 000 元　□10 000~15 000 元 　　　　　　　□15 000~20 000 元　□20 000~25 000 元　□25 000~30 000 元　□30 000~35 000 元 　　　　　　　□35 000~40 000 元　□40 000~50 000 元　□50 000 元以上				
您个人收入占家庭收入比例：□100%　□75%　□50%　□25%　□10%　□其他				
您户籍何处　□上海　□外地，已在此居住了_____年时间				
是否会到河边来散步　□一周去一次　□一个月去一次　□半年去一次　□一年去一次　□从不				
您从家到河边距离　□步行 5 分钟　□步行 10 分钟　□步行 15 分钟 　　　　　　　　□自行车行 10 分钟　□自行车行 20 分钟　□自行车行 30 分钟　□汽车行 10 分钟 　　　　　　　　□汽车行 20 分钟　□汽车行 30 分钟　□其他				
职业：□国有单位（政府部门、事业单位、企业单位） 　　　□外企　□私企　□个体　□退休　□无业　□学生　□其他				

声明：本调查资料仅供科研使用，不做其他用途。

时间：2006 年 12 月　　　地点：　　　　　　　　　　编号：

徐汇区西南区域水环境质量改善生态价值调查表 PC3-3

上海师范大学环境工程系调研组

1　您对区域水体生态环境现状满意程度如何？

□非常满意　□比较满意　□不太满意　□非常不满意

2　为治理区域水体，市政府已投入了大量的人力物力财力，未来将有更大的投入，您认为改善区域水体水质，从现状 V 类～劣 V 类水体到符合景观水体标准的 IV 类水体，对您的生活质量是否有提高？

□有显著提高　　　　□有一定提高　　　　□没感觉

3　生态改造工程需要大量资金，除市政投入外，可能需要其他融资渠道，如果您支持对区域水体的这项生态改造计划的话，您是否愿意每月出一部分治理费用支持该计划？

□愿意　□不愿意（请转至回答第 11、13、14 题）

4　如果您愿意支付，以家庭为单位，未来 3 年内您愿意支付的每月金额为多少（元）？

□1　□3　□5　□10　□20　□30　□40　□50　□75　□100　□150
□200　□300　□其他＿＿＿＿＿＿＿＿＿　（请填写）

5　您愿意以何种形式支付？

□税收　□水费附加　□一次支付　□捐款形式　□其他

6　对本区域内重要的景观河流——漕河泾的个体生态改造计划，您是否愿意每月出一部分治理费用支持该计划？

□愿意　□不愿意

7　如果您愿意支付，以家庭为单位，未来 3 年内您愿意支付的每月金额为多少（元）？

□1　□3　□5　□10　□20　□30　□40　□50　□75　□100　□150
□200　□300

8　对于蒲汇塘和上澳塘的景观水体生态恢复计划，您是否愿意每月出一部分治理费用支持该计划？

□愿意　　□不愿意（请转至回答第12题）

9　对于蒲汇塘和上澳塘的景观水体生态恢复计划，以家庭为单位，未来3年内您愿意支付的每月金额为多少（元）？

蒲汇塘□1 □3 □5 □10 □20 □30 □40 □50 □75 □100 □150 □200 □300

上澳塘□1 □3 □5 □10 □20 □30 □40 □50 □75 □100 □150 □200 □300

10　您不愿意支付的原因是

□ 收入低，无能力支付其他费用

□ 水体生态环境的质量对我的生活影响很小

□ 水体生态环境的退化是由于企业排污导致，应由责任者承担治理费用

□ 水体生态环境的治理属于公共服务，应由政府提供

□ 对我国现行体制下治理环境没有信心

□ 我不是上海户籍，不稳定的生活状态使我不愿意为水体生态环境的治理付费

□ 其他

11　愿意出资治理漕河泾，却不愿意出资于蒲汇塘和上澳塘等其他水体的原因

□ 蒲汇塘和上澳塘等其他水体与我居住的地理位置较远，水体质量对我的生活基本无影响

□ 排除地理距离的差异，经过生态治理，漕河泾提供的景观服务功能已经能满足我的需求，不需要区域内所有河流都治理。这几条河流提供的生态服务是可以完全替代的

□ 其他

12　本次调查中，您回答的确定性程度如何，请选择

□非常不确定　　□有些不确定　　□比较确定　　□非常确定

13　您的一些基本信息

性别：	家庭人口数：		家庭中工作的人数：
年龄：□18 岁以下　□18~22 岁　□22~30 岁　□30~40 岁　□40~50 岁 　　　□50~60 岁　□60~70 岁　□70 岁以上			
受教育年数及情况：□0 年　□3 年　□6 年　小学　□9 年　初中　□12 年　高中或三校 　　　　　　　　　□15~16 年　大专本科□19 年　硕士　□21 年　博士　□海外学习经历			

您的家庭月收入：□<1000 元　□1000～2000 元　□2000～3000 元　□3000～4000 元

　　　　　　　　□4000～6000 元　□6000～8000 元　□8000～10 000 元　□10 000～15 000 元

　　　　　　　　□15 000～20 000 元　□20 000～25 000 元　□25 000～30 000 元　□30 000～35 000 元

　　　　　　　　□35 000～40 000 元　□40 000～50 000 元　□50 000 元以上

您个人收入占家庭收入比例：□100%　□75%　□50%　□25%　□10%　□其他

您户籍何处　□上海　□外地，已在此居住了_____年时间

是否会到河边来散步　□一周去一次　□一个月去一次　□半年去一次　□一年去一次　□从不

您从家到河边距离　□步行 5 分钟　□步行 10 分钟　□步行 15 分钟

　　　　　　　　□自行车行 10 分钟　□自行车行 20 分钟　□自行车行 30 分钟　□汽车行 10 分钟

　　　　　　　　□汽车行 20 分钟　□汽车行 30 分钟　□其他

职业：□国有单位（政府部门、事业单位、企业单位）

　　　□外企　□私企　□个体　□退休　□无业　□学生　□其他

声明：本调查资料仅供科研使用，不做其他用途。

时间：2006 年 12 月　　　　地点：　　　　　　　编号：_____

漕河泾、蒲汇塘及整体区域水环境质量改善生态价值调查表 PC3-4

上海师范大学环境工程系调研组

1　您对漕河泾水体生态环境现状满意程度如何？

□非常满意　　□比较满意　　□不太满意　　□非常不满意

2　为治理漕河泾，市政府已投入了大量的人力物力财力，未来将有更大的投入，您认为改善漕河泾的水质，从现状 V 类～劣 V 类水体到符合景观水体标准的 IV 类水体，对您的生活质量是否有提高？

□有显著提高　　　　　□有一定提高　　　　　□没感觉

3　生态改造工程需要大量资金，除市政投入外，可能需要其他融资渠道，如果您支持对漕河泾地区的这项生态改造计划的话，您是否愿意每月出一部分治理费用支持该计划？

□愿意　　□不愿意（请转至回答第 10 题）

4　如果您愿意支付，以家庭为单位，未来 3 年内您愿意支付的每月金额为多少（元）？

□1　□3　□5　□10　□20　□30　□40　□50　□75　□100　□150
□200　□300　□其他_____　　（请填写）

5　您愿意以何种形式支付？

□税收　□水费附加　□一次支付　□捐款形式　□其他

6　在本区域，除了漕河泾外，北面有蒲汇塘，西面有上澳塘，水体的功能与水质现状与漕河泾相似，对于它们的生态改造计划，您是否愿意每月出一部分治理费用支持该计划？

□愿意　　　□不愿意（请转至回答第 9、11 题）

7　如果您愿意支付，以家庭为单位，未来 3 年内您愿意支付的每月金额为多少（元）？

蒲汇塘□1 □3 □5 □10 □20 □30 □40 □50 □75 □100 □150 □200 □300
上澳塘□1 □3 □5 □10 □20 □30 □40 □50 □75 □100 □150 □200 □300

8　总体来说，您若支持本区域（包括漕河泾、蒲汇塘和上澳塘）景观水体生态恢复计划，以家庭为单位，未来 3 年内您愿意为整体区域水环境生态恢复支付的每月金额为多少（元）？

□1　□3　□5　□10　□20　□30　□40　□50　□75　□100　□150
□200　□300

9　您不愿意支付的原因是

□ 收入低，无能力支付其他费用

□ 水体生态环境的质量对我的生活影响很小

□ 水体生态环境的退化是由于企业排污导致，应由责任者承担治理费用

□ 水体生态环境的治理属于公共服务，应由政府提供

□ 对我国现行体制下治理环境没有信心

□ 我不是上海户籍，不稳定的生活状态使我不愿意为水体生态环境的治理付费

□ 其他

10　愿意出资治理漕河泾，却不愿意出资于蒲汇塘和上澳塘等其他水体的原因

□ 蒲汇塘和上澳塘等其他水体与我居住的地理位置较远，水体质量对我的生活基本无影响

□ 排除地理距离的差异，经过生态治理，漕河泾提供的景观服务功能已经能满足我的需求，不需要区域内所有河流都治理。这几条河流提供的生态服务是可以完全替代的

□ 其他

11　本次调查中，您回答的确定性程度如何，请选择

□非常不确定　□有些不确定　□比较确定　□非常确定

12　您的一些基本信息

性别：	家庭人口数：		家庭中工作的人数：
年龄：□18 岁以下　□18～22 岁　□22～30 岁　□30～40 岁　□40～50 岁 □50～60 岁　□60～70 岁　□70 岁以上			
受教育年数及情况：□0 年　□3 年　□6 年　小学　□9 年　初中　□12 年　高中或三校 □15～16 年　大专本科□19 年　硕士　□21 年　博士　□海外学习经历			
您的家庭月收入：□<1000 元　□1000～2000 元　□2000～3000 元　□3000～4000 元 □4000～6000 元　□6000～8000 元　□8000～10 000 元　□10 000～15 000 元 □15 000～20 000 元　□20 000～25 000 元　□25 000～30 000 元　□30 000～35 000 元 □35 000～40 000 元　□40 000～50 000 元　□50 000 元以上			
您个人收入占家庭收入比例：□100%　□75%　□50%　□25%　□10%　□其他			

您户籍何处 □上海 □外地，已在此居住了_____年时间	
是否会到河边来散步 □一周去一次 □一个月去一次 □半年去一次 □一年去一次 □从不	
您从家到河边距离 □步行 5 分钟 □步行 10 分钟 □步行 15 分钟 □自行车行 10 分钟 □自行车行 20 分钟 □自行车行 30 分钟 □汽车行 10 分钟 □汽车行 20 分钟 □汽车行 30 分钟 □其他	
职业：□国有单位（政府部门、事业单位、企业单位） □外企 □私企 □个体 □退休 □无业 □学生 □其他	

声明：本调查资料仅供科研使用，不做其他用途。

时间：2008 年 3 月　　　　地点：　　　　　　　　　　　编号：

漕河泾港水环境质量改善生态价值调查表 DC1

上海师范大学环境工程系调研组

1　您对漕河泾水体生态环境现状满意程度如何？

□非常满意　　　□比较满意　　　□不太满意　　　□非常不满意

2　为治理漕河泾，市政府已投入了大量的人力物力财力，未来将有更大的投入，您认为改善漕河泾的水质，从现状水质不达标治理到符合景观水体标准的水体，对您的生活质量是否有提高？

□有显著提高　　　　□有一定提高　　　　□没感觉

3　生态改造工程需要大量资金，除市政投入外，可能需要其他融资渠道，如果您支持对漕河泾地区的这项生态改造计划的话，您是否愿意每月出一部分治理费用支持该计划？

□愿意　　□不愿意

4　如果未来 3 年需要您每月从您家中的收入中拿出 ＿＿＿A_i＿＿＿ 元支持对漕河泾地区的这项生态改造计划的话，您是否同意？

□同意请 做第 5 题　□不同意　请做第 6 题

5　未来 3 年需要您每月从您家中的收入中拿出 ＿＿＿A_i+1＿＿＿ 元支持对漕河泾地区的这项生态改造计划的话，您是否同意？

□同意　　□不同意

6　未来 3 年需要您每月从您家中的收入中拿出 ＿＿＿A_i-1＿＿＿ 元支持对漕河泾地区的这项生态改造计划的话，您是否同意？

□同意　　□不同意

7　本次调查中，您回答的确定性程度如何，请选择

□非常不确定　　　□有些不确定　　　□比较确定　　　□非常确定

---

*　A_i 在一系列数据中随机抽取的数值，本案研究中采取的数值是在前期支付卡调查基础上确定，与支付卡问卷相同，分别为□1　□3　□5　□10　□20　□30　□40　□50　□75　□100　□150　□200　□300

8 您的一些基本信息：

性别：	家庭人口数：	家庭中工作的人数：

年龄：□18 岁以下　□18～22 岁　□22～30 岁　□30～40 岁　□40～50 岁
　　　□50～60 岁　□60～70 岁　□70 岁以上

受教育年数及情况：□0 年　□3 年　□6 年　小学　□9 年　初中　□12 年　高中或三校
　　　　　　　　　□15～16 年　大专本科□19 年　硕士　□21 年　博士　□海外学习经历

您的家庭月收入：□<1000 元　□1000～2000 元　□2000～3000 元　□3000～4000 元
　　　　　　　　□4000～6000 元　□6000～8000 元　□8000～10 000 元　□10 000～15 000 元
　　　　　　　　□15 000～20 000 元　□20 000～25 000 元　□25 000～30 000 元　□30 000～35 000 元
　　　　　　　　□35 000～40 000 元　□40 000～50 000 元　□50 000 元以上

您个人收入占家庭收入比例：□100%　□75%　□50%　□25%　□10%　□其他

您户籍何处　□上海　□外地，已在此居住了_____年时间

你的住房是　□产权房　□租借房

是否会到河边来散步　□一周去一次　□一个月去一次　□半年去一次　□一年去一次　□从不

您从家到河边距离　□步行 5 分钟　□步行 10 分钟　□步行 15 分钟
　　　　　　　　　□自行车行 10 分钟　□自行车行 20 分钟　□自行车行 30 分钟
　　　　　　　　　□汽车行 10 分钟　□汽车行 20 分钟　□汽车行 30 分钟　□其他

职业：□国有单位（政府部门、事业单位、企业单位）
　　　□外企　□私企　□个体　□退休　□无业　□学生　□其他

声明：本调查资料仅供科研使用，不做其他用途。

时间：2008 年 3 月　　　地点：　　　　　　　　　　编号：

漕河泾港水环境质量改善生态价值调查表 PC4

上海师范大学环境工程系调研组

1　您对漕河泾水体生态环境现状满意程度如何？

□非常满意　　□比较满意　　□不太满意　　□非常不满意

2　为治理漕河泾，市政府已投入了大量的人力物力财力，未来将有更大的投入，您认为改善漕河泾的水质，从现状水质不达标治理到符合景观水体标准的水体，对您的生活质量是否有提高？

□有显著提高　　　□有一定提高　　　□没感觉

3　生态改造工程需要大量资金，除市政投入外，可能需要其他融资渠道，如果您支持对漕河泾地区的这项生态改造计划的话，您是否愿意每月出一部分治理费用支持该计划？

□愿意　　□不愿意

4　如果您愿意支付，以家庭为单位，未来 3 年内您愿意支付的每月金额为多少（元）？

□3　□5　□10　□20　□30　□40　□50　□75　□100　□150

□200　□300

其他　　　　　　　　　（请填写）。

5　本次调查中，您回答的确定性程度如何，请选择

□非常不确定　□有些不确定　□比较确定　□非常确定

6　您的一些基本信息

性别：	家庭人口数：		家庭中工作的人数：
年龄：□18 岁以下　□18～22 岁　□22～30 岁　□30～40 岁　□40～50 岁 　　　□50～60 岁　□60～70 岁　□70 岁以上			
受教育年数及情况：□0 年　□3 年　□6 年　小学　□9 年　初中　□12 年　高中或三校 　　　　　　　　　□15～16 年　大专本科　□19 年　硕士　□21 年　博士　□海外学习经历			

您的家庭月收入：□<1000 元　□1000～2000 元　□2000～3000 元　□3000～4000 元 　　　　　　　□4000～6000 元　□6000～8000 元　□8000～10 000 元　□ 10 000～15 000 元 　　　　　　　□15 000～20 000 元　□20 000～25 000 元　□25 000～30 000 元　□30 000～35 000 元 　　　　　　　□35 000～40 000 元　□40 000～50 000 元　□50 000 元以上 您个人收入占家庭收入比例：□100%　□75%　□50%　□25%　□10%　□其他	
您户籍何处　□上海　□外地，已在此居住了＿＿＿＿＿年时间	
你的住房是　□产权房　□租借房	
是否会到河边来散步　□一周去一次　□一个月去一次　□半年去一次　□一年去一次　□从不	
您从家到河边距离　□步行 5 分钟　□步行 10 分钟　□步行 15 分钟 　　　　　　　　　□自行车行 10 分钟　□自行车行 20 分钟　□自行车行 30 分钟 　　　　　　　　　□汽车行 10 分钟　□汽车行 20 分钟　□汽车行 30 分钟　□其他	
职业：□国有单位（政府部门、事业单位、企业单位） 　　　□外企　□私企　□个体　□退休　□无业　□学生　□其他	

262　　　　　　　　　　声明：本调查资料仅供科研使用，不做其他用途。

附　录　2

2010 年上海（南京、杭州）水环境生态恢复价值调查表 OE1

漕河泾地区水环境现状：

部分区段水体黑臭、垃圾漂浮、排污口处蚊蝇滋生

漕河泾水体虽然前些年政府进行了河流整治，但是仍然有工厂居民污水进入该河道，近年来调查数据显示漕河泾水质属于劣 V 类，BOD 及氨氮含量均严重超标，部分地区有明显的恶臭味，特别是在排污口附近状况尤为严重，蚊蝇滋生，影响居民的正常生活和沿河的休闲，并带来潜在的健康威胁。市政对该水体新一轮的生态恢复正在筹集中，该计划预计历时 2 年，将对漕河泾水体进行综合治理，最终形成一个生态休闲功能区。

治理后预期效果（浦东治理后的河流）

漕河泾港水环境质量改善生态价值调查表

亲爱的朋友：

您好！有机会访问您，我们十分高兴。

举办这次调查，目的是为了了解您对漕河泾这条河流的满意程度，以便为我们的科学研究提供参考和科学依据。本次调查采取不记名的方法，您所填写的任何资料，我们将为您保密，并且您在问卷上所做的调查，不会对您产生任何不利影响，所以请您不要有任何顾虑，务必认真、坦率、真实地回答每一个问题。

希望得到您的合作。

谢谢！

国家自然科学基金项目

上海师范大学理科学一般项目

负责单位：上海师范大学环境科学与工程系

2010 年 6 月 20 日

漕河泾港水环境质量改善生态价值调查表 OE1

上海师范大学环境工程系调研组

1　您对漕河泾水体生态环境现状满意程度如何，请以 100 分为满分，给予打分_____分。

2　您的生活与漕河泾的关系

2-1　您上班或平日生活会经过漕河泾吗？□是　□否

2-2　您到河边来散步的情况

□每天　□一周一次　□一个月一次　□半年一次　□一年一次
□从不　□其他_____

3　目前漕河泾水体未达到景观水体的标准，您认为改善漕河泾的水环境，从现状部分河段黑臭、蚊蝇滋生治理到无异味、无排污，修建两岸绿化带，对您的生活质量是否有提高？

□有显著提高　　　　□有一定提高　　　　□没感觉

4　生态改造工程需要资金，如果现在有很好的机制确保捐助的款项能公开透明的用于水体改造，您是否愿意每月出一部分治理费用支持该计划？

□愿意　□不愿意　您不愿意支付的理由_____。

5　如果您愿意支付，以家庭为单位，未来 2 年内您愿意支付的每月金额为_____（元）。

6　您从家到河边距离　□步行_____分钟　□自行车_____分钟
□公交车_____分钟　□私家车_____　　□其他_____

7　关于您的消费习惯：

7-1　每月用于食品的支出约占家庭月收入的比例_____%

7-2　每年用于旅游的支出约占家庭年收入的比例_____%

8　您的一些基本信息

8-1　性别：____　年龄：____岁　家庭人口数：____　工作人口数：____

8-2　受教育年数及情况

□小学以下　□小学　□初中　□三校（中专、技校、高职）　　□高中
□大专　□本科　□硕士　□博士　□其他_____

8-3　您是否海外留学

□是_____年　□否

8-4　您的月收入_____元，家庭月收入_____元

8-5　您户籍何处 □上海　□外地

8-6　您是否居住在沿河小区：□是_____年　□否

8-7　你的住房是：□产权房　□使用权房　□租借房（私房）　□租借房（公房）

8-8　就业情况：□在职　□退休　□学生　□全职主妇　□无业
职业：国有单位：□政府部门　□事业单位　□国企
□三资企业　□私企　□个体　□其他_____

9　本次调查中，您回答的确定性程度如何，请选择
□确定　　　□有些不确定　　　□不确定

访问员声明：

　　我确信本问卷记录的是我对被调查者本人进行调查的结果！在调查中我按照规定及调查程序向被调查者如实询问了所有相关问题并如实记录了相应的所有回答。

　　调查者签名：_____

267

　　问卷校核情况
　　完成情况：完成_____，未完成（不在家_____，拒绝回答_____，其他_____）

　　访问时间：_____至_____，合计_____分钟

　　访问员对回答的评价：可信_____基本可信_____不可信_____

　　复核员姓名：_____复核员意见：合格_____基本合格_____

　　不合格_____

附 录 3

上海漕河泾 2011 年生态修复价值 1.5 边界调查表 HDC1

上海师范大学环境工程系调研组

第一部分 环境基本问题

1 您是否知道上海市区的河流属于 V 类～劣 V 类水质吗？V 类水指即主要适用于农业用水区及一般景观要求水域，对于此类水域，人体不能直接接触。劣 V 类水不能满足农业灌溉的水质要求。

□很清楚 □知道一些 □不知道

2 上海城市内河的污染以有机污染为主，您是否了解水体的有机污染可能导致的人体健康威胁？

□非常了解 □了解一些 □不了解

您认为保护自然生态和防止环境污染对于一个国家整体发展而言是否重要？

□非常重要 □有些重要 □完全不重要

3 您认为上海市政府在对于城市河流的治理支出是否合理？

□支出太多 □支出合理 □支出太少 □不知道

4 您及家人在过去两年内是否有因为环境保护的原因为相关组织捐款的经历？

□是 □否

第二部分 漕河泾的调查

1 您的生活与漕河泾的关系

1-1 在您的居所能看见漕河泾吗？ □是 □否

1-2 您上班或平日生活会经过漕河泾吗？ □是 □否

2 您及家人过去一年到河边休闲的情况

2-1 您及家人到河边散步的情况

□每天 □一周 1～3 次 □一个月 1～3 次 □半年 1～2 次 □偶尔或很少 □从不 □其他_____

268

2-2　您及家人到康健公园划船娱乐的情况
□一周1~3次　□一个月1~3次　□半年1~2次　□偶尔或很少
□从不　□其他＿＿＿＿＿
3　您对漕河泾水体的水环境的感知情况。

　　　3-1　总体水环境　□非常干净　□比较干净　□有些污染　□严重污染

　　　3-2　颜色　　　　□清澈　　　□浑浊　　　□黑色

　　　3-3　气味　　　　□无异味　　□有些异味　□恶臭

　　　3-4　水面油污　　□无油污　　□少许油污　□油污明显

　　　3-5　水面垃圾　　□无垃圾　　□少许垃圾　□垃圾很多

　　　3-6　岸边绿化带　□优美　　　□一般　　　□较差

　　4　请您为以下河流水环境的各种属性按重要程度排序（勾选相应数字，
1　非常重要，2　重要，3　不太重要，4　不重要）

　　　4-1　颜色清澈　　　　　　　　1　　　　2　　　　3　　　　4

　　　4-2　无异味　　　　　　　　　1　　　　2　　　　3　　　　4

　　　4-3　水面无油污　　　　　　　1　　　　2　　　　3　　　　4

　　　4-4　水面无垃圾　　　　　　　1　　　　2　　　　3　　　　4

　　　4-5　岸边绿化带休闲设施齐全　1　　　　2　　　　3　　　　4

269

　　5　您认为经过工程和管理措施，进一步改善漕河泾的水环境，是否会增加
您及家人利用水体进行休闲活动的频率？
　　　□是　　　　□否　　　□不清楚
　　6　政府相关部门正在考虑实施相关工程提高河流的水环境状况，为了实现
这个工程，需要实施一次性5元（10元、20元、50元、100元）的附加排水费
征收，您愿意支持这一项目吗？
　　　□是（请做第三部分）　　□否（请做第7题）　　□不知道（请做第7题）
　　7　您愿意支付任何大于0的附加排水费以支持水环境治理工程吗？
　　　□是　　　　　　□否

第三部分 地理人口信息

1 家庭人口结构和年龄状况

1-1 您的性别：□男 □女

1-2 您家庭中有多少人口？_____ （请填写数量）

1-3 您家里有小于 2 岁的婴儿吗？□是 □否

1-4 您家里有 2～12 岁以下儿童吗？□是 □否

1-5 您家里有 60 岁及以上老人吗？□是 □否

1-6 您的年龄？□18～34 岁 □35～44 岁 □45～59 岁 □60～75 岁 □75 岁以上

1-7 您配偶的年龄□18～34 岁 □35～44 岁 □45～59 岁 □60～75 岁 □75 岁以上

1-8 您家中是否有宠物？□是_____ （请填写宠物名称）□否

2 居住地理位置及房产情况

2-1 您是城市户口吗？□是 □否

2-2 户籍何处□上海户口 □外地户口_____ （户籍所在城市）

2-3 您住在沿河区域多少年了？_____年

2-4 您从家到河边距离（请选择一种）

□步行_____分钟 □自行车_____分钟

□公交车_____分钟 □私家车_____分钟 □其他_____

2-5 您的住房是否是产权房□是 □否

2-6 房屋的市场价值大约是

□50 万元以下 □50 万～99 万元 □100 万～199 万元 □200 万～299 万元

□300 万～499 万元 □500 万～999 万元 □1000 万元以上

3 教育情况

□小学及以下 □初中 □高中及三校（中专、技校、高职）□大专及本科

□硕士及博士 □其他_____

4 您是否有在国外旅游、出差、学习的经历？□是 _____ （国家） □否

5 工作部门及岗位

5-1 就业情况：

□在职 □退休 □失业 □工作转换中 □学生 □家庭主妇

5-2 职业类别

□管理 □专业技术人员（医生 律师 教师 工程师 会计师）□市场销售及服务人员

□工人 □自由职业者

5-3 公司性质：

□政府部门 □国家事业单位 □国企 □三资企业 □私企 □个体
□其他_____

6 收入情况

6-1 您是家庭收入的主要来源者吗？ □是 □否

6-2 您过去2年家庭平均月收入_____元（包括工资、股票、房产出租等总收入）

□<1000 □1000~3000 □3000~5000 □5000~7000

□7000~1万 □1万~1.99万 □2万~2.99万 □3万及以上

访问员声明：

　我确信本问卷记录的是我对被调查者本人进行调查的结果！在调查中我按照规定及调查程序向被调查者如实询问了所有相关问题并如实记录了相应的所有回答。

　调查者签名：_____

　问卷校核情况

　完成情况：完成_____，未完成（不在家_____，拒绝回答_____，其他_____）

　访问时间：_____至_____，合计_____分钟

　访问员对回答的评价：可信_____基本可信_____不可信_____

　复核员姓名：_____复核员意见：合格_____基本合格_____不合格_____

附 录 4

苏州市平江河2012年水环境生态改善价值调查表PC5

苏州科技学院环境学院调研组

第一部分 环境基本问题

1 您是否知道苏州市政府从2012年开始到2014年进行河道清淤工程，同时对排污口进行整治，经过清淤的河流水环境已经明显改善，消除了异味，但是一些河流水质仍然较差，为V类~劣V类水。

□很清楚　□知道一些　□不知道

2 苏州城市内河的污染以氮磷等有机污染为主，您是否了解水体的有机污染可能导致的人体健康威胁？

□非常了解　□了解一些　□不了解

3 您认为保护自然生态和防止环境污染对于一个国家整体发展而言是否重要？

□非常重要　　□有些重要　　□完全不重要

4 您认为苏州市政府在对于城市河流的治理支出是否合理？

□支出太多　　□支出合理　　□支出太少　　□不知道

5 您及家人在过去两年内是否有因为环境保护的原因为相关组织捐款的经历？

□是　　□否

第二部分 平江河的调查

1 您的生活与该河流的关系

1-1 在您的居所能看见该河流吗？　□是　□否

1-2 您上班或平日生活会经过该河流吗？　□是　□否

2 您及家人过去一年到河边散步休闲的情况

□每天　□一周1~3次　□一个月1~3次　□半年1~2次

□偶尔或很少　□从不　□其他＿＿＿＿＿

3　您对该河流的水环境的感知情况。

　　3-1　总体水环境　□非常干净　□比较干净　□有些污染　□严重污染

　　3-2　颜色　　　　□ 清澈　　　□ 浑浊　　　□ 黑色

　　3-3　气味　　　　□ 无异味　　□ 有些异味　□ 恶臭

　　3-4　水面油污　　□ 无油污　　□ 少许油污　□ 油污明显

　　3-5　水面垃圾　　□ 无垃圾　　□ 少许垃圾　□ 垃圾很多

　　3-6　岸边绿化带　□ 优美　　　□ 一般　　　□ 较差

4　您认为该条河流的环境是比清淤工程前改善还是恶化了?
□改善　　　□恶化　　　□没改变　　　□不清楚

5　河流经过清淤工程改造后,您及家人利用水体进行休闲活动的频率是否增加?
□是　　　　　□否

6　您对政府相关部门在清淤工程中的资金使用情况信任吗?
□ 信任　　　□不信任　　　□不清楚

7　苏州城区随着经济的发展,已经有很多水体被填埋,为了得到您对河流生态环境的价值评估,现在假设政府由于市政规划的需要,要将此河填埋为陆地,那么您认为政府是否应该为此给您一定的经济补偿来弥补这一环境的损失?
□是　　　　　□否

8　您认为以家庭为单位,政府应该一次性赔偿_____元以弥补这一河流消失的损失。
□1～100　　□101～1000　　□1001～10 000　　□10 001～50 000
□5 万～10 万　　　□10 万以上　□无论多少钱都不同意

第三部分　地理人口信息

1　家庭人口结构和年龄状况

1-1　您的性别：　□男　□女

1-2　您家庭中有多少人口?_____（请填写数量）

1-3　您家里有 12 岁以下儿童吗? □是　□否

1-4　您家里有 60 岁及以上老人吗? □是　□否

1-5　您的年龄:□18～34 岁　□35～44 岁　□45～59 岁　□60～75 岁
□75 岁以上

2　居住地理位置及房产情况

2-1　您户籍情况

□本地城市户口　□本地农村户口　□外地城市户口　□外地农村户口

2-2　如果您不是苏州本地人，那您在苏州居住_____年。

2-3　如果您来自外地，您是否有苏州本地人的朋友　□是　□否

2-4　如果您来自外地，那您对苏州方言的熟悉程度。

□熟练讲本地方言　□会一些本地方言　□不会讲但是能听懂
□听不懂也不会讲

2-5　您住在沿河区域多少年了？_____年

2-6　您到河边的方式（请选择一种）□步行　□自行车　□公交车行
□私家车　□其他_____

2-7　您所住房子的产权性质

□产权房　□私房　□使用权房　□租住房　□其他_____

2-8　如果是产权房或私房，那您房屋的市场价值大约是

□50 万元以下　□50 万～100 万元　□100 万～200 万元　□200 万～300 万元
□300 万～500 万元　□500 万～1000 万元　□1000 万元以上

2-9　如果在苏州没有产权房，那您打算在苏州买房吗？

□3～5 年会买房　□5～10 年会买房　□不打算在本地买房

3　教育情况

□小学及以下　□初中　□高中及三校（中专、技校、高职）

□大专及本科　□硕士及博士　□其他_____

4　工作部门及岗位

4-1　就业情况：

□在职　□退休　□失业　□工作转换中　□学生　□家庭主妇

4-2　职业类别

□管理　□专业技术（医生、教师、律师、工程师、会计师）

□市场销售及服务　□工人　□自由职业

5　收入情况

5-1　您是家庭收入的主要来源者吗？　□是　□否

5-2　您过去2年家庭平均月收入_____元（包括工资、股票、房产出租
等总收入）

□<1000　□1000～3000　□3000～5000　□5000～7000

□7000～1 万　□1 万～2 万　□2 万～3 万　□3 万及以上

附　录　5

杭州蚕花巷河 2011 年水环境生态修复价值调查表 MC

1　您对蚕花巷河水体生态环境现状满意程度如何?

□非常满意　□比较满意　□不太满意　□非常不满意

2　您的生活与该河流的关系

2-1　在您的居所能看见此河流吗?　　　　　□是　　□否

2-2　您上班或平日生活会经过此河流吗?　　□是　　□否

2-3　您过去一年到河边来散步的情况

□每天　□一周一次　□一个月一次　□半年一次　□一年一次

□从不　□其他_____

3　尽管近年杭州水环境质量有所改善,但是目前该河流两岸还有排污口,向水体排放污水,河流仍有异味,部分河段黑臭、蚊蝇滋生,总体未达到景观水体的标准。您认为改善此河流的水环境,经过工程和管理措施,使河流实现无异味、无排污,达到水环境质量标准,并修建两岸绿化休闲带,是否会增加您及家人到河边休闲的频率?

□是　　　□否　　　□不清楚

4　为了了解您对此河流水环境改善与生活质量提高的关系,请在以下关于水环境质量和收入改变的组合中进行选择

4-1　请在以下关于水环境质量和收入改变的组合选择一项（选 A 请继续;选 B 请做第 5 题）

A □ 家庭月收入不变;水环境维持现状,部分河段黑臭

B □ 家庭月收入减少 100 元;水环境治理达标

4-2　请在以下关于水环境质量和收入改变的组合选择一项（选 A 请继续;选 B 请做第 5 题）

A □ 家庭月收入不变;水环境维持现状,部分河段黑臭

B □ 家庭月收入减少 50 元;水环境治理达标

4-3　请在以下关于水环境质量和收入改变的组合选择一项（选 A 请继续;选 B 请做第 5 题）

A □ 家庭月收入不变；水环境维持现状，部分河段黑臭

B □ 家庭月收入减少 20 元；水环境治理达标

4-4　请在以下关于水环境质量和收入改变的组合选择一项（选 A 请继续；选 B 请做第 5 题）

A □ 家庭月收入不变；水环境维持现状，部分河段黑臭

B □ 家庭月收入减少 10 元；水环境治理达标

4-5　请在以下关于水环境质量和收入改变的组合选择一项

A □ 家庭月收入不变；水环境维持现状，部分河段黑臭

B □ 家庭月收入减少 1 元；水环境治理达标

5　家庭

5-1　您的性别：　□男　□女

5-2　家庭成员的结构和年龄状况

A 您家庭中有多少人口？_____（请填写数量）

B 您家里有小于 2 岁的婴儿吗？　□是　□否

C 您家里有儿童吗？　□是_____岁　□否

D 您家里 60 岁及以上老人吗？　□是_____岁　□否

E 您出生年份？_____

F 您配偶出生年份？（已婚请填写，未婚不需填）_____

5-3　您家中是否有宠物？　□是_____（请填写宠物名称）　□否

6　居住情况

6-1　您户籍情况

您是城市户口吗？□是　□否

户籍何处　□杭州户口　□外地户口_____（户籍所在城市）

6-2　您住在沿河区域多少年了？_____年

您从家到河边距离（请选择一种）□步行_____分钟　□自行车_____分钟

□公交车_____分钟　□私家车_____分钟　□其他_____

您的住房是否是产权房？　□是　□否

房屋的市场价值大约是

□50 万元以下　□50 万~100 万元　□100 万~200 万元　□200 万~300 万元

□300 万~500 万元　□500 万~1000 万元　□1000 万元以上

7　教育情况

□小学及以下　□初中　□高中及三校（中专、技校、高职）

□大专及本科　□硕士及博士　□其他_____

8　您是否有在国外旅游的经历　□是_____国家　□否

9 工作部门及岗位

9-1 职业:

□管理 □专业技术人员（医生 律师 教师 工程师 会计师）
□市场销售及服务人员 □工人 □自由职业者 □学生 □家庭主妇
□无业

9-2 公司性质:

□政府部门 □国家事业单位 □国企 □三资企业 □私企 □个体
□其他_____

10 收入情况

10-1 您是家庭收入的主要来源者吗? □是   □否

10-2 您过去2年家庭平均月收入_____元（包括工资、股票、房产出租等总收入）

□<1000 □1000~3000 □3000~5000 □5000~7000
□7000~1万 □1万~2万 □2万~3万 □3万及以上

访问员声明:

我确信本问卷记录的是我对被调查者本人进行调查的结果! 在调查中我按照规定及调查程序向被调查者如实询问了所有相关问题并如实记录了相应的所有回答。

调查者签名:_____

- -

问卷校核情况

完成情况:完成_____, 未完成（不在家_____, 拒绝回答_____, 其他_____）

访问时间:_____至_____, 合计_____分钟

访问员对回答的评价:可信_____基本可信_____不可信_____

复核员姓名:_____复核员意见:合格_____基本合格_____
不合格_____